U0349424

现代养猪
技术大全

◎ 吕 刚 韩兴荣 王荣杰 主编

中国农业科学技术出版社

图书在版编目（CIP）数据

现代养猪技术大全／吕刚，韩兴荣，王荣杰主编．--北京：中国
农业科学技术出版社，2022.4

ISBN 978-7-5116-5664-3

Ⅰ.①现… Ⅱ.①吕…②韩…③王… Ⅲ.①养猪学Ⅳ.①S828

中国版本图书馆 CIP 数据核字（2021）第 275387 号

责任编辑　张国锋
责任校对　李向荣
责任印制　姜义伟　王思文

出 版 者　中国农业科学技术出版社
　　　　　北京市中关村南大街 12 号　邮编：100081
电　　话　(010)82106625(编辑室)　　(010)82109702(发行部)
　　　　　(010)82109709(读者服务部)
传　　真　(010)82106625
网　　址　http://www.CASTP.cn
经 销 者　各地新华书店
印 刷 者　北京富泰印刷有限责任公司
开　　本　170 mm×240 mm　1/16
印　　张　19
字　　数　320 千字
版　　次　2022 年 4 月第 1 版　2022 年 4 月第 1 次印刷
定　　价　60.00 元

《现代养猪技术大全》
编写人员名单

主　　编　　吕　刚　　韩兴荣　　王荣杰

副 主 编　　张　莹　　褚丽云　　汤国亮　　张　健

　　　　　　李学军　　卢明月

其他编者　　余　锋　　周　健　　魏玉峰　　张玉才

　　　　　　滕　祥　　李泽波　　郭良富　　宗国伟

　　　　　　赵　勇　　李改兰

前　言

猪为六畜之首，粮猪安天下。近年来，现代化养猪生产在我国养猪业中已经取得了长足发展，但自 2018 年 8 月我国发生首起非洲猪瘟疫情以来，我国生猪产业发展遭受重创，生猪产能急剧下降，市场供应猪肉明显偏紧，价格持续高位运行。近两年来，在党中央、国务院的坚强领导下，相关部门高度重视非洲猪瘟疫情，采取了一系列强有力的措施控制疫情发展，大力推进生猪稳产保供。目前，虽然国内非洲猪瘟疫情得到了有效遏制，生猪生产已逐步有序恢复，生猪市场价格震荡下行，但生猪生产依然面临诸多挑战。主要表现在养猪生产者不熟悉猪的生物学特征、不了解现代化养猪的生产工艺，仍然停留在集约化养猪的水平上；养猪设备不规范，不能真正做到"全进全出"；保温与通风的矛盾没有得到很好的解决；猪舍设备卫生消毒不严格；饲料营养不平衡；饲养环境与环境保护的矛盾日益突出；猪病防控难度大、问题多，猪的成活率低；养猪市场价格不稳定等，严重地影响了猪场年出栏猪的数量，对养猪效益产生较大的影响。

针对目前规模猪场养猪数量与技术力量极不协调的现实情况，我们组织了长期奋战在养猪科研、生产、技术推广第一线的专家编写了这本《现代养猪技术大全》。本书从实际出发，理论联系实际，从设备、品种、饲料、饲养、管理、生物安全、疾病防治等方面，比较全面地介绍了现代高效生猪生产的新理念、新知识和新技术。

本书力求语言通俗易懂，技术先进实用，针对性和实战性强，既可供生猪养殖者决策参考，也适合养殖户、养殖场人员、畜牧兽医技术人员使用，亦可作为相关院校师生了解现代高效养猪生产理念、技术和方法的重要参考资料。

由于作者水平有限，不足甚至疏漏在所难免，希望读者在阅读使用过程中提出修改意见。

目　　录

第一章　猪场建设与设备

第一节　猪场选址与规划设计

一、场址选择原则

建造一个猪场，首先要考虑选址问题。场址选择是否得当，不仅关系到猪场的卫生防疫、猪只的生长以及饲养人员的工作效率，而且关系到养猪的成败和效益以及四周环境的保护。场址选择要考虑综合性因素，如面积、地势、朝向、交通、水源、电源、防疫条件、自然灾害及经济环境等，一般场址选择要遵循如下几项原则。

（一）确定养殖规模

一个猪场规模的大小，要考虑如下条件。

1. 要以经济效益为中心，经济效益和社会效益并重

要遵循实用的原则，将有限的资金投入最需要的地方。

2. 要符合生物安全的规定，有利于疾病的预防

要防止疾病传入、传出猪场，更重要的是防止疾病在猪场内传播。

3. 切忌盲目追求规模，缺乏整体考虑

不是规模越大，盈利能力就越强。同样的管理水平，规模越大，管理的难度越大，发病率越高。要有利于管理，有利于生产。

（二）占据有利地形地势

猪场选址要考虑选址位置的地势，有利的地势将为猪场提供良好的外部环境。一般要求地形整齐、开阔，以便于充分利用场地和合理布置建筑物，降低施工前清理场地的工作量。平原地区地势要求平坦、开阔、比周围地区高、地下水位低。丘陵山区地势要求向阳的坡面，面向夏季主风

向，整场总坡度控制在 25°，避开谷地、山口。

（三）农牧结合

农牧结合是山区创办大型猪场，走生态养殖解决环境污染的根本途径。一个万头猪场每天产生粪尿、污水总量近 50 吨。这些粪尿如果通过附近的农田、果园、渔塘等自然消化，将是很好的肥料；如果无序排放，则会造成极大的环境污染。因而，在选址时要考虑四周有农田、果园、渔塘等配套设备。一般一个万头猪场大约需要 80 公顷土地才能消化掉粪便。这是最划算、最经济的粪便处理方式，国外的大型牧场也多采用集粪池存放粪尿，按期运送到田野里，当作农作物肥料。

（四）交通便利又要远离主干道

交通便利对猪场极为重要。一个万头猪场平均一天进出饲料约 20 吨，每天运出商品猪 30 头左右，肥料 4 吨，交通不便会给生产带来巨大困难。此外，交通不便也影响职工的生活和工作。

猪场要远离主干道，选址地块要尽量避开人流量和车流量较大的道路，如国道、省道和县道。进入选址地块的道路最好不是唯一道路，尽可能有进出多条路线。进入道路尽量不要横穿村庄，或者经过集市、菜市场、贸易市场等环境复杂场所。同时，需要关注 3 千米范围内的道路，进出猪场的道路最好可控。

（五）生物安全圈

因猪场的防疫需要和对四周环境的污染，规模猪场应建在离城区、居民点、交通干线较远的地方。1 千米范围内没有养殖场、3 千米范围内没有屠宰场。猪场周边尽量要远离居民居住集中区，一般要求离交通要道和居民点 1 千米以上，最好远离村庄 5 千米以上。如果有围墙、河流、林带等屏障，则距离可适当缩短些。禁止在旅游区及工业污染严重的地区建场。

（六）充足、干净的水源和电源

猪场需要用水用电，必须有充足、干净的水源和电源，但要避开湿地保护区、生态旅游区、江河水系等敏感区域。必须有一个质好、量多而无污染的可靠水源，一般一个万头猪场日用水量为 150～250 吨。有成套的机电设备，包括供水、保温、通风、饲料加工、清洁、消毒、冲洗等设备，加上职工生活用电，一个万头猪场装机容量（饲料加工除外）应有 70~100 千瓦。如果当地电网不能稳定供电，猪场应自备相应的发电机组。

（七）场地面积

猪场总占地面积应符合年出栏一头育肥猪占地 2.5~4 米² 的要求，生产建筑面积应符合年出栏一头育肥猪需 0.8~1 米² 的要求。所以，一个年出栏 1 万头的规模猪场须占地面积约 3.3 公顷，生产建筑面积需 1 公顷（10 000 米²）左右。

二、猪场规划布局

（一）场内建设与布局

1. 采用两点分开饲养

种猪繁育建在一个地点，保育和育肥在另一个相对远的地方，相互隔开。原则上产房、保育和育肥猪舍要做到全进全出。配种舍、怀孕舍、保育舍、生长舍、育肥舍要从上风向下风方向排列。建议尽量缩小猪舍的规模，做到小群饲养，以利于降低猪的发病率。

（1）各种猪舍的数量要配套　最重要的原则是产房、保育舍按生产节律分单元全进全出设计；猪栏规格与数量的计算，产房两栏对应保育一栏，保育与育肥栏要一一对应；先设计好生产指标、生产流程，然后再设计猪舍、猪栏。

（2）最好按全进全出设计　现代养猪业疾病越来越复杂，原因之一是没有严格地做到各功能区地点分开；种猪繁育区和保育区在一个地点，肥猪区在另一个地点。这种饲养模式的优点在于容易控制疾病，缺点在于管理相对费事，运输成本提高。

2. 采用三阶段饲养

三阶段饲养是指在一个环境中分 3 个区域饲养，分别是种猪和产房区、保育区以及育肥区。

（1）围墙建设　猪场要建立围墙，明确猪场的范围，既能防止员工随意进出猪场，也能防止闲杂人员随意进出，还可以防止野生动物进入猪场。生活区和生产区要有围墙，或者以各种房屋隔开，以防止员工随意进出生产区。生产区和生活区只能有一个通道，而且要设立消毒池，员工只能从这一通道经过消毒池进出，以防止将疾病传入猪场。

（2）生产布局　根据猪场计划的规模确定各阶段全进全出。虽然有些猪场按全进全出设计，但由于猪舍不配套，真正饲养时则很难做到。整栋猪舍全进全出，可提高生产性能 21%~25%；而整个猪场全进全出，可提高生产性能 30%。

3. 净污道分离，雨污分离

（1）净污道分离　净道和污道要分开，互不交叉。所谓净道即喂料和管理通道，污道是指运送粪便和病、死猪的通道，两者要分开。场区大环境和猪舍内小环境都要实行净、污道分离。

（2）雨污分离　中小型规模养猪场粪污处理利用能力相对较低。为减少污染治理成本，养猪场要做到雨污分离。雨水走明道，污水走暗道，通过排污管进入密闭式化粪池。山区地形有一定的坡度，不易堵塞。平原区铺设排污管道时，要留出一定的坡度，同时，建议在各猪舍排污口设沉淀池，将污泥、粪渣等杂物沉积后，再排出污水，不易堵塞。

（二）猪舍内部空间大小的确定

1. 一般情况下，一栋猪舍饲养的猪数量越多，发病率越高

除非能够很好地控制猪舍的环境，特别是空气，中小规模以一栋保育或育肥猪舍饲养，一般以不超过 500 头为宜。

2. 目前的趋势是猪越养越大，因此在育肥舍的时间可能会延长 3~4 周

因此，育肥舍的数量可能需要增加，而且育肥猪在 100 千克以上时的占地面积要相应增加。

（三）饲喂设施配置

1. 无论是保育还是育肥猪舍的料槽在大部分猪场都存在料位不足的问题

此外，小猪容易钻入，或者容易溢出，造成饲料浪费。这些损失往往容易被忽略，而这也是猪场最大的损失。

2. 由每栏的饲养数量确定料位

一个料位有 3~4 头猪采食，若料位不足，容易造成栏内均匀度不理想。料槽太浅或太窄是饲料溢出的主要原因，料槽出料口不能高出料槽的外沿，否则漏出饲料就容易溢出。

3. 每个猪栏最好安装两个饮水器，一高一低

这样有利于不同大小的猪饮水，饮水器高度与站立的猪肩部齐平即可。

（四）病猪栏舍设置

病猪是传播疾病的最重要源头，大部分情况下，病猪可以通过嘴鼻的直接接触传播疾病，也可通过污染的粪尿以及飞沫传播。因此，建议将病猪舍建在远离健康猪舍的位置，并由专人管理。每栋保育和育肥猪舍要设立病猪栏，病猪栏需要与健康猪栏完全隔开，不留空隙，以免病猪与健康猪隔栏发生直接接触。康复后的病猪不能回到健康猪栏。

（五）无害化处理场的设置

病死猪一旦被打开或者处理不当，就容易将病原微生物暴露，污染环境，从而造成疾病的扩散。在规模场若建解剖台或解剖室不能离猪舍太近，设计应利于清洁和消毒，剖检后的尸体不能随意丢弃，要进行无害化处理。解剖室应建在无害化处理场附近，以便及时就近对病死猪进行无害化处理并减少污染和疫病传播。

（六）装猪台的设置

装猪台应该是生产区与外界相通的唯一通道，然而这一区域也最容易被污染，成为疾病传入猪场的重要通道。

1. 装猪台应该设计成单向通道

一旦到装猪台的猪不能再返回猪舍。

2. 装猪台应该有利于清洗、消毒

而且污水和粪尿需要有专门的管道流入污水处理设施，不能倒流进入猪场生产区。

3. 禁止猪场人员与外来装猪人员接触

要安装门，划定界线，杜绝猪场人员上到装猪台上。

三、猪场配套设施

非洲猪瘟背景下猪场规划设计需要更完善的配套设施。场区按照功能进行分区管理，包括生产区、环保区、内生活区、外生活区、门卫隔离区等。每个区域根据生物安全等级，采用实心围墙、镀锌围网等材料进行分隔。

1. 门卫隔离区

场区大门口的生物安全设施功能更齐全，有人员进场洗澡间、行包房、二级人员隔离宿舍、门卫值班室、物品消毒间等。洗澡间要单向流动，消毒间需要有镂空置物架，并且通过置物架内外分隔开。进场物品，按照生活类物品、生产类物品、蔬菜食品等分类，根据不同的物资采取不同的消毒方式。隔离宿舍要求按照酒店标准间建设，房间内配有独立的卫生间和淋浴设备。

2. 外生活区

外生活区主要功能单元有行政办公、中央厨房、非生产人员宿舍等单元。中央厨房按照空间分为蔬菜采摘区、清洗区、配菜区、操作区和熟食暂存间等。按照餐食制作流程布置，要求分区管理。厨房操作人员与非生产区人员严格分开住宿，减少接触和交叉的风险。

3. 内生活区

内生活区是员工休息、娱乐、学习的重要场所。未来封闭式管理时间会更长，对员工身心有很大考验。内生活区需要有宿舍、洗衣房、晾衣房、会议室、餐厅、娱乐室、KTV等功能单元。宿舍要求床位充足，标准间设置，并配有一定数量的"夫妻房"。内生活区的餐厅采用送餐制，早餐和晚餐安排在内生活区餐厅。

4. 生产区

生产区分为配怀区、分娩区、保育区、育肥区，从内生活区进入生产区需要有工作淋浴间。工作淋浴间，集进猪舍人员洗澡、人员中午休息、中午就餐、物品存放、夜间值班等功能于一体。按照生产线布局，每条线要求有独立的工作淋浴间。其中，淋浴区要根据人员数量，设计合理淋浴位，并且是单向流动。同时，生产区还需要密闭式连廊、上下猪房、病死猪淘汰通道等设施。

5. 环保区

环保区位于场区下风向、低洼位置，需要有固态废弃物处理区、液态废弃物处理区和死猪无害化处理区。固态废弃物处理区，建议采用密闭式阳光棚或大棚进行堆积发酵，也可以采用立式发酵罐进行发酵处理。液态废弃物处理主要是通过厌氧发酵、好氧发酵、末端深度处理，然后排入生物氧化塘。死猪无害化处理采用电热式高温发酵设备，快速高温分解死猪，短时间快速杀灭细菌和病毒。整个环保区尽量与生产区拉开距离，并且有镀锌围网进行分隔，有专用的进出道路。

6. 车辆洗消中心

车辆洗消中心是降低车辆对生物安全圈的风险管控。车辆洗消中心是防控非洲猪瘟非常关键的环节之一。车辆洗消中心根据功能可以划分为：脏区（脏车停车场、污物清理点、污水蓄积池）、灰区（清洗单元、人员洗澡更衣室、沥水区）、净区（烘干单元、设备间、司机休息间、净车停车棚、实验室）。同时，根据生物安全圈，可以将车辆洗消中心分为对外车辆洗消中心和对内车辆洗消中心。清洗干净是车辆洗消烘干的基础，需要有钢架平台、地喷系统、各种工位高压快速接头。持续高温、温度均衡、热量回收、内部热量循环，是烘干区的关键。同时，烘干间需要有智能控制系统，实时监测温度曲线、燃料消耗、水电消耗等参数。配套监控系统与手机和电脑终端进行连接，实现洗消烘全过程监控。通过手持 3M 荧光检测仪以及细菌培养等实验手段，检测车辆洁净度。

7. 卖猪中转站

卖猪中转站是为了让外部运猪车远离场区，位置选择要远离猪场 10 千米以上。卖猪中转站功能区分为场内车辆卸猪台、场外车辆装猪台（升降平台或升降赶猪通道）、猪群暂存栏、污水收集池、设备间、车辆清洗点、人员值班房等。场内车辆卸猪台和场外车辆装猪台要有一定的距离，并且中间要用实心墙体进行隔断。场内卸猪台的地面高度高于场外车辆装猪平台，并且有一定的坡度。暂存栏根据卖猪的频率，设计暂存栏的面积和数量，尽量将同一批次销售猪只暂存在卖猪中转站。保证场内中转车和场外运猪车在时间、空间没有接触和交叉可能，并且中转栏为单向流动设计，确保猪只单向流动不回头。暂存栏需要有顶棚，确保夏季和雨天卖猪的可操作性。

8. 饲料中转仓

为了确保外来饲料车不进场打料，需要在场区门口修建饲料中转仓。散装饲料车能够覆盖区域，可以采用中转料塔。如果采用吨包运输，可以考虑采用饲料中转仓。然后有两种方式，将中转的饲料通过内部散装料车或远距离料线输送到生产区每个料塔。场内散装料车需要考虑场内的道路，能否做到净污道分离。远距离输送要选择质量靠谱的塞链和电机，架空料线要有检修平台。

四、猪场人员配置设计

未来猪场员工招聘和培养是一个非常严峻的问题。年龄偏大、文化程度低的人员再也不适合现代化猪场。年轻的、有学历的毕业生很难在猪场长久工作。精减人员将是非洲猪瘟背景下猪场人员配置设计的关键要素之一。

1. 设备不能完全取代人

现代化猪场设备的自动化和智能化程度越来越高，但是最终还是需要有人来操作和管理。这就需要管理人员懂得养猪、设备、水电气等综合知识，对人员的综合素质要求很高。再好的设备也需要用好、保养好，才能发挥最大的优势。

2. 要养猪先养人

猪场建设要满足猪的生产需求更要体现出人文关怀。可口的饭菜、温馨的宿舍、舒适的工作淋浴间、豪华的娱乐室，这些将是留住年轻人的必备条件。同时，在人员配置设计时需要考虑有轮休人员储备，确保定期休假、劳逸结合。内生活区还应该设有运动场地，如半场篮球场、乒乓球台等设施。后勤人员配备充足，确保内部生活区、淋浴间、工作服、雨靴有专人进行清洁和消毒清洗，实现专业人做专业事。

3. 视觉管理设计

颜色是视觉管理的基调，标识和标牌是视觉管理的工具。通过视觉管理设计实现可视化管理。从衣物的颜色、地垫的颜色、标识标牌、卡片卡牌、白板、表格和挂图等一系列视觉设计让员工对猪群生产能有共同的、简洁的理解方式。运用形象直观和视觉舒适的各种视觉设计方案，能够让标准操作流程（SOP）更接地气，一看就懂、印象深刻。通过视觉管理设计让猪场的每一个操作流程更加高效地开展和进行，提高员工的现场管理效率。

第二节　猪舍建筑设计

一、猪舍类型

用于养猪生产的猪舍类型繁多，可分为如下几种。

（一）按舍的封闭程度分

1. 前敞式猪舍

前敞式猪舍可由两个山墙、后墙、支柱和屋顶组成，正面无墙为敞开状，通常敞开部分朝南。这种猪舍结构简单，投资少，通风透光，排水好，但受自然条件影响较大。

2. 半敞式猪舍

半敞式猪舍的东西两侧山墙及北墙均为完整垒到屋顶的墙体，南侧墙体多为 1 米左右的半截墙。开敞部分在冬季可加以遮挡形成封闭状态，从而改善舍内小气候。我国北方地区为改善开放式猪舍有冬季保温性能差的缺点，采用塑料薄膜覆盖的办法，使猪舍形成一个密封的整体，有效地改善了冬季猪舍的环境条件。这种塑料大棚猪舍建造简单、投资少、见效快，在农村小型猪场和养猪户中很受欢迎。此外还有种养结合塑料棚舍。

3. 封闭猪舍

通过墙体、屋顶等围护结构形成全封闭状态的猪舍形式，具有较好的保温隔热性能，便于人工控制舍内环境。有窗舍也属封闭舍。

（二）按屋顶形式分

1. 坡式

猪舍屋顶由单面或双面斜坡构成，构造简单，屋顶排水好，通风透光好，投资少。根据屋顶坡式不同可分为单坡式和双坡式。跨度较大的猪舍宜采用双坡式。

2. 平顶式

平顶式的优点是可以充分利用屋顶平台，保温防水可一体完成，不需要再设天棚，缺点是防水较难做。

3. 拱式

拱式的优点是造价较低，随着建筑工业和建筑科学的发展，可以建大跨度猪舍。缺点是屋顶保温性能较差，不便于安装天窗和其他设施，对施工技术要求也较高，多用于育肥猪舍。

（三）按猪栏排列分

1. 单列式

猪栏排成一列，猪舍内靠北墙设走廊。优点是通风良好，保温、防潮和空气清新，构造简单。但单位建筑利用率稍低。

2. 双列式

在舍内将猪栏排成两列，中间设工作通道，多为封闭舍，主要优点是管理方便，保温良好。

3. 多列式

猪栏排成三列或四列。主要优点是猪栏集中，运输线短，工作效率高，散热面积小且容量较大而利于冬季保温。但构造复杂，采光不足，阴暗潮湿，建筑材料要求高，多用于肥猪舍。

（四）按猪舍用途分

1. 公猪舍

一般为单列或双列封闭式，单栏饲养，面积最低 12 米²，增加公猪的运动量。风速 0.2 米/秒，温度控制在 15~20℃，南墙窗户尽量大，以利冬季采光，夏季关闭门窗，采用湿帘纵向通风。

2. 空怀母猪舍

空怀母猪舍应靠近种公猪舍，设在种公猪舍的下风方向，使母猪的气味不干扰公猪，公猪的气味可以刺激母猪发情。空怀母猪 3~5 头小群饲养，使其互相刺激促进发情。栏圈布置多为双列式，每个栏圈的面积 9 米² 左右。舍内温度和风速要求同公猪舍，也可将种公猪舍和空怀母猪舍合为一栋，中间设配种间隔开。

3. 妊娠母猪舍

妊娠母猪分小群和单体栏两种饲养方式，各有利弊。小群饲养可增加怀孕母猪的活动量，降低难产的比例，延长利用年限，但看膘饲喂难度大，相互咬架有造成流产的危险；单体栏可以使怀孕母猪的膘情适度，但活动量小，肢蹄不健壮，难产比例高。群养舍内为中间留走廊的双列式，每栏的面积 10 米² 左右，3~4 头一栏；单体栏双列和多列皆可。配种后的前 4 周易流产，最好单体栏饲养。

4. 分娩哺乳舍

猪舍为双列式即可，分地面分娩和产床分娩两种形式，这两种形式各有利弊。地面分娩猪舍同群养怀孕母猪舍，每栏只能饲养一头分娩母猪，占栏面积大，母猪不固定，有压死仔猪的现象，管理难度大，且小猪与大猪的粪尿接触，染病的可能性大。产床可避免地面产仔的以上缺点，但设备投资大。

5. 仔猪保育舍

保育舍要求通风保温效果好，舍内温度 26~28℃，风速 0.2 米/秒，温暖干燥（保育舍设计同产房）。应采用网床饲养，避免仔猪与粪尿接触，减少染病机会，保育床底最好使用工程塑料和水泥复合材料漏缝地板，保温隔热性能好，又不震颤惊吓仔猪。用钢架围栏自动落料食槽。

6. 生长、育肥和后备猪舍

这3类猪舍均采用地面群养，自由采食。有条件者采用一半实体水泥地面，另一半漏缝地板，比全地面饲养有更好的增重效果。每栏 8~10 头，每头占栏面积 1~1.2 米^2。建造双列有窗式或双列卷帘式猪舍。

二、猪舍主要结构

(一) 地基、基础、墙脚与护坡

承托建筑物的土壤层，称为地基。地基分为天然地基与人工地基两种。作为天然地基应压缩性小而均匀，有一定的承压能力。地基要有一定的厚度、结构一致、抗冲刷力大、无侵蚀性地下水，地下水位离地面不少于2米。猪舍及其附属建筑物不是高层建筑物，对地基的压力不大。因此，除了淤泥、泥炭、细沙等外，一般的土层都可以作为猪场的天然地基。对不能作天然地基的上层，应根据实际情况进行人工加固，防止建筑物不规则下沉，影响建筑物的安全。

基础是建筑物的支持部分，其作用是承受整个建筑物的重量，并将此压力传到地基上。一般常采用带形基础或矩形独立柱墩基础，比墙身宽 10~15 厘米。入土深度要根据建筑物的大小、土层种类和特性、地下水位的高低和土层冻结深度而定。基础必须高于地下水位 2 米以上。建筑地基常用的材料有砖、片石、卵石和混凝土。要求基础具有坚固、耐久、防潮、防冻和有一定抗机械冲击性能。墙脚是墙壁与基础之间的部分，一般高于室外地坪 30~40 厘米，高于室内地面 12 厘米左右，且高于护坡顶点 15 厘米以上。为防止地下水沿基础的缝隙上升，使墙壁受潮，或屋檐降水的侵蚀，在墙壁与墙脚交界处应设置防潮层，并以水泥砂浆抹面。常用的材料有砖、片石和混凝土。护坡是设在外墙四周的缓斜坡结构，上铺以砖、碎砖、卵石、碎石或三合土等，再用水泥砂浆抹面而成，其宽度为 60 厘米，厚度不少于 10 厘米，坡降为 1:4，主要作用是防止地表水侵蚀基础和墙脚。

(二) 墙壁

墙壁是建筑物的主体部分，保证舍内形成舒适的小气候，保护猪舍内不受外界气候急剧变化的影响。对墙壁的要求是要坚固耐用，有良好的保温隔热性能，并有一定的防火功能。建造墙壁的材料常用的有砖、石、木板及彩钢板等，其中砖墙应用最广。石墙不适于寒冷潮湿地区，土坯墙只适于气候干燥地区。墙壁分内墙和外墙。外墙易受风雨侵蚀，是舍内保温的主要屏障，同时还承受房顶的压力。因此，要求设计严谨，施工细致。内墙主要是承受房顶压力和间隔房间之用。在有屋架承受压力的猪舍，内墙可以简单些。

（三）门窗

猪舍门窗供猪群出入、生产操作及通风透光之用。猪舍门的数量、大小和位置必须保证猪群自由出入，便于生产过程的顺利进行，同时还要考虑到机械化的实行。门是猪舍通风、透光和散热的组成部分，猪舍有5%~10%的热量通过门而散失，在温暖地区，可以设置栅门，便于通风；在寒冷地区，门的设计更是严密而保温。使用最频繁的门，应设在冬季不受主风侵袭的一侧。为保证猪群的安全，猪舍主门以双扇外开为好。门的数量视猪舍面积大小而定，一般主猪舍两端的墙上各应设一门。若猪舍很长，在纵墙上还应设1~2个门。在通往辅助建筑物，如饲料间、出粪场及运动场的过道处也应设门。门前不宜建成台阶形，应建成斜坡状，以免猪群出入损伤蹄脚。猪舍的门一般不设门槛，以利猪群出入和工人生产操作。窗户的位置，一般应是窗户与猪舍内角隅之间的距离必须相等，两窗之间的墙宽不应大于窗宽的2倍。一侧采光的猪舍，舍深不应大于窗户上沿至地面高度的2倍，窗户上沿到天棚的高度不应小于30~40厘米。下沿到地面的距离，种公猪舍一般为130厘米，母猪舍为110厘米，肥猪舍为100厘米。

（四）地面

猪舍地面是猪生活的主要场所，也是猪接触最频繁的地方，地面的好坏不仅影响猪舍的卫生条件，也影响猪舍的使用价值。猪舍地面应满足保温性能好，有弹性，不硬也不滑，坚固、平坦、无缝隙，能防止土层被污水污染，易于清扫和消毒，有防潮与抵抗各种消毒药物腐蚀的能力，有适当的坡度，以保证污水能顺利排出。在生产实践中，任何一种地面很难同时符合上述要求，应根据当地气候条件、经济条件及饲养管理特点，因地制宜地设计和使用建筑材料。一般猪场地面采用混凝土地面，并做防滑处理。

（五）屋顶

屋顶也是防止外界不良因素对猪舍侵袭的屏障。要求不漏水、不透风、保温性能好、排水便利、坚固耐久。修建屋顶的材料有稻草、石棉瓦、红（青）瓦、石板、铁皮、钢筋、混凝土等。石棉瓦屋顶结构简单，也能防火防水，但保温性差，不够坚固耐久，造价也较高。现在猪场普遍采用彩钢板作屋顶，由于板材间有泡沫夹层，保温性能较好，建设速度快。

三、猪舍保温防寒及隔热防暑

猪舍的防寒、防暑性能在很大程度上取决于外围结构保温隔热性能。保温、隔热设计合理的猪舍，除了极端寒冷和炎热地区外，一般都可以较好地保证猪只对温度的基本要求。因此，做好猪舍的保温隔热设计是保证猪舍具有适宜温度环境的基础。

（一）选择适当的建筑材料

猪舍在建造的时候应当选择导热系数小的材料。比如，用空心砖代替普通红砖，墙体的热阻值可以提高41%，而用加气混凝土块，则可提高6倍。同时适当增加墙的厚度，也可以明显提高猪舍的保温隔热性能。

（二）选择适宜的猪舍建筑形式

在选择猪舍的形式时，要充分考虑当地的气候特点（如冬季的寒冷程度、夏季的炎热程度）和不同阶段猪只的生理特点（如大猪怕热、小猪怕冷）。在严寒的地区宜选择有窗式猪舍或密闭式猪舍，炎热地区则可以考虑选择开放式或半开放式猪舍。

（三）合理地确定猪舍的朝向

猪舍的朝向不仅影响到猪舍的采光，还与冷风的侵袭相关。在确定猪舍的朝向时，应根据本地风向频率，结合防寒、防暑要求，确定适宜的朝向。猪舍的纵墙一般应与冬季主风向平行或形成0°～45°角，这样会减少冷风的渗透量；与夏季主风向形成30°～45°角，这样会有效减少涡风区。

（四）科学的门窗设计

猪舍的北侧和西侧冬季迎风，应尽量不设门，必须设门时也应该加设门斗，北侧窗的面积也应适当减小。必要时，猪舍的窗也可采用双层窗或单框双层玻璃，以提高窗户的保温效果。

四、猪舍采光与通风

（一）高端猪舍的采光与通风设计

对于高端猪舍而言，主要采用砖混结构，并且面积比较大。而顶部基本都是采用整体的保温彩钢，而对于这个屋面多数采用"人"字形设计，并且顶部有通风口。对于这通风口采用的也是阳光板，不仅可以有光照通过，还可以解决顶部通风散热的问题。而对于这个高端猪舍的墙体上还预留开窗和底部的通风口，配备风机湿帘的降温设施。

1. 采光情况的基本设计

对于砖混结构的高端猪舍，其采光设计主要是在顶部与建筑的墙体开窗。对于平顶猪舍的采光设计，一般是在屋顶上进行开孔，然后采用阳光板进行覆盖，这样就可以有一定的光照进入。而大部分都是采用"人"字形屋顶设计，也就是在"人"字形结构设计的时候，两个"人"字形设计之间会有 20~50 厘米的间隙，而这个间隙就是设计开窗，不仅有通风的作用，还可以进入一定的光照。而墙体的开窗，一般在上半部分的为采光开窗，下半部的为通风开窗。

2. 通风的基本设计

对于猪舍通风设计，主要是采用对流设计。对于砖混结构的猪舍，在猪舍的顶部和底部都会有通风口的设计。对于这样的设计而言就是为形成对流的模式，形成一种自然通风的效果，这样会减少强制的通风散热，会节省不少的电费支出。

（二）大棚式猪舍采光与通风的基本设计原则

目前关于大棚式猪舍大体分为两种形式：日光温室式猪舍和春秋大棚结构式猪舍。它的设计形式基本都是由这两种温室的结构形式转变而来，由于大棚式猪舍建设的目的主要是保障冬季有足够的保温能力。对于两种不同结构的猪舍在采光和通风的设计也有明显的区别。

1. 日光温室结构猪舍采光和通风设计

对于日光温室各位网友应该都有所了解，它主要是有三面墙体和前屋面的塑料薄膜结构。而对于养猪而言，对于这个日光温室的结构有所调整，只是把前屋面的面积减小，增加后屋面的面积，这样的设计目的就是降低冬季散热问题。前屋面的减少，也就是降低大棚内的采光面积，而前屋面与后屋面的连接位置出现分层结构，也就是一上一下间隔30厘米，这就是顶部通风口的位置。而在前屋面的最底部也是有通风的，这样的设计只是减少前屋面的采光面积，通风口分别为底部和顶部。对于这样结构的设计还是比较好的，既通风降温，还兼顾采光。

2. 春秋大棚结构猪舍的采光与通风设计

对于春秋大棚结构的猪舍，只是有通风口的设计，对于采光设计而言，也只是在通风的位置进入少量的光照情况。这个问题与春秋大棚本身的结构有很大的关系，它的覆盖材料都是整体的，并且为了冬季的保温性，整个屋顶是没有任何开窗。并且这个覆盖材料为黑白膜、岩棉、毛毡等，开孔后，漏水的问题无法解决。而春秋大棚设计结构最大的亮点就是通风口比较大，在两侧都有，并且没有采光的设计，这个是唯一的缺点。

第三节　猪场设备

一、养殖设备

选择与猪场饲养规模和工艺相适应的先进的经济的设备是提高生产水平和经济效益的重要措施。

（一）猪栏设备

1. 公猪栏、空怀母猪栏、配种栏

这几种猪栏一般都位于同一栋舍内，因此，面积一般都相等，栏高一般为1.2~1.4米，面积7~9米²。

2. 妊娠栏

有两种，一种是单体栏，另一种是小群栏。单体栏由金属材料焊接而成，一般栏长2米，栏宽0.65米，栏高1米。小群栏的结构可以是混凝土实体结构、栏栅式或综合式结构，不同的是妊娠栏栏高一般1~1.2米，由于采用限制饲喂，因此，不设食槽而采用地面食喂。面积根据每栏饲养头数而定，一般为7~15米²。

3. 分娩栏

分娩栏的尺寸与选用的母猪品种有关，长度一般为2~2.2米，宽度为 1.7~2.0 米；母猪限位栏的宽度一般为 0.6~0.65 米，高 1.0 米。仔猪活动围栏每侧的宽度一般为 0.6~0.7 米，高 0.5 米左右，栏栅间距 5 厘米。

传统分娩母猪采用高床饲养。母猪和仔猪都生活在漏缝地板上，与低温潮湿的地面脱离。粪便通过漏缝地板很快落入粪沟，使仔猪减少了与粪尿接触的机会，保持了床面的清洁、卫生和干燥。但母猪上床比较困难。钢管隔栏不能做到仔猪隔离，增加了仔猪相互感染的机会。保温箱为封闭的装置，大多设置在限位架一角，远离母猪躺卧位置，尤其距母猪乳房部位较远，不利于仔猪出生后寻找保温箱和从保温箱出来后迅速到乳房跟前。

现代化分娩栏地板一般与地面持平，围栏用 PVC 隔板，仔猪加热区不完全封闭，母猪围栏长宽和大小都可以调节，有防压杆和调节杆。为仔猪群提供一个最佳生长环境的同时，提高了成活率。分娩栏和地面平齐，减少母猪上床应激。母猪产仔猪圈的宽度和长度可以根据个别要求进行调节，可以提供母猪最好的产仔和哺乳条件。调节杆有利于母猪起卧，调整母猪活动空间，同时起到了传统护仔猪的作用，有效保证母猪躺卧时不压到仔猪。根据母猪保持经常性视觉联系要求，母猪躺卧区设置在保温箱对面，保温箱不封闭，仔猪随时能从保温箱出来，母猪本能地注视到仔猪，有利于仔猪迅速到母猪跟前哺乳。

4. 仔猪培育栏

一般采用金属编织网漏粪地板或金属编织镀塑漏粪地板，后者的饲养效果一般好于前者。大、中型猪场多采用高床网上培育栏，它由金属编织网漏粪地板、围栏和自动食槽组成，漏粪地板通过支架设在粪沟上或实体水泥地面上，相邻两栏共用一个自动食槽，每栏设一个自动饮水器。这种保育栏能保持床面干燥清洁，减少仔猪的发病率，是一种较理想的保育猪栏。仔猪保育栏的栏高一般为 0.6 米，栏栅间距 5~8 厘米，面积因饲养头数不同而不同。小型猪场断奶仔猪也可采用地面饲养的方式，但寒冷季节应在仔猪卧息处铺干净软草或将卧息处设火炕。

传统保育栏的一般地板用钢丝网，围栏用栏片。最大的问题在于仔猪找不到一个没有贼风的小环境，造成死亡率升高，其次是料槽的设计不合理，浪费饲料，再次是料槽与猪栏不配套，造成料槽或猪栏浪费。现代化保育栏围栏采用 PVC 板或栏杆，但地板一般是塑料地板，料槽与面积配套，且分加热区、活动采食区和排泄区。不但有一个很好的温度环境，而且各种活动分开，提高了卫生条件和成活率。

5. 育成、育肥栏

育成育肥栏有多种形式，其地板多为混凝土结实地面或水泥漏缝地板条，也有采用1/3漏缝地板条，2/3混凝土结实地面。混凝土结实地面一般有3°的坡度。育成育肥栏的栏高一般为1~1.2米，采用栏栅式结构时，栏栅间距8~10厘米。

（二）饮水设备

猪用自动饮水器的种类很多，有鸭嘴式、杯式、乳头式等。由于乳头式和杯式自动饮水器的结构和性能不如鸭嘴式饮水器，目前普遍采用的是鸭嘴式自动饮水器。鸭嘴式猪用自动饮水器的结构主要由阀体、阀芯、密封圈、回位弹簧、塞和滤网组成。

二、饲喂设备

养猪生产中，饲料占比非常大，因此饲喂工作量也非常大，因为饲喂设备对提高饲料利用率、减轻劳动强度、提高猪场经济效益有很大影响。饲喂设备分为人工喂料设备和自动喂饲，人工喂料设备简单，包括加料车、食槽。自动喂饲主要由贮料塔、饲料输送机、输送管道、自动给料设备、计量设备、食槽等组成。

（一）间息添料饲槽

条件较差的一般猪场采用，分为固定饲槽、移动饲槽。一般为水泥浇注固定饲槽。饲槽一般为长条形，每头猪所占饲槽的长度应根据猪的种类、年龄而定。较为规范的养猪场都不采用移动饲槽。集约化、工厂化猪场，限位饲养的妊娠母猪或泌乳母猪，其固定饲槽为金属制品，固定在限位栏上（见限位产床、限位栏部分）。

（二）方形自动落料饲槽

一般条件的猪场不用这种饲槽，常见于集约化、工厂化的猪场。方形落料饲槽有单开式和双开式两种。单开式的一面固定在与走廊的隔栏或隔墙上；双开式则安放在两栏的隔栏或隔墙上，自动落料饲槽一般为镀锌铁皮制成，并以钢筋加固，否则极易损坏。

（三）圆形自动落料饲槽

圆形自动落料饲槽用不锈钢制成，较为坚固耐用，底盘也可用铸铁或水泥浇注，适用于高密度、大群体生长育肥猪舍。

全自动喂料系统是养猪设备今后的重要发展趋势。在养猪生产中，搬运饲料不但浪费人工，而且会带来疾病风险。我国大多数猪场仍然采用传统人工饲喂方式，自动化程度低，劳动生产率低，饲料浪费量大，人工调节喂料量，不能准确满足不同猪群对饲料的需求。猪自动喂料系统可以很好地解决这些问题。自动喂料系统在国外猪场应用非常广泛，而我国对猪自动饲喂设备的生产尚处于起步阶段，全自动饲喂系统优点有：定时定量喂饲，特别是母猪饲喂；避免限饲引起的应激反应；切断了疫病的传播途径；节省劳动力；方便、快捷。

母猪智能饲喂站则是养猪设备发展的一个革命性标志。母猪智能饲喂站在欧洲已经有 40 多年的应用历史，经过不断改进已经是比较成熟的产品，解决了现代集约化高密度养猪与提高母猪福利的矛盾问题，并提高了管理的效率。具体优点如下：精确饲喂母猪，根据每头母猪每天的需要量提供饲料，母猪体况更均匀；提高母猪福利，一台智能饲喂站能使 50~80 头母猪使用，每头母猪占面积 2.05 米^2，每头母猪的活动面积增加到 100 米^2 以上，降低死胎率；实现母猪自动化管理，能根据探测结果把发情母猪、怀孕检查母猪和要转到产房的母猪分离出来。

三、环保设备

不同的猪粪污处理方式所需要的环保处理设备不同。

（一）堆积发酵处理所需的环保设备

将粪尿分别收集处理，干粪便或半干粪便可运至贮粪场或田间进行堆积发酵。这种处理方法设备简单，机械化程度和劳动效率较低，场区卫生条件较差。

（二）沉淀净化处理所需的环保设备

将粪便及冲洗水的混合物经管道系统引至沉淀池，池的上部有粪便引入口和尿液溢出口，底部装有渗出管道。粪便在重力作用下实现固液分离，上层为澄清的液体，下层为沉积物。液体溢入贮液池，用泵或灌溉设施引入农田灌溉；沉淀物经分解发酵后定期运往田间。此法设备简单，但占地面积大，化粪周期长，且影响环境卫生。

（三）充气氧化处理所需的环保设备

在好气性细菌作用下使粪便消化分解。处理设备由两个半圆形化粪沟组成，沟的中间有一道隔墙，在离入口不远处装有滚筒形翻液叶轮，旋转时不停地打击液面，使粪液与空气接触，同时使粪液循环流动。化粪沟处理好的粪便先放入沉淀池，沉淀后的澄清液由液口放出，化粪池内的污物每年清除2~4次。

（四）沼气发生处理所需的环保设备

养猪场粪便转化为沼气，工艺流程一般包括5部分：原料的收集，原料的预处理，消化器（沼气池），出料的后处理，沼气的净化、储存和输配。利用粪便制取沼气的全套工程设施，由原料的预处理、厌氧消化、沼气净化及输配、发酵残留物后处理以及工艺流程的控制、监测5个部分组成。主要包括发酵罐、脱硫塔、气水分离塔、增压风机、连接管等。

（五）机械脱水处理所需的环保设备

常用的设备有振动筛式、螺旋压缩式、离心分离式和筛带压缩式等类型。其中，筛带压缩式粪便处理设备应用较多，由粪泵、带有上下压辊的回转筛带和带有充气涡轮的消化池等组成。粪泵将贮粪池中的粪液送到回转筛带上，液体漏过筛带经导管进入消化池，较稠厚的粪便在筛带上由压辊挤压后，将液体进一步挤出，压缩后的干粪在筛带的一端由刮粪板送到运输车内运往田间堆积。进入消化池的粪液经充气涡轮充气处理后，再由粪泵送入田间灌溉系统，或由粪液罐车运往田间施洒。

四、降温与保暖设备

（一）降温设备

猪场需要保持通风，空气流通一来可以避免猪场难闻的气味，二来也是一种比较可靠的降温手段，但是通过通风的方式只能使猪舍温度降至接近于舍外环境温度。目前猪场常用的降温系统有湿帘-风机降温系统、喷雾降温系统、喷淋降温系统和滴水降温系统等，目前已经逐步在各大猪场开始广泛使用。

（二）供暖设备

面对四季变化，特别是寒冷的冬季，需要给猪场提供供暖设备，目前猪舍供暖分集中供暖和局部供暖两种。集中供暖由一个集中供热设备产生热介质，再通过管道将热介质输送到猪舍内的散热器。局部供暖有热水加热地板、电热板、红外灯等。

五、消毒与清洁设备

（一）消毒设备

工厂化规模养猪，由于场地大，管理不当容易滋生细菌，因此可以依靠消毒设备实现，常见的有高压清洗机、火焰消毒和背负式喷雾器。而这些中，火焰消毒器与药物消毒配合使用才具有最佳效果，先用药物消毒后，再用火焰消毒器消毒，灭菌可达95%以上。

（二）清洁设备

现代化猪场清洁设备最主要是用来清粪，常用的方法是在粪尿沟上铺设漏粪地板，猪在漏粪地板上排粪排尿后，尿随缝隙流入粪沟，粪便落到漏粪地板上，经其踩踏后自动落入下面的粪沟中，从而避免猪与粪便的接触，有利于防止和减少疫病的发生。

第二章　猪的品种与繁殖

第一节　猪的品种与生产性能评定

一、猪的品种

（一）国内生猪品种

我国饲养的生猪品种很多，根据分布区域不同，这些品种大体上可以分为华北型、华中型、华南型、江海型、西南型、高原型。

1. 华北型

华北型主要分布于淮河、秦岭以北地区。华北型猪骨骼发达，体型高大，背腰平直且窄，后腿欠丰满。头平直，嘴筒较长，耳大下垂。额部有纵形皱褶。被毛多为黑色，皮肤厚。繁殖力强，有乳头 8 对左右。该类型猪的优点是繁殖力高，抗逆力强；缺陷是生长速度慢，后腿欠丰满。

代表品种有：民猪、大八眉猪、黄淮海黑猪等。

2. 华南型

主要分布于我国的南部和西南部边缘地区。华南型猪的骨骼大小不一，背腰宽，但多凹，腹大下垂，腿臀丰满。头较小，面部微凹，耳小直立。额部多有横行皱褶。被毛多为黑色或黑白花。皮肤比较薄，毛稀。繁殖力较差，有乳头 5~6 对。该类型猪的优点是早期生长快，易肥，骨细，屠宰率高；缺陷是抗逆力差，脂肪多。

代表品种有：滇南小耳猪、两广小花猪、槐猪和海南猪等。

3. 华中型

主要分布于长江和珠江流域的广大地区。华中型猪的体型较华南型的为大，背腰宽且凹，腹大下垂。头不大，额部有横行皱褶。耳中等大小，下垂。被毛稀疏，毛色以黑白花为主，头尾多为黑色，体躯多为白色。乳头 6~8 对。该类型猪的优点是骨骼较细，早熟易肥，肉质优良；缺陷是体质疏松，体质较弱。

代表品种有：金华猪、宁乡猪、广东大花白猪和中华两头乌猪等。

4. 江海型

主要分布于汉水和长江中下游沿岸以及东南沿海地区。江海型猪的形成是由华北型猪和华中型猪杂交而成的，所以其体型大小不一。该类型猪的背腰稍宽、平直或微凹。腹大，骨骼粗壮，皮厚、松软且多皱褶。额部有菱形或"寿"字形皱纹。耳大下垂。毛色从北向南由全为黑色向黑白花过渡。乳头在 8 对以上。该类型猪的最大优点是繁殖力极强；缺陷是皮厚，体质不强。

代表品种有太湖猪、阳新猪、虹桥猪和桃园猪等。

5. 西南型

主要分布于四川盆地和云贵高原以及湘鄂的西部。西南型猪的体型一般比较大，头大、颈粗短，额部多有横行皱纹且有旋毛。背腰宽而凹，腱盘略下垂，毛色以黑色为多，兼有黑白花或红毛猪。乳头 6~7 对。该类型猪的屠宰率和繁殖率略低。

代表品种有内江猪、荣昌猪、乌金猪、关岭猪和湖川猪等。

6. 高原型

主要分布于青藏高原。该类型猪的个体很小，形似野猪。头长，呈锥形，嘴尖，耳小直立。背腰窄，略有拱形。腹小紧凑，四肢细小有力，蹄小且结实。善于奔跑。体躯上生有浓密的绒毛。毛色多为黑色或黑灰色。乳头 5 对左右。该类型抗逆力极好，放牧能力也极强，但是，该类型的猪生长速度慢、繁殖力低。

主要代表品种是藏猪。

（二）引进生猪品种

新中国成立以后，我国陆续有计划地从国外引入大约克夏猪、巴克夏猪、苏联白猪、科米洛夫猪、长白猪、杜洛克猪、汉普夏猪、皮特兰猪和迪卡猪等。这些猪品种引进后，在我国的条件下进行了风土驯化，逐渐适应了我国的饲养和管理条件，已经成为我国猪饲养业中不可分割的一部分。表现在胴体品质和日增重上优势比较大的引入品种有杜洛克猪、汉普夏猪、皮特兰猪、比利时长白猪、挪威长白猪及德国长白猪等；表现在繁殖力、适应性和哺乳能力上优势比较大的引入品种有大约克夏猪、丹麦系长白猪、英系长白猪、美系长白猪、法系长白猪、瑞士长白猪、威尔斯特猪及切斯特白猪等。

我国引入的国外品种猪主要是作为杂交用父本，其共同特点：一是生长速度快，在一般的饲养管理条件之下，20~90千克阶段的日增重可达到550~700克；二是胴体瘦肉率高，在合理的饲养条件之下，90千克时屠宰，其胴体瘦肉率可达到55%~62%；三是屠宰率高，体重达到90千克时屠宰，其屠宰率可达到70%~75%。

但在引入品种上也有一些明显的不足，具体表现为：繁殖性能低于我国地方品种，母猪的发情不明显，肌纤维较粗，出现PSE肉和DFD肉的比例高。

二、种猪生产性能的评定

(一) 测定性状

现场测定要测定哪些性状主要取决于该场种猪的选育目标、测定技术及测定设备情况，全国种猪遗传评估方案中共规定了15个测定性状，其中总产仔数、100千克体重日龄、100千克体重背膘这3个性状经济重要性大，因此农业农村部将这3个性状规定为种猪场的必测性状。其他性状如达50千克体重日龄、眼肌面积等为辅助测定性状。

目前，我国大部分养猪生产企业已经把总产仔数、达100千克体重日龄、达100千克体重背膘厚作为基本的测定性状，有些有育种实力的种猪企业为了增加选种的准确性，对氟烷基因、酸肉基因等进行辅助测定选择。

(二) 测定所需设备

总产仔数和达100千克体重日龄数据比较容易获取，达100千克体重活体背膘的测定对测定仪器和技术都有一定要求。测定和评估上述总产仔数、100千克体重日龄、100千克体重背膘这3个基本性状通常需要以下设备：用于称猪的电子秤、B型超声波测定仪、一台性能较好的计算机、种猪遗传评估软件。同时进行种猪性能测定还需要测定场家有完善的系谱资料。

称猪用的电子秤必须要精确稳定，形状以猪栏式为优，这样便于进行猪的背膘厚测定。活体背膘测定有两种设备，一种是A型超声波测定仪，另一种是B型超声波测定仪。A型超声波测定仪是单晶体接受声波，对肌体组织进行点估计，其准确性低于 B 型超声波测定仪；B 型超声波测定仪采用多晶体结构，能实时、快速、准确地反馈声波形成清晰的图像，准确性较高。目前，很多种猪场都使用 B 超取代了 A 超。

种猪遗传评估软件有 GBS、NETpig 及软件包 PEST 等，育种软件 GBS在我国很多种猪场已被广泛使用。

（三）测定方法

种猪场对参加测定的种猪应加以选择，同一批断奶仔猪里要选择生长发育良好，无疾患的，一般每窝至少挑选 1 公 2 母，并戴上耳号牌做好标记。

1. 总产仔数

对分娩的母猪进行数据登记，包括分娩时间、胎次、总产仔数、活产仔数、死胎、木乃伊胎、初生重，同时要登记初生仔猪的个体号。

2. 达 100 千克体重日龄

待测定猪体重达 80~105 千克进行空腹测定，将待测猪只驱赶到带有单栏的秤上称重，记录个体号、性别、测定日期、体重等信息，按实际体重和日龄可校正为达 100 千克体重日龄。

3. 100 千克体重活体背膘厚

将待测猪只驱赶到带有单栏的秤上称重后可进行背膘厚测定。测定背膘应在猪自然站立的状态下进行。首先要确定测定点，我国目前以倒数 3~4 肋，距背中线 4~5 厘米处作为测定点。若猪毛较厚，在测定前应对测定点进行剪毛，之后在测定点上均匀涂上耦合剂，将探头与背中线平行置于测定位点处，注意用力不要太大，观察 B 超屏幕变化。不同的 B 超所使用的探头不同，所显示的图像也不一样，但是测定图像选择的基本原则为：图像清晰，背膘和眼肌分界明显、肋骨处出现一条亮线且图像清晰，当出现上述情况时即可冻结图像，使用操作面板上的标记(+或×)对背膘上缘和下缘进行标记，B 超会自动计算出背膘厚度，输出或打印该图像。将测定所得到的背膘厚度输入遗传评估软件，计算分析后会得出达到 100 千克体重的活体背膘厚度。

第二节　猪场引种

新建的猪场进行生产经营，首先要进行引种，引种是生产经营的前提。同样，一个规模化猪场每年也都要淘汰一部分生产成绩不理想的种猪，引入部分种猪进行更新，通过品种改良来提高养猪效益。无论是从国外引种还是在国内引种，都要树立正确的引种理念。

一、引种前的准备

(一) 引种目的要明确

引种主要有从国外引进纯种祖代种猪，或从国内种猪场引进外来瘦肉型种猪以及中国地方品种种猪。目前，国内的外来瘦肉型猪主要有纯种猪、二元杂种猪及配套系猪等。引种时主要考虑本场的生产目的，即生产种猪还是商品猪，是新建场还是更新血缘，不同的目的引进的品种、数量各不相同。

如果猪场是以生产种猪为目的，不管从国外还是国内引进种猪，都需要引进纯种，如大白猪、长白猪、杜洛克猪，可生产销售纯种猪或生产二元杂种猪。

如果猪场以生产商品猪为目的，小型猪场可直接引进二元杂种母猪，配套杜洛克公猪或二元杂种公猪繁殖三元或四元商品猪；大规模养猪场可同时引入纯种猪及二元母猪。纯种猪用于杂交生产二元母猪，可补充二元母猪的更新需求，避免重复引种，二元杂种猪直接用于生产商品猪。也可直接引入纯种猪进行二元杂交，二元猪群扩繁后再生产商品猪。这种模式的优点一是投资成本低，二是保证所有二元品种纯正，三是猪群整齐度高。缺点是见效慢，大批量生产周期长。

(二) 制订引种计划

猪场应该结合自身的实际情况，根据种群更新计划，确定所需要品种和数量，有选择性地购进能提高本场种猪某生产性能、满足自身要求，并购买与自己的猪群健康状况相同的优良个体，如果是加入核心群进行育种的，则应购买经过生产性能测定的种公猪或种母猪，新建猪场应从新建猪场的规模、产品市场和猪场未来发展方向等方面进行计划，确定所引进种猪的数量品种和性别，是外来品种还是地方品种，是原种、祖代还是父母代。根据引种计划，选择质量高、信誉好的大型种猪场引种。

(三) 做好车辆和场内准备

1. 车辆的准备

一般国内购买种猪都是汽车运输，引种前所用汽车要先检查车况，并事先装好猪栏，如果一次引种数量较多，最好使用有分格的猪栏，以免猪多互相挤压，造成不必要的损失。同时要带上苫布以备不时之需。装车前首先要用消毒液对车辆进行彻底消毒，一般用过氧乙酸或者火碱喷洒，如果是经常用来运猪的车辆，应该在去种猪场前冲洗干净，并消毒备用。装车前，需要把一切手续办好，包括货款、检疫证明、车辆消毒证明、免疫卡、系谱、免疫程序、饲料配方、饲养手册等带齐，以备查验。如果路途较远，应该在装猪前，将途中猪只饮水系统配好，必要时安装上自动饮水器及大水桶，猪一两天不吃可以，如果不饮水的话，对猪只很不利。同时准备一些矿物质及多维素，加入到饮水中，以防因长途运输给猪带来的负面影响。运输途中车最好走高速路，同时远离同样拉着牲畜的车辆，不要急刹车，起步要稳，过 3~4 小时下来看一看猪群情况，把每一头猪用棍赶起来。必要时在加油站给水，热天要冲水降温，冬天要透气。

2. 猪场内的准备工作

引种前准备好隔离饲养舍。种猪引进后先在隔离舍饲养一段时间。因此在引种前对隔离舍进行清扫、洗刷、消毒，然后晾干备用。引进的种猪要有活动场所，最好是土地面，因为猪天生喜欢拱地，有利于猪的运动，保证肢蹄的健壮。进猪前饮水器及主管道的存水应放干净，并且保证圈舍冬暖夏凉，夏天做好防暑降温工作，冬天要提前给猪舍升温，使舍内温度达到要求，猪舍内湿度控制在 65%~75%。准备一些口服补液盐、电解多维、药物及饲料，药物以抗生素为主，预防由于环境及运输应激引起的呼吸系统及消化系统疾病。最好从引种猪场购买一些全价料或预混料，保证有 1 周的过渡期，有条件的可准备一些青绿多汁饲料，如胡萝卜、南瓜、白菜等。

二、引种注意事项

(一) 选择正规厂家进行引种，并尽量从一个猪场引种

选择适度规模、信誉度高、有"种畜禽生产经营许可证"的正规猪场。选择场家应把种猪的健康状况放在第一位，必要时在购种前进行采血

化验，合格后再进行引种。应该尽量从一家猪场选购，否则会增加带病的可能性。选择场家应在间接了解或咨询后，再到场家与销售人员了解情况。值得注意的是，有人认为应该从多个猪场进行引种，这样种源多、血缘宽，有利于本场猪群生产性能的改善，但是每个猪场的病原谱差异较大，而且现在疾病多数都呈隐性感染，一旦不同猪场的猪混群后，某些疾病暴发的可能性很大，引种的猪场越多，带来的疫病风险越大。为了安全可靠，一些养猪场引进种猪时要进行实验室检测，要求场家提供免疫记录、免疫保健程序等，因为这样的工作技术性很强，一定聘请有经验的专业人员把关，少走弯路而保证正确引种。从确保猪群健康的角度出发，引进的种猪必须进行一段时间的隔离饲养，一方面观察其健康状况，适时进行免疫接种；另一方面适应当地的饲养条件，容易获得成功。

（二）注意猪场的供种能力

规模猪场购买种猪，并不是一次全部购进，而是根据猪场规模和生产计划，进行多批次购进在标准上基本一致的种猪，这样有利于生产环节的安排。一般来说，如果大批量从一个种猪场购进种猪，要求猪场能够保证在 20 周内全部到场，所选猪均衡分布在 20 周龄段内，比如 200 头规模的猪场，算上后备母猪使用率 90%，实际需要 222 头，每周段内必须有 11~12 头猪。如果从 50~70 千克开始引种，即一般在小猪 13 周龄到 17 周龄引入。同时，在引种时出售种猪的猪场应该有更多的种猪以便进行挑选。

（三）种猪的系谱要清楚，并符合所要引进品种的外貌特征

引种的同时，对引进种猪进行编号，可以根据猪的耳号和产仔记录找出母亲和父亲，并进一步找出系谱亲缘关系。同时要保证耳号和种猪编号对应。

（四）种猪的生产性能要达标

通过猪场的真实生产记录反映其真实的生产性能，如可以查看猪场的配种报表、分娩报表、饲料报酬报表等，同时还要查看猪场整体的总产仔、健仔数、死胎、木乃伊胎、初生重、断奶重、断奶数、首配月龄、发情率、流产率等。此外，还有公猪的精液量、活率、密度、畸形率等情况。

标准：平均总产仔 10 头以上，健仔数 8 头以上，死胎、木乃伊胎、弱仔、畸形少于 1.5 头，初生均重大于 1.2 千克，28 日龄断奶重大于 7 千

克，初配月龄不大于 9 月龄，发情率大于90%。

三、引种后管理要点

种猪引进后，要单独饲养，不要与自己本场的猪放在一起，一般隔离 30 天左右。如果本场猪只健康状况不是很好，在隔离期间要对新引进的种猪打疫苗，或者将本场猪只的粪便放入新猪栏舍内一些，让其自然感染，以免进入生产群后给生产带来损失。隔离观察期间，要注意猪群的变化，如无异常再与原来猪只混群，转入后备猪舍。

特别是近年来，由于非洲猪瘟的影响，停产后复产引种较多。复产引进后备种猪或育肥仔猪，要从猪的来源、运输路线和猪群健康状况的监测等三方面进行严格的控制。对引入的猪只（尤其是后备种猪）进行调查，要求供应猪只的猪场检测均为阴性。对途经区域、运输时间、临时停靠点、途经路线、备用路线、人员安排等进行规划，原则推荐就近引种，减少运输距离，运输途中尽量不停车、不进入服务区，绕过疫区及存在污染的风险点。猪只在进入生产区前共进行 3 次非洲猪瘟抗原检测，分别为引入前、进隔离舍 1 周后和转生产区前，三次检测非洲猪瘟病原均为阴性，才可开始猪场正常复产运营。

至少提前 3 个月做好复产引种计划。引种最好集中于一个种猪企业或一个种猪场，引种来源越单一越好。要对引种场进行重点猪病疫病检测、周围疫情调查。要求引种场提供该场免疫程序、药物保健程序。

尽量选择本地区、本省引种，尽量不跨省区引种。避免跨越多个地区、多个省引种。

坚决不从非洲猪瘟疫区（所在地区）引种。已经解除非洲猪瘟疫情封锁的疫区，必须两个非洲猪瘟病毒潜伏期以上（46 天以上）才能引种。

引种前对拟引种场进行非洲猪瘟、猪瘟、伪狂犬病、口蹄疫、高致病性蓝耳病等重大疫病进行检测。需要第三方的猪病实验室检测，采血样必须有本场派去引种的人参与。

规划好引种运输路线，用专业运输车，派专业兽医押运。最好委托专业运猪物流公司负责，并签订运输途中非洲猪瘟防控协议书。

后备种猪进场后先在隔离舍或后备猪舍饲养 45 天，检测无非洲猪瘟后再转入配种舍。隔离舍或后备猪舍猪群饲养必须专人全封闭饲养、管理。

第三节　猪的繁殖技术

一、母猪的生殖系统

母猪生殖系统主要由卵巢、输卵管和子宫等器官组成。

(一) 卵巢

卵巢是母猪主要生殖器官。其位置、形态、结构、体积与猪的年龄和胎次有很大变化，主要功能是产生卵子和分泌雌性激素。初生小母猪卵巢形状似肾形、色红，一般左侧稍大。接近初情期时，卵巢体积逐渐增大，其表面有许多突出的小卵泡，形似桑葚，也称桑葚期。初情期后，卵巢表面有许多大小不同的卵泡突出表面，此时卵巢形状犹如一串葡萄。卵子发育经过初级卵泡—次级卵泡—成熟卵泡等阶段，成熟后卵泡破裂排出卵子，进入输卵管伞到输卵管。

(二) 输卵管

输卵管长度15~30厘米，位于输卵管系膜内，是卵子受精和卵子进入子宫的必经通道。它可分为漏斗、壶部和狭部。输卵管的卵巢端扩大呈漏斗状，漏斗边缘有很多皱褶叫输卵管伞，输卵管其余部分较细称峡部。输卵管前1/3段较粗，称为壶腹，是精子和卵子结合受精处。受精卵主要依靠纤毛的颤动和管壁收缩活动才能到达子宫。精子在输卵管内获得能量。输卵管的分泌细胞在卵巢激素的影响下，在不同生理阶段，分泌量有很大变化，如在发情24小时内可分泌5~6毫升输卵管液，在不发情时仅分泌1~3毫升。

输卵管液既是精子和卵子的运载液体，又是受精卵的营养液。输卵管的机能主要是承受并运送精子，是精子获能、受精以及卵裂的场所，还有一定的分泌机能。

(三) 子宫

猪的子宫由子宫角（左右两个）、子宫体和子宫颈三部分组成。子宫角长度为1~1.5厘米，宽度为1.5~3厘米，子宫角长而弯曲，管壁较厚。子宫颈长达10~18厘米，其内壁呈半月形凸起，前后两端凸起较小，中间较大，并彼此交错排列，因此在两排突起之间形成一个弯曲的通道。此通道恰好与公猪的阴茎前端螺旋状扭曲相适应。子宫颈与阴道之间没有明显界线，而是由子宫颈逐步过渡到阴道。当母猪发情时，子宫颈口括约肌松弛、开放，所以无论本交时的阴茎，或者给母猪输精时的输精管都很容易通过子宫颈到达子宫体，精子通过子宫体—子宫角—输卵管才有受精机会，否则就不可能受精怀孕。

二、母猪的繁殖生理

（一）母猪的性成熟与体成熟

1. 性成熟

母猪生长发育到一定时期开始产生成熟的卵子，这一时期称为性成熟。地方猪品种一般在 3 月龄出现第一次发情，培育品种及杂种猪多在 5 月龄时出现第一次发情，但发情表现没有地方品种表现明显。在正常的饲养管理条件下，我国地方猪种性成熟早，一般在 3~4 月龄、体重 25~30 千克时性成熟，培育品种和国外引进猪种一般在 6~7 月龄，体重在 65~70 千克时性成熟。

2. 体成熟

猪的身体各器官系统基本发育成熟，体重达到成年体重的 70% 左右，这时称为体成熟。体成熟一般要比性成熟晚 1~2 个月。

（二）初情期和适配月龄

1. 发情行为

母猪发情行为主要是由于雌激素与少量孕酮共同作用大脑中枢系统与下丘脑，从而引起性中枢兴奋的结果。在家畜中，母猪发情表现最为明显，在发情的最初阶段，母猪可能吸引公猪，并对公猪产生兴趣，但拒绝与公猪交配。阴门肿胀，变为粉红色，并排出有云雾状的少量黏液，随着发情的持续母猪主动寻找公猪，表现出兴奋，对外界的刺激十分敏感。当母猪进入发情盛期时，除阴门红肿外，背部僵硬，并发出特征性的鸣叫。在没有公猪时，母猪也接受其他母猪的爬跨；当有公猪时立刻站立不动，两耳竖立细听，若有所思呆立。若有人用双手扶住发情母猪腰部用力下按时，则母猪站立不动，这种发情时对压背产生的特征性反应称为"静立反射"或"压背反射"，这是准确确定母猪发情的一种方法。

2. 初情期

初情期是指正常的青年母猪达到第一次发情排卵时的月龄。

母猪的初情期一般为 5~8 月龄，平均为 7 个月龄，但我国的一些地方品种可以早到 3 月龄。母猪达初情期已经初步具备了繁殖力，但由于下丘脑-垂体-性腺轴的反馈系统不够稳定，表现为初情期后的几个发情周期往往时间变化较大，同时母猪身体发育还未成熟，体重为成熟体重的60%~70%，如果此时配种，可能会导致母体负担加重，不仅窝产仔少，初生重低，同时还可能影响母猪今后的繁殖。因此，不应在此时配种。

影响母猪初情期到来的因素有很多，但最主要的有两个。一是遗传因素，主要表现在品种上，一般体型较小的品种较体型大的品种到达初情期的年龄早；近交推迟初情期，而杂交则提早初情期。二是管理方式，如果一群母猪在接近初情期与一头性成熟的公猪接触，则可以使初情期提早。此外，营养状况、舍饲、畜群大小和季节都对初情期有影响，例如，一般春季和夏季比秋季或冬季母猪初情期来得早。我国的地方品种初情期普遍早于引进品种。因此，在管理上要有所区别。

3. 适龄配种

我国地方猪种初情期一般为 3 月龄、体重 20 千克左右，性成熟期 4~5 月龄；外来猪种初情期为 6 月龄，性成熟期 7~8 月龄；杂种猪介于上述两者之间。在生产中，达到性成熟的母猪并不马上配种，这是为了使其生殖器官和生理机能得到更充分的发育，获得数量多、质量好的后代。通常性成熟后经过 2~3 次规律性发情、体重达到成年体重的 40%~50% 予以配种。母猪的排卵数：青年母猪少于成年母猪，其排卵数随发情的次数而增多。

我国地方猪种性成熟早，可在 7~8 月龄、体重 50~60 千克配种；国内培育品种及杂交种可在 8~9 月龄、体重 90~100 千克配种；外来猪种于8~9 月龄、体重 100~120 千克配种。

注意：月龄比体重、发情周期（性成熟）比月龄相对重要些。

（三）发情周期

母猪群的繁殖性能由是否发情来调节，这意味着母猪只有在发情时才能接受配种，只有在发情时才有能力受孕。家猪初情期一般在 6~7月龄。

母猪发情会持续一定的时间，间隔 21 天后重复出现，这种重复出现的间隔就称为发情周期，通常来说，猪的发情周期一般在 21 天左右，但由于个体差异也会有所不同，通常猪的发情周期在 19~24 天。

发情与排卵相关联，也就是卵巢卵泡释放卵母细胞到子宫，以备受精的过程。调节卵泡生长和成熟，以及排卵的激素包括：卵泡刺激素（FSH）和黄体生成素（LH），它们是由脑垂体前叶分泌。一旦排卵，卵泡会退化成黄体（CL），并分泌孕酮（用于维持怀孕的激素）。如果母猪受孕，黄体将持续分泌孕酮，直至分娩。

根据卵巢结构及激素水平的改变，发情周期可分成以下几个阶段。

1. 间情期

这是最长的一个阶段，占据发情周期的大多数时间（14~16 天），这个阶段里，卵巢结构主要由黄体组成，并分泌孕酮阻断垂体分泌 FSH 和 LH，使卵泡暂时停止发育。这时候，如果配种受孕成功，孕酮可使子宫内膜增厚，利于胚胎着床；如果没有受孕，受到前列腺素（PGF2a）影响，黄体开始退化，孕酮水平下降，解除对促性腺激素分泌的封闭，发情周期继续。

2. 发情前期

紧随休情期，这时期就会出现较大的或主要的卵泡（>4 毫米）生长和成熟，主要依靠促性腺激素（以 FSH 为主）分泌增多。这阶段刚发生时，在卵巢中大约有 50 个小卵泡存在，这其中只有 10~20 个达到排卵前的尺寸（>12 毫米）。这些主要的卵泡对于 FSH 和 LH 的释放发挥着负反馈调节作用，使得一些小卵泡得不到足够刺激而停止发育（卵泡闭塞）。这样的调节需要有其他的激素参与：雌二醇和抑制素，这些都来自卵母细胞本身。

3. 发情期

母猪发情期可持续时间为 40~70 小时，排卵时间在后 1/3，而初配母猪要晚 4 小时左右。其排卵的数量因品种、年龄、胎次、营养水平不同而异。一般初次发情母猪排卵数较少，以后逐渐增多。营养水平高可使排卵数增加。现代国外种母猪在每个发情期内的排卵数一般为 20 枚左右，排卵持续时间为 6 小时；地方种猪每次发情排卵为 25 枚左右，排卵持续时间 10~15 小时。

4. 发情后期

位于发情期之后，这一时期卵泡开始变成黄体，发情后期持续期 1~2

天。尽管不属于发情周期，但必须重视"不发情"的概念，一般指的是卵巢失活和性活动停止。这个阶段的特点是在特定的时间段里看不到发情，通常与缺乏垂体刺激有关。

（四）怀孕—分娩

母猪发情后，如果受孕成功，黄体在整个怀孕期一直维持孕酮水平，不会发生变化。维持黄体不退化的机制与胚胎释放雌激素有关，同时也改变了前列腺素的分泌方式，使前列腺素向子宫分泌，让前列腺素不再发挥溶解黄体的作用。

猪怀孕期 114~115 天（目前一些品种可能延长到 116~117 天）。

当胎儿发育成熟和胎儿皮质素达到一定水平时，分娩开始。当胎盘雌激素与 PGF2a 开始增加时，引起黄体退化，从而使孕酮浓度降到基本水平。分娩一般需要 2~5 个小时，每头仔猪分娩间隔大约 15 分钟。在预产期前 24 小时使用 PGF2a 能够诱导同期分娩。采用这种方法，可使接产工作更加便利，使分娩时间更集中于白天工作时间。

（五）哺乳

母猪在分娩后开始哺乳期，这一时期在分娩前已经开始准备，母猪需要调整身体器官的形态及生理上功能来发挥作用。

猪有较高的泌乳性能，泌乳能力由催乳素 PRL 调节，催乳素对于促性腺激素（FSH 和 LH）的分泌有强大的抑制作用。这种情况下，在哺乳期间卵泡发育停止，母猪不能发情。断奶时，母猪在卵泡生长和成熟的刺激下，开始新的发情周期，一般来说，断奶后 4~8 天可见到母猪发情。

母猪子宫在哺乳期收缩，子宫静息大约维持 21 天，这段时间内，母猪子宫不具备受孕能力。

三、猪的杂种优势及其利用

（一）杂交概念及生物学效应

杂交一般是指不同品系、品种个体间的交配。所谓杂交育种，就是运用两个或两个以上的品种相杂交，创造出新的变异类型，然后通过育种手段将它们固定下来，以培育出新品种或改进品种的个别缺点。其原理是不同品种具有不同的遗传基础，通过杂交时的基因重组，能将各亲本的优良基因集中在一起；同时还由于基因互作，有可能产生超越亲本品种性状的优良个体，然后通过选种、选配等手段，使有益的基因得到相对纯合，从而使它们具有相当稳定的遗传能力。目前，杂交育种是改良现有品种和创造新品种的一条途径。

杂交在养猪生产中有着十分重要的作用，即杂交育种和杂种优势的利用，后者习惯上称为经济杂交。生产实践证明，猪经杂交利用后，其后代的生长速度、饲料效率和胴体品质可分别提高 5%～10%、13% 和 2%；杂种母猪的产仔数、哺育率和断奶窝重，分别提高 8%～10%、25%～40% 和45%。因此，杂交利用已成为发展现代养猪生产的重要途径。

（二）杂种优势及其度量

杂种一代（F_1）与纯和亲代均值间的差数，称为杂种优势值。生产中可以用杂种优势率来表示，即杂种优势值和纯和亲代均值的比值。

经过性能测定测得的个体记录可能受到 3 种效应的作用。例如，母猪的窝产仔数受到 3 个效应的影响：父本效应，即公猪配种能力以及精液的受精力；母本效应，即母猪的排卵数及子宫内环境；子代效应，即仔猪的抵抗力和生活力。父本效应直接作用到受精，母本效应对于评价繁殖力的各个指标都具有重要的意义，个体效应对于生长发育个体一些性状的作用更为重要，如胴体性状。

对于杂种优势效应，根据不同动物的基因型可以进行相应类型的划分。

1. 父本杂种优势

父本杂种优势取决于公猪系的基因型，是指杂种代替纯种作父本时公猪性能所表现出的优势，表现出杂种公猪比纯种公猪性成熟早、睾丸较重、射精量较大、精液品质较好、受胎率高、年轻公猪的性欲强等特点。

2. 母本杂种优势

母本杂种优势取决于母猪系的基因型，是指杂种代替纯种作母本时母猪所表现出的优势，表现出杂种母猪产仔多、泌乳力强、体质健壮、易饲养、性成熟早、使用寿命长等特点。

3. 个体杂种优势

个体杂种优势也称子代杂种优势或直接杂种优势，取决于商品肉猪的基因型，指杂种仔猪本身所表现出的优势，主要表现在杂种仔猪的生活力提高、死亡率低、断奶窝重大、断奶后生长速度快等方面。

（三）杂种优势显现的一般规律

（1）遗传力低的性状表现出强的杂种优势，如健壮性（抗应激能力、四肢强健程度等）和繁殖性能。

（2）遗传力中等的性状表现出中等杂种优势，如生长速度快和饲料利用率高等。

（3）遗传力高的性状表现出弱的或不表现杂种优势，如胴体性状、背膘厚、胴体长、眼肌面积、肉的品质等改变不大。

需要说明的是，胴体瘦肉率没有杂种优势，杂种猪低于或等于双亲均值，但比母本（地方品种或培育的肉脂型品种）高，这对于我国目前开展猪经济杂交，提高瘦肉率有重要意义。

（四）杂交亲本的选择

所谓杂交亲本，即猪进行杂交时选用的父本和母本（公猪和母猪）。

1. 杂交父本的选择

实践证明，要想使猪的经济杂交取得显著的饲养效果，一个重要的条件父本必须是高产瘦肉型良种公猪。如近几年我国从国外引进的长白猪、大约克夏猪、杜洛克猪、汉普夏猪、迪卡配套系猪等高产瘦肉型种公猪等是目前最受欢迎的父本。它们的共同特点是生长快、饲料利用率高，胴体品质好，同时性成熟早、精液品质好，适应当地环境条件等。凡是通过杂交选留的公猪，其遗传性能很不稳定，要坚决淘汰，绝对不能留作种用。三元杂交或多元杂交时，选择最后一个杂交父本（终端父本）尤其重要。

2. 杂交母本的选择

作为杂交母本，一般应该具备下列条件：数量多，分布广，适应性强；繁殖力强，母性好，泌乳力高；体格不宜过大，以减少能量维持需要。我国绝大多数地方品种和培育品种猪都具有作为杂交母本品种的条件，如太湖猪、内江猪、北京黑猪、里岔黑猪或者其他杂交母猪。由于地方母猪适应性强、母性好、产仔率高、泌乳力强、耐粗饲、抗病力强等，所以，利用良种公猪和地方母猪杂交后产生的后代，一是生长快，饲料报酬高；二是繁殖力强，产仔多而均匀，初生仔猪体重大，成活率高；三是生活力强，耐粗饲，抗病力强，胴体品质好。由此可知，亲本间的遗传差异是产生杂种优势的根本原因。不同经济类型（兼用型与瘦肉型）的猪杂交比同一经济类型的猪杂交效果好。因此，在选择和确定杂交组合时，应重视对亲本的选择。

（五）选择合理的杂交方式

根据实际饲养条件及模式，因地制宜，有计划地合理选择杂交方式，是养猪场（户）搞好猪经济杂交的前提。

1. 二元经济杂交

二元经济杂交又称简单经济杂交，是指两个纯种猪间的杂交。二元经济杂交的优点：简单易行，应用广泛；缺点：母系杂种优势得不到利用。简单经济杂交所产的杂种一代，一般全部用来育肥，这是目前养猪生产推广的"母猪本地化、公猪良种化、肥猪杂交一代化"，是应用最广泛、最简单的一种杂交方式。

2. 二元级进杂交

二元级进杂交模式的优点：可提高瘦肉率，在母猪瘦肉率太低时采用，还可以提高窝产仔数；缺点：杂种的生活力、健康水平有所下降，日增重和饲料利用率也较二元经济杂交的杂种商品猪为差。

3. 三元杂交

三元杂交是用甲品种母猪与乙品种公猪杂交的一代杂种猪群选育的母猪，再和丙品种公猪进行交配所产生的后代，全部育肥。这种杂交方式由于母本是二元杂种，能充分利用母本杂种优势。另外，三元杂交比二元杂交能更好地利用遗传互补性。因此，三元杂交在商品肉猪生产中已被逐步采用。

4. 轮回杂交

轮回杂交是用两个或两个以上不同品种猪进行杂交，以保持后代杂种优势。母本也可以从三元杂交猪群中直接选择，再和另一良种公猪进行杂交。采用轮回杂交方式，不仅能够保持杂种母猪的杂种优势，提供生产性能更高的杂种猪用来育肥，可以不从外地引进纯种母猪，以减少疫病传染的风险；而且由于猪场只养杂种母猪和少数不同品种良种公猪来轮回相配，在管理上和经济上都比二元杂交、三元杂交具有更多的优越性。这种杂交方式，不论养猪场还是养猪户都可采用，不用保留纯种母猪繁殖群，只要有计划地引用几个肥育性能好和胴体品质好，特别是瘦肉率高的良种公猪作父本，实行固定轮回杂交，其杂交效果和经济效益都十分显著。

5. 顶交

顶交是指近交程度很高的公猪与没有亲缘关系的非近交母猪交配，优点是可充分发挥特定近交系公猪的长处，又因母猪为非近交个体而避免了近交衰退。缺点是母猪间变异大，所以杂交后代不一致。

（六）杂交利用措施

1. 杂交亲本的选优和提纯

杂种优势的显现受到许多因素的限制，开展杂种优势利用是一项复杂而又细致的工作。首先应从亲本的选优和提纯入手，这是杂种优势利用的主要环节。选优就是通过选择，使亲本群原有的优良、高产基因的频率尽可能增大。提纯就是通过选择和近交，使亲本群在主要性状上纯合子的基因型频率尽可能增加，个体间的差异尽可能减小。提纯的重要性不亚于选优。亲本纯度越高，才能使亲本基因频率之差加大，配合力测定的误差也就越低，可得到更好的杂种优势效益，杂种群体才能整齐，接近规范。

重视亲本群选育，一定要在纯繁阶段把可以选择提高的性状尽量提高；否则，盲目进行杂交，不可能得到好的效果。

2. 配合力测定和最优杂交组合的筛选

配合力就是种群间的杂交效果。配合力测定的目的，是通过杂交试验，测定种群间的杂交效果，找出最优的杂交组合，以求最大限度提高肉猪的生产性能。

配合力分为一般配合力和特殊配合力。一般配合力是指一个种群与其他各种群杂交所能获得的平均效果。例如，内江猪与地方品种猪杂交都获得较好的效果，这就是内江猪的一般配合力好。特殊配合力则是两个特定种群之间的杂交所能获得的超过一般配合力的杂种优势。在杂种优势利用中，追求的是特殊配合力，它通过杂交组合的选择而获得。例如，用上海白猪与杜洛克、苏白猪、长白猪等品种进行配合力测定，4 个组合的育肥性能都好于纯种上海白猪，其中，杜洛克和上海白猪的组合超过其他 3 个组合，表明上海白猪与杜洛克猪之间特殊配合力好，是一个值得推广应用的杂交组合。

3. 建立健全杂交繁育体系

所谓繁育体系，就是为了协调整个地区猪的经济杂交工作而建立的一整套合理的组织机构和各种类型的猪场。

（1）原种场　主要是杂交所用的父本和母本品种进行选育和提高，为繁殖场或商品场提供优良的杂交父本、母本，对母本的选育重点应放在繁殖性能上，对父本的选育重点应放在生长速度、饲料利用率和胴体品质上。

（2）繁殖场　主要任务是扩大繁殖杂交用的父本、母本种猪，提供给商品场，尤其是母本品种。母本种猪包括纯种和杂种母猪。选育重点还应放在繁殖性能上。

（3）商品场　从繁殖场得到的母本与从原种场或繁殖场得到的父本进行经济杂交，生产商品育肥猪。工作重点应立足于商品育肥猪的科学饲养管理方面。

4. 改善杂种的培育条件

通过配合力测定所确定的最优秀的杂交组合，奠定了杂交优势产生的遗传基础，这是获得高杂种优势率和高生产率的前提。但是，猪生产性能的表现是遗传基础和环境共同作用的结果，遗传潜力的发挥必须有相应的环境条件作保证。所以，对杂种饲养管理条件的好坏，直接影响杂种优势表现的程度。与以前农村散养户的养猪模式相比，当前规模猪场的饲养管理模式和生产条件有了很大的改善，但与先进国家相比还有很大的差距，为了更大地发挥我国杂交猪的生产潜能，提高猪场经济效益，必须采取科学的先进的生产和管理模式。

四、猪的配种技术

（一）养好种公猪

1. 加强对种公猪的调教

种公猪调教工作是一项艰苦细致的工作，近年来，种公猪质量越来越好，瘦肉率越来越高，但是，种公猪的调教难度也越来越大，种公猪调教不成功的原因有多方面。如种公猪的饲养管理不当，种公猪的饲料不但能满足公猪的营养需要，而且要慎用一切添加剂，因为添加剂中可能含有一些激素以及刺激种猪生长的重金属元素，对种公猪的生殖系统发育和精子的生成有较大的危害。种公猪的最佳调教时机是 8~9 月龄，必须及时加以调教。瘦肉率特别高的、体型过于优秀的种公猪往往性欲较差，调教相对困难，对这些种公猪的调教必须有足够的细心和耐心，不能急于求成。

2. 加强对种猪的饲养管理

体型过差的原因是种猪本身的遗传原因和饲养管理方面存在问题。应加强对种猪的选择和饲养管理，当然培育过程中有部分淘汰也属正常。

（1）饲养

① 隔离消毒。从场外引进猪种时，进场前必须在隔离舍饲养1周，进场时仍需用对人畜无害消毒药，如"百毒杀"（癸甲溴铵溶液）或0.1%~0.2%的过氧乙酸溶液带猪消毒。种猪场除特别情况外，一般谢绝客人参观。凡遇来人参观，进场前必须按规定消毒，如更换专用衣服、鞋帽，用消毒液洗手，并用紫外线消毒15分钟。出场后，需对参观路径或全场进行喷雾消毒或洒水消毒，避免细菌滋生。

② 营养水平。满足种公猪各种正常生理需求，是养好种公猪的物质基础。营养水平过高或过低均可使种公猪变得肥胖和消瘦而影响配种。饲养种公猪的日粮不仅要注意蛋白质的数量，更要注意蛋白质的质量，如日粮中缺乏蛋白质，氨基酸不平衡，对精液品质有不良影响。长期饲喂含蛋白质过多的日粮，同样会使精子活力降低、密度小、畸形精子多。种公猪日粮中钙、磷不足或比例失调，会使精液品质显著降低，出现死精、发育不全或活力不强的精子。维生素A、维生素D、维生素E对精液品质也有很大影响，缺乏时，种公猪的性反射降低，精液品质下降，如长期严重缺乏，会使睾丸发生肿胀或干枯萎缩，丧失繁殖能力。

③ 饲养方式。"一贯加强"的饲养方式。在常年均衡产仔的猪场，种公猪长年担负配种任务。因此，全年都要均衡地保持种公猪配种所需的高营养水平。"季节加强"的饲养方式。实行季节性产仔的猪场，在配种季节开始前1个月，对种公猪逐渐增加营养，在配种季节保持较高的营养水平。配种季节过后，逐步降低营养水平，但需供给种公猪维持种用体况的营养需要。

种公猪日粮应以精料型为主，体积不易过大，以免把种公猪喂成草腹影响配种。饲喂种公猪应定时定量，每天2.5千克，每天喂两次，自由饮水，并根据品种、体重、配种（采精）次数增减料量。

（2）管理

① 单栏饲养。种公猪一般实行单栏饲养。单栏饲养种公猪安静，减少外界的干扰，食欲正常，杜绝了爬跨其他公猪和养成自淫的恶习，利于生长发育。

② 适当运动。合理运动可促进食欲、帮助消化、增强体质、提高生殖机能。种公猪每天运动不少于1 000米，一般在早晚进行为宜，冬天在中午进行，运动不足会严重影响配种能力。

③ 刷拭、修蹄。经常刷拭猪体可保持皮肤清洁，促进血液循环，减少皮肤病和寄生虫病，并且还可使种公猪温驯，听从管教。同时，要经常修整种公猪蹄，以免在交配时擦伤母猪，以及肢蹄病的发生。

④ 防寒防暑。冬季要防寒保温，可减少饲料的消耗和疾病的发生。夏季要防暑降温，高温影响尤为严重，轻者食欲下降，性欲降低，重者精液品质下降，甚至会中暑死亡。防暑的措施有很多，如通风、洒水、洗澡、遮阴等方法，可因地制宜进行。

⑤ 精液检查。实行人工授精的种公猪每次采精都要检查精液品质，对于本交的种公猪每月也要检查 1~2 次精液品质。根据精液品质的好坏，调整营养、运动和配种次数，这是保证种公猪健壮和提高受胎率的重要措施之一。

种公猪配种能力及精液品质优劣和使用年限的长短，不仅与饲养管理有关，而且取决于初配年龄和利用强度。利用强度要根据年龄和体质强弱合理安排，如果利用过度就会出现体质虚弱，降低配种能力和缩短利用年限。相反，如果利用过少，会导致肥胖而影响配种。本交时，青年种公猪适宜利用强度为每两天配种一次，成年公猪每天配种一次，连配两天，休息一天。人工授精时，青年种公猪每星期采精 1~2 次，成年种公猪每星期采精 2~3 次。

（二）配种前精液品质的检查和鉴定

精液品质检查的目的在于鉴定精液品质的优劣，以便确定配种负担能力，同时也检查种公猪饲养水平和生殖器官机能状态，反映技术操作质量，检验精液稀释、保存和运输效果。检查精液的主要指标有：精液量、颜色、气味、精子密度、精子活力、酸碱度、畸形精子率等。

检查前，将精液转移到在 37℃ 水浴锅内预热的烧杯中，或直接将精液袋放入 37℃ 水浴锅内保温，以免因温度降低而影响精子活力。整个检查活动要迅速、准确，一般在 5~10 分钟内完成。

1. 精液量

后备公猪的射精量一般为 150~200 毫升，成年公猪为 200~300 毫升，有的高达 700~800 毫升。精液量的多少因猪的品种、品系、年龄和采精间隔、气候以及饲养管理水平等不同而不同。精液量的评定以电子天平（精确至 1~2 克，最大称量 3~5 千克）称量，按每克 1 毫升计。原精请勿转换盛放容器，否则将导致较多的精子死亡，因此，勿将精液倒入量筒内评定其体积。

2. 色泽

正常精液的颜色为乳白色或灰白色，精子的密度越大，颜色越白；密度越小，则越淡。如果精液颜色有异常，则说明精液不纯或公猪有生殖道病变，如呈绿色或黄绿色时则可能混有化脓性的物质；呈淡红色时则混有血液；呈淡黄色时则可能混有尿液等。凡发现颜色有异常的精液，均应弃去不用，同时，对公猪进行对症处理、治疗。

3. 气味

正常的精液含有公猪精液特有的微腥味。有特殊臭味的精液一般混有尿液或其他异物，一旦发现，不应留用，并检查采精时操作是否正确，找出问题的原因。

4. 酸碱度（pH）

可用 pH 试纸进行测定。一般来说，精液的 pH 偏低，则精子活力较好。生产上通常不用精液的 pH 进行检查，因为精液的酸碱度不可能远离中性。

5. 精子密度

指每毫升精液中含有的精子数量，它是用来确定精液稀释倍数的重要依据。正常公猪的精子密度每毫升为 2.0 亿~3.0 亿个精子，有的高达每毫升 5.0 亿个精子。精子密度的检查方法有以下几种。

（1）估测法　这种方法不用计数，用眼观察显微镜下精子的分布，精子与精子之间的距离少于一个精子的长度为"密"；精子与精子之间的距离相当于一个精子的长度为"中"；精子与精子之间的距离大于一个精子的长度为"稀"。这种方法简单，但对于不同检查人员而言，主观性强，误差较大，只能对公猪进行粗略的评价。因此，这种评定的方法通常不被采用。

（2）精子密度仪法　现代化养猪企业多数采用这种方法，它极为方便，检查所需时间短，重复性好，仪器使用寿命长。其基本原理是精子透光性差，精清透光性好。选定 550 纳米一束光透过 10 倍稀释的精液，光吸收度将与精子的密度成正比关系，根据所测数据，查对照表可得出精子的密度。该法测定密度的误差约为 10%，但这个是生产上可以接受的。当然，如果精液有异物，该仪器也将它作为精子来计算，应适当考虑减少这方面的误差。总之，该设备是目前猪人工授精中测定精子密度最适用的仪器。

（3）红细胞计数法　该法最准确，速度慢，其具体分为以下步骤。

以微量取样器取具有代表性的原精 100 毫升 3% 的 KCl 溶液 900 毫升混

匀后，取少量放入计数板的槽中，在高倍镜下计数 5 个中方格内精子总数，将该数乘以 50 万即得原精液的精子密度，该方法可用来校正精子密度。

6. 精子活力

精子活力又叫精子活率，是指直线前进运动的精子占总精子的百分率。精子活力的高低关系到配种母猪受胎率和产仔数的高低，因此，每次采精后及使用精液前，都要进行活力的检查，以便确定精液能否使用及如何正确使用。在我国精子活力一般采用 10 级制，即在显微镜下观察一个视野内的精子运动，若全部直线运动，则为 1.0 级；有 90% 的精子呈直线运动，则活力为 0.9；有 80% 呈直线运动，则活力为 0.8；依此类推。鲜精液的精子活率以大于或等于 0.7 才可使用，当活力低于 0.6 时，则应弃去不用。评定精子活力应注意以下几点。

① 取样要有代表性。

② 观察活率用的载玻片和盖玻片应事先放在 37℃ 恒温板上预热，由于温度对精子影响较大，温度越高精子运动速度越快，温度越低精子运动速度越慢，因此观察活率时一定要预热载、盖玻片，尤其是 17℃ 精液保存箱的精子，应在恒温板上预热 30~60 秒后观察。

③ 观察活率时，应用盖玻片。否则，一是易污染显微镜的镜头，使之发霉；二是评定不客观，因为每次取样的量不同将影响活率的评定。

④ 评定活率时，显微镜的放大倍数要求 100 倍或 150 倍，而不是 400 倍或 600 倍。因为如果放大的过大，使视野中看到的精子数量少，评定不准确。若有条件，可在显微镜上配置一套摄像显示仪，将精子放大到电脑屏幕上进行观察。

7. 精子畸形率

畸形精子指巨型精子、短小精子、断尾、断头、顶体脱落、原生质、头大、双头、双尾、折尾等精子，一般不能直线运动，虽受精能力较差，但不影响精子的密度。精子畸形率是指畸形精子占总精子百分率。若用普通显微镜观察畸形率，则需染色；若用相差显微镜，则不需染色可直接观察。公猪的畸形精子率一般不能超过 20%，否则应弃去。采精公猪要求每 2 周检查一次畸形率。

畸形精子的检查过程：取原精液少量，以 3% 氯化钠溶液进行 10 倍稀释；以伊红或吉姆萨为染液，对精子进行染色；在 400~600 倍显微镜下观察精子形态，计算 200 个精子中畸形精子占的百分率。

所有项目检查完毕，由检验员填写种公猪精液品质检查登记表(表2-1)。

表2-1　种公猪精液品质检查登记表

采精日期	公猪号	采精员	采精量(毫升)	色泽	气味	pH值	精子密度(亿个/毫升)	活力	畸形率(%)	总精子数(亿个)	稀释后总量(毫升)	稀释液量(毫升)	头份数	检验员	备注

(三) 母猪发情鉴定

在母猪的一个发情期内，各阶段的不同表现见表 2-2、表 2-3、表2-4。

表2-2　阴户表现

项目	发情初期	发情期	发情后期
颜色	浅红—粉红	亮红—暗红	灰红—淡化
肿胀程度	轻微肿胀	肿圆，阴门裂开	逐渐萎缩
表皮皱襞	皱襞变浅	无皱襞，有光泽	皱襞细密，逐渐变深
黏液	无—湿润	潮湿—黏液流出	黏稠—消失

表2-3　触摸阴户手感

项目	发情初期	发情期	发情后期
温度	温暖	温热	根部—尖端转凉
弹性	稍有弹性	外弹内硬	逐渐松软

表 2-4 判断母猪表现

项目	发情初期	发情期	发情后期
行为	不安、频尿	拱爬、呆立	无所适从
食欲	稍减	不定时定量	逐渐恢复
精神	兴奋	亢奋—呆滞	逐渐恢复
眼睛	清亮	黯淡，流泪	逐渐恢复
压背反射	躲避、反抗	接受	不情愿

发情鉴定，可以在认真仔细观察母猪发情表现的同时，采用下列方法。

1. 外部观察法

母猪在发情前会出现食欲减退甚至废绝，鸣叫，外阴部肿胀，精神兴奋。母猪会出现爬跨同圈其他母猪的行为。同时对周围环境的变化及声音十分敏感，一有动静马上抬头，竖耳静听，并向有声音的方向张望。进入发情期前 1~2 天或更早，母猪阴门开始微红，以后肿胀增强，外阴呈鲜红色，有时会排出一些黏液。若阴唇松弛，闭合不全，中缝弯曲，甚至外翻，阴唇颜色由鲜红色变为深红或暗红，黏液量变少，黏稠且能在食指与大拇指间拉成细丝，即可判断为母猪已进入发情盛期。

2. 压背试验查情法

成年健康、经产母猪通常在仔猪断奶后 4~7 天开始静立发情。发情的母猪，外阴开始轻度充血红肿，若用手打开阴户，则发现阴户内表面颜色由红到红紫的变化，部分母猪爬跨其他母猪，也任其他母猪爬跨，接受其他猪只的调情。当饲养员用手压猪背时，母猪会由不稳定到稳定，当赶一头公猪至母猪栏附近时，母猪会表现出强烈的交配欲。当母猪发情允许饲养员坐在它的背上，压背稳定时，则说明母猪已进入发情旺期。对于集约化养猪场来说，可采用在母猪栏两边设置挡板，让试情公猪在两挡板之间运动，与受检母猪沟通，检查人员进入母猪栏内，逐头进行压背试验，以检查发情程度。

3. 试情公猪查情法

试情公猪应具备以下条件：最好是年龄较大，行动稳重，气味重；口腔泡沫丰富，善于利用叫声吸引发情母猪，并容易靠气味引起发情母猪反应；性情温驯，有忍让性，任何情况下不会攻击配种员；听从指挥，能够配合配种员按次序逐栏进行检查，既能发现发情母猪，又不会不愿离开这头发情母猪。如果每天进行一次试情，应安排在清早，清早试情能及时地发现发情母猪。如果人力许可，可分早晚两次试情。我国大多数猪场采用早晚两次试情。

试情时，让公猪与母猪头对头试情，以使母猪能嗅到公猪的气味，并能看到公猪。因为前情期的母猪也可能会接近公猪，所以在试情中，应由另一查情员对主动接近公猪的母猪进行压背试验。如果在压背时出现静立反射则认为母猪已经进入发情期，应对这头母猪作发情开始时间登记和对母猪进行标记。如果母猪在压背时不安稳为尚未进入发情期或已过了发情期。

（四）适时配种

1. 理论配种时间

（1）母猪的排卵时间 母猪的发情期一般为3天左右，排卵发生在发情开始后36~41小时，从排第一个卵子到最后一个卵子的时间间隔一般为6小时左右。

（2）卵子与精子存活时间及精子运动的时间 卵子在输卵管中仅在8~12小时内具有受精能力，精子从生殖道运动到受精部位（输卵管）需要2~3小时，并且精子在生殖道内存活的时间为12个小时左右。

（3）配种时间 根据以上情况推算，适宜的配种时间为母猪排卵前的2~3小时，母猪接受公猪配种，出现静立反射后6~8小时。

2. 实际配种时间

在实际生产当中，要准确地判断母猪的排卵时间是比较困难的，因此，要根据理论配种时间、发情各个时期持续的时间和母猪的外在表现，制定适宜的实际配种时间。配种时，可按以下规律进行。

（1）若母猪在断奶1~3天就开始发情 征状明显，轻轻按压母猪背部即出现静立反应时，则在10小时配种，间隔10小时第二次配种，再间隔10小时第三次配种。

（2）若母猪在断奶后4~6天发情 须6小时配第一次，间隔10小时进行第二次配种，再间隔10小时进行第三次复配。

（3）若母猪在断奶后7天发情 须立即第一次配种，间隔8小时进行第二次配种，再间隔8小时进行第三次复配。

（五）母猪配种的方式与方法

配种是提高母猪繁殖力的主要环节，是增加窝产仔数，提高仔猪健壮性，降低生产成本的第一关口。

1. 配种的方式

根据母猪在一个发情期内的配种次数，可分为单配、复配和双重配3种。

（1）单配　在母猪的一个发情期中，只用公猪配一次。其好处是能减轻公猪的负担，可以少养公猪，提高公猪的利用率，降低生产成本。其缺点是掌握适时配种较难，可能降低受胎率和减少产仔数。

（2）复配　在母猪的一个发情期内，先后用同一头公猪配两次，是生产上常用的配种方式。第一次交配后，过24小时再配一次，使母猪生殖道内经常有活力较强的精子，增加与卵子结合的机会，从而提高受胎率和产仔数。

（3）双重配　在母猪的一个发情期内，用血统较远的同一品种的两头公猪交配，或用两头不同品种的公猪交配叫双重配。第一头公猪配种后，隔10~15分钟，第二头公猪再配。

双重配的好处：首先是由于用两头公猪与一头母猪在短期内交配两次，能引起母猪增加反射性兴奋，促使卵泡加速成熟，缩短排卵时间，增加排卵数，故能使母猪多产仔，而且仔猪大小均匀；其次由于两头公猪的精液一齐进入输卵管，使卵子有较多机会选择活力强的精子受精，从而提高胎儿和仔猪的生活力。缺点是公猪利用率低，增加生产成本。如在1个发情期内仅进行一次双重配，则会产生与单配一样的缺点。

种猪场和留纯种后代的母猪绝对不能用双重配的方法，避免造成血统混杂，无法进行选种选配。

2. 配种方法

配种方法分为本交和人工授精两种方法。

母猪选择本交时，交配场所应选择在离公路较远、安静而平坦的地方，并在公母猪饲喂前、后2小时进行交配。配种时应先把发情适期的母猪赶入交配场所，用毛巾蘸0.1%的高锰酸钾溶液，洗净母猪阴户、肛门和臀部，然后再把所用公猪赶来。当公猪跨上母猪背部后，同样用蘸有0.1%的高锰酸钾溶液的毛巾洗净公猪的包皮周围及阴茎，这样可减少或防治阴道、子宫感染疾病。然后把母猪尾巴拉向一侧，使阴茎顺利地插入阴道。必要时可用手握住公猪包皮引导阴茎插入母猪阴道。当公猪射精完毕离开母猪后，要用手轻拍或按压母猪腰部，不让母猪弓腰，以免精液倒流出阴道；更要防止母猪卧下和洗冷水澡。然后把母猪赶回原圈休息。公猪配完种后，要让其休息一会儿，再赶回原圈，同样要防止洗冷水澡。配种后要及时做好记录，以便21天左右观察是否又发情，并作为配种后进行正确饲养管理的依据。

人工授精技术单独叙述。

五、猪的人工授精技术

（一）采精公猪的调教

① 先调教性欲旺盛的公猪，下一头隔栏观察、学习。

② 清洗公猪的腹部及包皮部，挤出包皮积尿，按摩公猪的包皮部。

③ 诱发爬跨。用发情母猪的尿或阴道分泌物涂在假台畜上，同时模仿母猪叫声，也可以用其他公猪的尿或口水涂在假母猪上，目的都是诱发公猪的爬跨欲。

④ 上述方法都不奏效时，可赶来一头发情母猪，让公猪空爬几次，在公猪很兴奋时赶走发情母猪。

⑤ 公猪爬上假台畜后即可进行采精。

⑥ 调教成功的公猪在1周内每隔一天采一次，巩固其记忆，以形成条件反射。对于难以调教的公猪，可实行多次短暂训练，每周4~5次，每次至多15~20分钟。如果公猪表现厌烦、受挫或失去兴趣，应该立即停止调教训练。后备公猪一般在8月龄开始采精调教。

注意：在公猪很兴奋时，要注意公猪和采精员自己的安全，采精栏必须设有安全角。

无论哪种调教方法，公猪爬跨后一定要进行采精，不然，公猪很容易对爬跨母猪台失去兴趣。调教时，不能让两头或两头以上公猪同时在一起，以免引起公猪打架等，影响调教的进行和造成不必要的经济损失。

（二）采精

① 采精杯的制备：先在保温杯内衬一只一次性食品袋，再在杯口覆四层脱脂纱布，用橡皮筋固定，要松一些，使其能沉入2厘米左右。制好

后放在37℃恒温箱备用。

② 在采精之前先剪去公猪包皮上的被毛，防止干扰采精及细菌污染。

③ 将待采精公猪赶至采精栏，用0.1%高锰酸钾溶液清洗其腹部及包皮，再用清水洗净，抹干。

④ 挤出包皮积尿，按摩公猪的包皮部，待公猪爬上假台猪后，用温暖清洁的手（有无手套皆可）握紧伸出的龟头，顺公猪前冲时将阴茎的S状弯曲拉直，握紧阴茎螺旋部的第一和第二褶，在公猪前冲时允许阴茎自然伸展，不必强拉。充分伸展后，阴茎将停止推进，达到强直、"锁定"状态，开始射精。射精过程中不要松手，否则压力减轻将导致射精中断。

⑤ 收集浓稠精液（经验不足时稀稠全收集），直至公猪射精完毕时再放手，注意在收集精液过程中防止包皮部液体等进入采精杯。

⑥ 注意在采精过程中不要碰阴茎体，否则阴茎将迅速缩回。

⑦ 下班之前彻底清洗采精栏。

⑧ 采精频率。成年公猪每周2次，青年公猪每周一次（1岁左右），最好能固定每头公猪的采精频率。

（三）精液的稀释和稀释倍数

稀释之前需确定稀释的倍数。稀释倍数根据精液内精子的密度和稀释后每毫升精液应含的精子数来确定。猪精液经稀释后，要求每毫升含1亿个精子。如果密度没有测定，稀释倍数国内地方品种一般为0.5~1倍，引入品种为2~4倍。

精液稀释应在精液采出后尽快进行，而且精液与稀释液的温度必须调整到一致，一般是将精液与稀释液置于同一温度（30℃）中进行稀释。

（四）精液的保存

为了延长精子的存活时间，扩大精液的使用范围，便于长途运输，稀释后的精液需进行保存。

1. 常温保存

在15~20℃室温条件下，利用稀释液的弱酸性环境来抑制精子的活动，减少能耗。而稀释液中的抗生素类药物可以抑制微生物繁衍，减少对精子的危害，使精液得以保存，保存时间为3天左右。

2. 低温保存

在0~5℃条件下，精子的活力被抑制，降低代谢水平，减少能耗，精子的存活时间得以延长。在低温保存下，-10~0℃温度范围对精子是一个危险的温度范围区，如果精液从常温状态迅速降至0℃，精子就会发生不可逆的冷休克现象。所以精液在低温保存之前，须经预冷平衡。其具体做法为：每分钟降温0.2℃，用1~2小时完成降温全过程。此外，在稀释液内添加卵黄、奶类等物质也可以提高精子的抗冷能力。

在农村无冰源条件下，可以采用以下方法制造冷源。

① 将食盐40克溶于1 500毫升冷水中，加入氯化铵400克，装入广口保温瓶内，其温度可以降至2℃左右。如果想长期维持低温，每隔2天重新添加一次氯化铵。

② 将尿素60克溶于100毫升冷水中，可以降温至5℃。如果将其溶于冰水中，可以降温至-5℃。

③ 将贮精瓶包裹结扎盛于塑料袋内，扎好袋口。将贮精塑料袋放于竹筒或竹篮等容器中，再将容器吊沉于井底保存。

（五）输精

刚开始用人工授精的猪场多采用一次本交、两次人工授精的做法，逐渐过渡到全部人工授精。

输精前必须进行精液品质检查，不符合条件的精液坚决倒掉。

生产线的具体操作有以下程序。

① 准备好输精栏、0.1%高锰酸钾消毒水、清水、抹布、精液、剪刀、针头、干燥清洁毛巾等。

先用消毒水清洁母猪外阴周围、尾根，再用温和清水洗去消毒水，抹干外阴。

② 将试情公猪赶至待配母猪栏前（注：发情鉴定后，公母猪不再见面，直至输精），使母猪在输精时与公猪有口鼻接触，输完几头母猪更换一头公猪以提高公母猪的兴奋度。

③ 从密封袋中取出无污染的一次性输精管（手不准触其前2/3部），在前端涂上对精子无毒的润滑油。

④ 将输精管斜向上插入母猪生殖道内，当感觉到有阻力时再稍用力，直到感觉其前端被子宫颈锁定为止（轻轻回拉不动）。

⑤ 从贮存箱中取出精液，确认标签正确。

⑥ 小心混匀精液，剪去瓶嘴，将精液瓶接上输精管，开始输精。

⑦ 轻压输精瓶，确认精液能流出，用针头在瓶底扎一小孔，按摩母

猪乳房、外阴或压背，使子宫产生负压将精液吸纳，绝不允许将精液挤入母猪的生殖道内。

⑧ 通过调节输精瓶的高低来控制输精时间，一般3~5分钟输完，最快不要低于3分钟，防止吸得快，倒流得也快。

⑨ 输后在防止空气进入母猪生殖道的情况下，将输精管后端折起塞入输精瓶中，让其留在生殖道内，慢慢滑落。于下班前收集好输精管，冲洗输精栏。

⑩ 输完一头母猪后，立即登记配种记录，如实评分。

补充说明。

① 精液从17℃冰箱取出后不需要升温，直接用于输精。

② 输精管的选择。经产母猪用海绵头输精管，后备母猪用尖头输精管，输精前需检查海绵头是否松动。

③ 两次输精之间的时间间隔为8~12小时。

④ 输精过程中出现拉尿情况要及时更换一条输精管，拉粪后不准再向生殖道内推进输精管。

⑤ 三次输精后12小时仍出现稳定发情的个别母猪可多一次人工授精。

⑥ 全人工授精的做法：母猪出现站立反应后8~12小时，用20单位催产素一次肌内注射，在3~5分钟后实施第一次输精，间隔8~12小时进行第二和第三次输精。

（六）输精操作的跟踪分析

输精评分的目的在于如实记录输精时具体情况，便于以后在返情失配或产仔少时查找原因，制定相应的对策，在以后的工作中做出改进的措施，输精评分分为3个方面3个等级。

站立发情：1分（差）、2分（一些移动）、3分（几乎没有移动）。

锁住程度：1分（没有锁住）、2分（松散锁住）、3分（持续牢固紧锁）。

倒流程度：1分（严重倒流）、2分（一些倒流）、3分（几乎没有倒流）。

为了使输精评分可以比较，所有输精员应按照相同的标准进行评分，且单个输精员应做完一头母猪的全部几次输精，实事求是地填报评分。

具体评分方法：如一头母猪站立反射明显，几乎没有移动，持续牢固紧锁，一些倒流，则此次配种的输精评分为 3、3、3，不需要求和。

通过报表可以统计分析出：适时配种所占比例，各头公猪的生产成绩，各位输精员的技术操作水平，返情与输精评分的关系。

（七）猪精液稀释液的配制

随着养猪生产的发展和产业化进程的推进。人们对猪人工授精重要性的认识越来越深刻，在现代养猪生产和育种工作中，人工授精正成为一种非常重要的生产途径。近年来，由于大规模、高度集约化现代化畜牧业的出现，更进一步促进了人工授精的应用和发展。我国猪的精液稀释、保存与应用，在 20 世纪 70—80 年代已在全国各省区推广应用，并取得了良好的效果。现就猪人工授精的冷冻精液稀释液配制技术简介如下，供参考。

1. 猪精液稀释液的配制

常用的猪精液稀释液种类有很多，其配方有以下几种。

（1）奶粉稀释液　奶粉 9 克、蒸馏水 100 毫升。

（2）葡柠稀释液　葡萄糖 5 克、柠檬酸钠 0.5 克、蒸馏水 100 毫升。

（3）"卡辅"稀释液　葡萄糖 6 克、柠檬酸钠 0.35 克、碳酸氢钠 0.12 克、乙二胺四乙酸钠 0.37 克、青霉素 3 万单位、链霉素 10 万单位、蒸馏水 100 毫升。

（4）氨卵液　氨基乙酸 3 克、蒸馏水 100 毫升配成基础液，基础液 70 毫升加卵黄 30 毫升。

（5）葡柠乙液　葡萄糖 5 克、柠檬酸钠 0.3 克、乙二胺四乙酸 0.1 克、蒸馏水 100 毫升。

（6）葡柠碳乙卵液　葡萄糖 5.1 克、柠檬酸钠 0.18 克、碳酸氢钠 0.05 克、乙二胺四乙酸 0.16 克、蒸馏水 100 毫升，配成基础液，基础液 97 毫升加卵黄 3 毫升。

以上几种稀释液除"卡辅"外，抗生素的用量为青霉素 1 000 单位/毫升、双氢链霉素 1 000 微克/毫升。

2. 国外常用的 3 种稀释液的配制

（1）BL-1 液（美国）　葡萄糖 2.9%、柠檬酸钠 1%、碳酸氢钠 0.2%、氯化钾 0.03%、青霉素 1 000 单位/毫升、双氢链霉素 0.01%。

（2）IVT 液（英国）　葡萄糖 0.3 克、柠檬酸钠 2 克、碳酸氢钠 0.21 克、氯化钾 0.04 克、氨苯磺酸 0.3 克、蒸馏水 100 毫升，混合后加热使之充分溶解，冷却后通入二氧化碳约 20 分钟，使 pH 值达到 6.5。

（3）奶粉-葡萄糖液（日本）　脱脂奶粉 3.0 克、葡萄糖 9 克、碳酸氢钠 0.24 克、α-氨基-对甲苯磺酰胺盐酸盐 0.2 克、磺胺甲基嘧啶钠 0.4 克、灭菌蒸馏水 200 毫升。

六、母猪妊娠诊断技术

妊娠诊断是母猪繁殖管理上的一项重要内容。配种后，越早确定妊娠对生产越有利，可以及时补配，防止空怀。这对于保胎，缩短胎次间隔，提高繁殖力和经济效益具有重要意义。一般情况下，母猪妊娠后性情温驯，喜安静、贪睡、食量增加、容易上膘，皮毛光亮和阴户收缩。一般来说，母猪配种后，过一个发情周期没有发情表现说明已妊娠，到第二个发情期仍不发情就能确定是妊娠了。

近年来较成熟、简便，并具有实际应用价值的早期妊娠诊断技术主要有以下几种。

（一）超声诊断法

超声诊断法是利用超声波的物理特性，将其和动物组织结构的声学特点密切结合的一种物理学诊断法。其原理是利用孕体对超声波的反射探知胚胎的存在、胎动、胎儿心音和胎儿脉搏等情况来进行妊娠诊断。目前用于妊娠诊断的超声诊断仪主要有 A 型、B 型和 D 型。

1. B 型超声诊断仪

B 型超声诊断仪可通过探查胎体、胎水、胎心搏动及胎盘等来判断妊娠阶段、胎儿数、胎儿性别及胎儿状态等。具有时间早、速度快、准确率高等优点，但价格昂贵、体积大，只适用于大型猪场定期检查。

2. 多普勒超声诊断仪（D 型）

该仪器可通过测定胎儿和母体血流量、胎动等做较早期诊断。有实验证明，利用北京产 SCD-Ⅱ型兽用超声多普勒仪对配种后 15~60 天母猪检测，认为 51~60 天准确率可达 100%。

3. A 型超声诊断仪

这种仪器体积较小，如手电筒大，操作简便，几秒钟便可得出结果，适合基层猪场使用。据报道，这种仪器准确率在 75%~80%。试验表明，用美国产 PREG-TONE Ⅱ PLUS 仪对 177 头次母猪进行检测，结果表明，母猪配种后，随着妊娠时间增长，诊断准确率逐渐提高，18~20 天时，总准确率和阳性准确率分别为 61.54% 和 62.50%，而在 30 天时分别提高到 82.5% 和 80.00%，75 天时都达到 95.65%。

（二）激素反应观察法

1. 孕马血清促性腺激素（PMSG）法

母猪妊娠后有许多功能性黄体，抑制卵巢上卵泡发育。功能性黄体分泌孕酮，可抵消外源性 PMSG 和雌激素的生理反应，母猪不表现发情即可判为妊娠。方法是于配种后 14~26 天的不同时期，在被检母猪颈部注射 700 单位的 PMSG 制剂，以判定妊娠母猪并检出妊娠母猪。

判断标准：以被检母猪用 PMSG 处理，5 天内不发情或发情微弱及不接受交配者判定为妊娠；5 天内出现正常发情，并接受公猪交配者判定为未妊娠。试验结果为，在 5 天内妊娠与未妊娠母猪的确诊率均为 100%。且认为该法不会造成母猪流产，母猪产仔数及仔猪发育均正常，具有早期妊娠诊断和诱导发情的双重效果。

2. 乙烯雌酚法

对配种 16~18 天母猪，肌内注射乙烯雌酚 1 毫升或 0.5% 丙酸己烯雌酚和丙酸睾丸酮各 0.22 毫升的混合液，如注射后 2~3 天无发情表现，说明已经妊娠。

（三）尿液检查法

1. 尿中雌酮诊断法

用 2 厘米×2 厘米×3 厘米的软泡沫塑料，拴上棉线作阴道塞。检测时从阴道内取出，用一块硫酸纸将泡沫塑料中吸纳的尿液挤出，滴入塑料样品管内，于 −20℃ 贮存待测。尿中雌酮及其结合物经放射免疫测定（RIA），小于 20 毫克/毫升为非妊娠，大于 40 毫克/毫升为妊娠，20~40 毫克/毫升为不确定。

2. 尿液碘化检查法

在母猪配种 10 天以后，取其清晨第一次排出的尿放于烧杯中，加入 5% 碘酊 1 毫升，摇匀，加热、煮开，若尿液变为红色，即为已怀孕；如为浅黄色或褐绿色说明未孕。

（四）血小板计数法

文献报道，血小板显著减少是早孕的一种生理反应，根据血小板是否显著减少就可对配种后数小时至数天内的母畜作出超早期妊娠诊断。该方法具有时间早、操作简单、准确率高等优点。尤其是为胚胎附植前的妊娠诊断开辟了新的途径，易于在生产实践中推广和应用。

在母猪配种当天和配种后第 1~11 天从耳缘静脉采血 20 微升置于盛有 0.4 毫升血小板稀释液的试管内，轻轻摇匀，待红细胞完全破坏后再用吸管吸取一滴充入血细胞计数室内，静置 15 分钟后，在高倍镜下进行血小板计数。配种后第 7 天是进行超早期妊娠诊断的最佳血检时间，此时血小板数降到最低点（250±91.13）×10^3/毫米^3。试验母猪经过 2 个月后进行实际妊娠诊断，判定与血小板计数法诊断的妊娠符合率为 92.59%，未妊娠符合率 83.33%，总符合率 93.33%。

该方法虽有时间早、准确率高等优点，但应排除某些疾病所导致的血小板减少。例如，肝硬化、贫血、白血病及原发性血小板减少性紫癜等。

（五）其他方法

1. 公猪试情法

配种后 18~24 天，用性欲旺盛的成年公猪试情，若母猪拒绝公猪接近，并在公猪 2 次试情后 3~4 天始终不发情，可初步确定为妊娠。

2. 阴道检查法

配种 10 天后，如阴道颜色苍白，并附有浓稠黏液，触之涩而不润，说明已经妊娠。也可观看外阴户，母猪配种后如阴户下联合处逐渐收缩紧闭，且明显地向上翘，说明已经妊娠。

3. 直肠检查法

要求为大型的经产母猪。操作者把手伸入直肠，掏出粪便，触摸子宫，妊娠子宫内有羊水，子宫动脉搏动有力，而未妊娠子宫内无羊水，弹性差，子宫动脉搏动很弱，很容易判断是否妊娠。但该法操作者体力消耗大，又必须是大型经产母猪，所以生产中较少采用。

除上述方法外，还有血或乳中孕酮测定法、EPF 检测法、红细胞凝集法、按压腰背部法和子宫颈黏液涂片检查等。母猪早期妊娠诊断方法有很多，它们各有利弊，临床应用时应根据实际情况选用。

七、提高母猪繁殖力的技术措施

(一) 合理配种

1. 合理安排母猪的配种季节

最好选择在4—5月配种，9—10月再配种，并反复循环，这样能使母猪在春秋两季配种产仔，避开寒冷和炎热的冬夏环境。

2. 适时配种

一般情况下，在母猪发情后的19~30小时，待母猪的阴门红肿刚开始消退，并有丝状黏液流出，按压母猪后躯呆立不动时适时配种。初产母猪要在7~8月龄，体重100千克以上时，开始配种。

3. 正确的配种方法及确保精液质量

必须采用双重配（即出现候配反应时配第一次，间隔12小时再配一次），这样可明显增加受胎率及产仔数，若采用人工授精技术，须选用健康优良种公猪的精液，每毫升精液要求精子在0.4亿个以上，精子活力在0.6级以上，要严格消毒输精器械，先用0.01%的高锰酸钾液清洗母猪外阴部，再将输精管缓慢插入子宫颈内20~30厘米，然后连上输精注射器，缓慢注入20毫升。

对配种情况进行详细记录，避免近亲繁殖。

(二) 加强妊娠后期管理，提高仔猪初生重

研究表明，胚胎到妊娠80天以后，才开始迅速发育，至110天完全成熟。而初生重的大小，直接关系着仔猪生后的成活率及生长，即人们所说的：初生重差1两，断乳重差1斤，出栏重差10斤（1两=50克，1斤=500克）。所以，为了促进胎儿快速发育，提高初生重，保证母猪泌乳期的营养贮备，在母猪妊娠80天后，需要增加饲料的质与量。原料选择上要重点考虑富含钙质、蛋白质及脂肪的饲料。熟制大豆是母猪饲粮成分的最佳选择，既是优质蛋白质的来源，又是脂肪供给的途径。母猪日粮中添加脂肪，可提高其血浆中生酮物质的水平，并以葡萄糖分配效应的方式增加母猪代谢物，供胎儿的发育利用，同时增加胎儿的能量贮备，从而提高仔猪存活率。在妊娠后期及泌乳期给母猪饲以补充脂肪的日粮，可以提高泌乳量及初乳与常乳中的乳脂水平，从而能提高仔猪存活率与断乳重。所以，在妊娠后期，日供饲料量应视其个体体重及体况增加到3~3.5

千克，且日粮中能量饲料应占 30%～35%、大豆 6%～8%、饼粕类 10% 左右，其余以糠谷类补足。饲粮营养水平要求消化能≥3.1 兆卡/千克，粗蛋白质≥16%。维生素、微量元素要添加，钙磷比例要平衡，特别是亚硒酸钠，对提高仔猪免疫力、减少腹泻发生有预防性的作用。可在母猪产前 15～20 天肌内注射一次亚硒酸钠维生素 E 乳剂 10 毫升。

（三）控制舍内温度，创造母仔舒适小环境

仔猪和哺乳母猪所要求的环境温度是不同的，新生仔猪的最适温度在 32℃ 以上，而母猪的最适温度在 15～18℃。如果简单地使舍温升到 30℃ 以上，虽然比较适应了仔猪的要求，但一方面加大了增温保温的费用开支，另一方面给母猪的泌乳、采食也带来了负面影响，同时也增加了舍内的有害气体含量。所以，如何形成母猪 15～18℃ 气温，仔猪 30℃ 以上环境，且通风良好，光线充足，是做好母猪管理工作的重要举措。在此方面，各地都摸索了不少经验。有的给猪舍生火炉，有的在舍内通火墙、点灯泡等，都发挥了一定的作用，但最适于农村应用的简便而经济的措施要数塑料大棚加仔猪保育箱式的方法为好。具体要求猪舍尽可能是坐北朝南，采光性好，背风向阳。为了增加采光面积，大棚要有一定弧度，选择无滴膜温棚用塑料在舍内较干燥、方便的一角置保育箱。箱内面积 80 厘米×80 厘米左右，箱内用 250～500 瓦远红外线灯泡或红外线取暖器供暖。以取暖器距地面高低而调节温度，注意取暖器线路必须贴墙固定，以防母猪拱咬触电。当舍内母猪存栏量少、体散热少时，可适当用炉火加热；舍内饲养量足时，可靠体散热供暖。实践证明，在华北地区舍饲 15 头左右的产仔舍，仅靠完善的大棚塑料保暖，在无热源补充情况下，单凭母猪自身热量舍内温度可维持在 10～16℃ 范围，保育箱内温度可调控在 30℃ 以上。衡量仔猪温度适宜度的方法：温度适宜时，仔猪吃完奶后自动回到保育箱内，分散睡卧，不扎堆；温度过高时，仔猪头伸出保育箱外或拥挤在出口处；温度过低时，仔猪重叠在热源下，争夺热源直射位置。

（四）适当应用激素制剂，诱发母猪白天产仔

生产实践中，70% 以上母猪在晚上产仔。晚上产仔，在管理上有许多困难，不少养殖户因管理不善而导致仔猪伤残过半现象时有发生。如果母猪能在白天产仔，既便于监控管理，又易于提高舍内温度，对提高仔猪成活率有着明显的作用。氯前列烯醇是前列腺素 $F_{2\alpha}$ 类似物，具有强烈溶解

黄体作用，同时兴奋母畜子宫，舒张宫颈肌肉，对诱导母猪产仔成功率达95%以上。试验证明，在早晨 8:00 左右肌内注射此制剂 0.05~0.1 毫克，可于第二天中午 12:00 左右分娩，无明显毒副作用。

（五）及早控制常发疾病，确保母仔健康发育

1. 产后恶露不尽，是母猪产后厌食或产后无乳综合征的主要诱因之一

预防和及早控制产道炎症，是产仔母猪管理中的首要工作。具体做法为：产仔结束或开始排胎衣时，肌内注射长效青霉素 120 万单位 2 支/100 千克体重，安痛定 10~15 毫升，地塞米松磷酸钠 10 毫克，催产素 20~40 单位。产后 3 日内母猪厌食或食欲不佳而又无恶露排出时，选用：① 复合维生素 B 注射液 5~10 毫升，复方胆汁注射液 10 毫升，分别肌内注射，1 日 2 次，连用 3 日；② 复合维生素 B 注射液 5 毫升，比塞可灵注射液 5 毫升，混合 1 次肌内注射，1 日 2 次，连用 3 日。如产后 3 日内仍有恶露现象时，可选用：① 10%浓盐水清洗子宫，而后注入庆大霉素 16 万单位，或环丙沙星注射液 10 毫升；② 1%高锰酸钾水溶液冲洗子宫，排出冲洗液后注入抗生素药物。

2. 早吃初乳，及时补铁，及早控制黄白痢疾

初乳中蛋白含量很高，其中有 60%~70%是免疫球蛋白，由于仔猪出生时没有先天免疫力，只有吃到初乳后，才能获得免疫力。

仔猪出生时，肠道上皮处于原始状态，具有吸收大分子免疫球蛋白的机能，6 小时后开始下降，12 小时后几乎失去此项功能。所以，早吃初乳，吃足初乳，是提高仔猪抗病力的有效措施。实践中，在将仔猪身上、口中黏液擦拭干净，辅助哺乳，要使每头新生仔猪都吃足初乳。对个别体质弱小、力量微弱的仔猪，可滴服 50%温葡萄糖液 10~15 毫升。然后置放 35℃热源中烘烤，待其精神状态良好后，再吃初乳。以后几天内都应人为协助吃足乳汁。

固定乳头，是实现仔猪均衡发育的有效方法，也是预防仔猪打架争乳的有效措施。固定乳头应当顺从仔猪意愿适当调整，仅对个别弱小仔猪定位，其他仔猪以不争食同一乳头为宜。弱仔一般选择固定在前 2、3 对乳头上。

3 日龄时，要用含硒牲血素进行及时补铁。方法：在后股股内侧皮下注射 1 毫升，可预防仔猪缺铁性贫血及腹泻。如果场内有黄白痢威胁时，此时可同时肌内注射治菌磺（长效磺胺制剂，主要成分 SMM、TMP）0.4

毫升/头，3 天后再注射 1 次 0.5 毫升/头，一般可安全度过危险期。

3. 及早补料

及早补料是提高仔猪断乳重的一项有效措施，科学的补料方法应在 7 日龄开始，但需有耐心。逐头扒开口腔将料糊抹在舌根处，让其品味诱食，1 日数次，待其有自食欲望时可将补料盛于补料槽内让其自由舔食。母猪于产前 2 天开始减食，至产仔当日，仅喂 1/3 平常料量。产后当日，喂以淡盐麸皮汤。

（六）科学安排母猪饮食，提高泌乳量

母猪泌乳量的高低，是饲料质量与饮食方式共同作用的结果。对农村养殖场户的调查表明，母猪产后粥样喂比干湿喂效果要好，日喂 4 次比日喂 2 次效果好。一般原则如下：产后第二日开始增料，至 5 日龄时给到常量。在此之前切忌一次吃得过饱而伤胃，待其功能逐渐恢复后再行加料。日采食风干料量应大于 4.5 千克，以不浪费饲料为原则，日喂 3~4 次，要尽可能提高母猪采食量。泌乳高峰期，采食量最好达到 6 千克以上，断奶前 2~3 天逐渐减少日喂量至 3 千克左右。泌乳期日粮中粗蛋白质含量≥17%、赖氨酸≥0.85%、消化能≥3.2 兆卡/千克，若能添加 4% 左右的油脂或 10% 的熟化大豆效果更好，可提高乳脂率。

（七）适时断乳，提高母猪年产窝数

母猪断乳时间的迟早，直接影响着生产繁殖力的大小。但断乳太早，易造成仔猪死亡率增高及生长发育缓慢等；断乳过迟，又降低了母猪的繁殖力。所以，适宜的断乳时间是调节养猪经济效益的一个支点。在农村饲养实践中，断乳日龄的确定，最好根据出生时间与仔猪个体重来确定，要求 30 日龄以上，个体重不应小于 8 千克。如果以上各项工作都比较扎实，一般 35 日龄即可实施断乳。断乳时务必赶母留仔，使仔猪在原圈过渡 1 周时间，再行转圈。

第三章 猪的营养与饲料

第一节 饲料的主要营养物质及其功能

一、水

在猪的一生当中，水都是重要的营养物质。在猪的生长、繁育过程中，水是最重要、最便宜的原料之一。猪体内水占 50%~85%，尤其是出生仔猪水分高达 85%~90%，随着年龄的增长，含水量下降，体重达 100千克时，水分为 50%。

（一）猪的需水量

猪的需水量随体重、采食量、饲料性质和环境温度不同而不同。一般情况下，猪对水的需求量如下：冬季采食饲料干物质的 2~3 倍或体重的 6%~8%；春秋季采食饲料干物质的 3~4 倍或体重的 10%~14%；夏季采食饲料干物质的 4~5 倍或体重的 14%~18%。哺乳母猪每天的饮水量达 15~20 升，甚至高达 28 升，才能满足其乳汁的需要。

供水不足，或供水过多都影响猪只正常的生长发育。

（二）引起需水量增加的因素

①腹泻时，粪便中的水损失多，动物的需水量增加。

②盐和蛋白质的采食量增加引起的过度泌尿会显著增加需水量。如奶虽然含水 80%，但也是导致机体缺水的高蛋白质和高矿物质食物。

③引起水需要增加的其他条件是外周温度较高、发热和哺乳。在任意温度下猪个体间饮水量差异很大，但在 7~22℃下生长猪的饮水量几乎没有差异。到 30℃和 33℃时饮水量增加很多，而且引起猪的行为变化：猪在整个猪圈的地面都排粪排尿，并且将水槽里的水弄得到处都是以图体表

凉爽。

（三）饮水量不足的后果

1. 哺乳母猪饮水量不足

母猪采食量下降，泌乳量减少，母猪体重损失大，仔猪断奶重小，尤其是分娩后 7 天内会使乳汁浓度过高，造成仔猪消化不良，产生腹泻。

2. 仔猪饮水量不足

仔猪生长速度缓慢，发育不良，无法发挥最大生长潜能。哺乳仔猪在出生 1~2 天内就要饮水。在第 1 周，每头仔猪每日每千克体重需要 190 克水（包括母猪乳汁中的水）。仔猪在诱食补料期间，采食量很少；但如果不供应饮水，采食量会更少。对人工哺育的仔猪来说，水和料的比例要保持在 2.8~4.3 的范围内。

3. 育肥猪饮水量不足

育肥猪饮水量不足，会使消化吸收能力下降，采食量下降，生长速度缓慢，出栏时间延长，成本增加。

10~22 周龄自由采食、自由饮水情况下，水料比平均为 2.56。猪在屠宰前 24 小时内不给水，会限制采食量，导致体重损失 5.5%，表观胴体重减少 1.9 千克。对未配种的青年母猪，发情期采食量和饮水量都降低。妊娠后备母猪饮水量随着干物质采食量增加而增加。空怀母猪每天饮水11.5 千克，妊娠母猪增加到 20 千克。哺乳母猪每天饮水也是 20 千克。公猪饮水需要量没有比较准确的资料，可自由饮水。

（四）猪充足饮水的方法

1. 饮用水的给水方式

（1）水槽方式给水　水质容易被猪只污染，不及时清刷，还可能产生水臭，水槽给水，要经常清刷和清洗，保持水的清洁。

（2）饮水器方式给水　比较清洁，但长期不检查，可能会出现因水中泥沙含量大而发生出水不畅，或饮水器被堵。所以一定要及时检查，清理饮水器。保持饮水器水流畅通，从而保证饮水的供应。为了给猪充足饮水，对自动器流量的要求是 1~1.2 升/分钟；水嘴角度要求倾斜 45°角；水嘴高度要求：体重 10~30 千克，高出背部 8~10 厘米；体重 30~60 千克，高出背部 10~15 厘米；体重 60 千克以上，母猪高出背部 20~25厘米。

2. 水温影响饮水量

饮用低于体温的水时动物需要额外的能量来温暖水。

3. 饮水量与采食量、体重的关系

饮水量与采食量、体重呈正相关，但每天采食量低于 30 克/千克体重时，由于饥饿，生长猪会表现饮水过量的行为。

二、碳水化合物

碳水化合物是指含有碳、氢、氧的有机化合物，是植物性饲料的主要组成部分，一般占植物体干物质总量的 50%~75%。碳水化合物可以分为粗纤维和无氮浸出物两大部分。

无氮浸出物的主要成分是淀粉，也有少量的简单糖类。无氮浸出物容易消化，是植物性饲料中产生热能的主要物质。

粗纤维由纤维素、半纤维素、木质素等组成，是植物细胞壁的主要成分，用以构成植物的支撑组织，故茎秆中最多。植物越粗老，粗纤维含量越多，它在各类饲料中的含量是：谷类籽实占 5% 左右，糠麸占 10%~15%，干草占 20%~30%，秸秆和秕壳占 30%~40%。粗纤维难于消化，过多时还会影响饲料中其他养分的消化率。因此，猪饲料中粗纤维的含量不宜过高。当然，适量的粗纤维在猪的饲养中还是有必要的，因为它除了能提供一部分能量外，还能促进胃肠蠕动，有利于消化和排泄以及具有填充作用，使猪具有饱腹感。

常用的能量饲料主要有：谷物（如玉米、小麦、大麦、高粱、燕麦、稻谷等）；谷物加工副产品（如麦麸、米糠、玉米皮、DDGS 等）；其他（如干甜菜、柑橘粉、乳清粉、马铃薯、甘薯等）。

三、蛋白质、氨基酸

饲料中含氮物质的总称是粗蛋白质。粗蛋白质包括纯（真）蛋白质和氨化物两部分。蛋白质的基本结构单位是氨基酸。蛋白质对猪是头等重要而又不可替代的营养物质。猪的肌肉、神经、结缔组织、皮肤、内脏、被毛、蹄壳及血液等，都以蛋白质为基本构成成分。此外，猪的体液和激素的分泌，精子、卵子的生成，都离不开蛋白质。

纯（真）蛋白质是由氨基酸组成的。氨基酸是一种含有氨基的有机酸，是蛋白质的基本组成成分。如果按氨基酸对猪的营养需要来讲，可把氨基酸分为必需氨基酸和非必需氨基酸。

体内不能合成或合成的数量不能满足猪的生理需要，必需由饲料提供的氨基酸称必需氨基酸。研究证明，生长猪需 10 种必需氨基酸（赖氨酸、蛋氨酸、色氨酸、组氨酸、异亮氨酸、亮氨酸、苯丙氨酸、缬氨酸、苏氨酸和精氨酸），生长猪能合成机体所需 60% ~ 75% 的精氨酸，成年猪能合成足够需要的精氨酸，猪对蛋氨酸需要量 50% 可用胱氨酸代替，苯丙氨酸需要量的 30% 可用谷氨酸代替。所以，称胱氨酸和苯丙氨酸等为半必需氨基酸。但要注意胱氨酸和苯丙氨酸不能转化为蛋氨酸和谷氨酸。

非必需氨基酸并不是猪营养所必需，它在体内合成较多，不需要由饲料来提供，而是在猪体内可由其他的氨基酸或氮源合成体内所需的氨基酸。

由此可见，在饲料中提供足够的必需氨基酸和非蛋白氮合成非必需氨基酸的能力，决定了饲料蛋白质水平的合适程度，则实际猪对蛋白质的需要量就是猪对必需氨基酸和合成非必需氨基酸氮源的需要。

饲料蛋白质的营养价值主要取决于饲料必需氨基酸的组成和含量。饲料中必需氨基酸含量和各氨基酸比例越接近猪对必需氨基酸的含量，其饲料蛋白的营养价值就高，不同饲料来源的饲料蛋白质品质不一。饲料蛋白质中某一个或某些氨基酸的不足，就会限制其他氨基酸的利用称该氨基酸为限制性氨基酸。在某一饲料或某一日粮中，某一氨基酸的含量与猪只所需的氨基酸之比最小的一个为第一限制氨基酸、稍大一点的为第二限制氨基酸，以此类推。猪饲料中常见的限制性氨基酸有赖氨酸、蛋氨酸、色氨酸、苏氨酸和异亮氨酸。猪日粮中第一限制性氨基酸往往为赖氨酸。由于饲料蛋白质中各种必需氨基酸的含量是有很大差别的。因此，在日粮中多种饲料搭配使用，可发挥蛋白质互补作用，提高饲料蛋白质利用率或蛋白质的生物学价值，添加合成的氨基酸可提高饲料蛋白质的生物学价值。例如，玉米中赖氨酸含量较少，豆饼、鱼粉中含量较多，把玉米和豆饼、鱼粉混合在一起，即可取长补短，互相弥补，达到互补平衡的要求。

以植物蛋白为来源的日粮，一般易缺的氨基酸为赖氨酸，所以，猪日粮中要经常添加赖氨酸。

养猪生产使用的蛋白质饲料以豆粕为主。植物性蛋白饲料：大豆粕

（饼）、棉籽粕（饼）、菜籽粕（饼）、花生粕（饼）、向日葵粕（饼）、芝麻粕（饼）、玉米蛋白粉等；动物性蛋白饲料：鱼粉、肉粉、血粉、羽毛粉等；单细胞蛋白饲料：酵母粉、真菌、藻类、乳酸菌发酵干燥物等。

四、脂肪

脂肪同碳水化合物一样，在猪体内的主要功能是氧化供能。脂肪的能值很高，所提供的能量是同等重量碳水化合物的 2 倍以上。除了供能外，多余部分可蓄积在猪的体内。此外，脂肪还是脂溶性维生素和某些激素的溶剂，饲料中含一定量的脂肪时，有助于这些物质的吸收和利用。同时，植物性饲料的脂肪中还含有仔猪生长所必需，但又不能由猪体执行合成的 3 种不饱和脂肪酸，即亚油酸、亚麻油酸和花生四烯酸，仔猪缺乏这些脂肪酸时，会出现生长停滞、尾部坏死和皮炎等症状。

除了米糠、蚕蛹和部分油饼外，猪饲料通常含脂肪不多。

五、矿物质

猪日粮中至少需要 13 种无机元素：氯、钠、钙、磷、钾、铜、铁、锌、锰、碘、硒、镁、硫，可能还有铬。环境来源似乎能满足猪对这些元素（如果这些元素事实上是需要的话）的需要。实际猪日粮中添加的元素有盐（钠和氯）、钙、磷、铜、铁、锌、锰、碘和硒。

日粮中加盐是为了提供钠和氯，生长肥育猪日粮中正常的添加量为 0.25%~0.35%。种猪盐的添加量妊娠母猪为 0.4%，哺乳母猪为 0.5%。过量的盐有毒，尤其当供水不足时或溶解盐的浓度过高时，毒性更大。饲料中含盐量不应超过 2.5%。当给猪饲喂在加工生产过程中添加盐的一些副产品（如乳清和鱼粉）时，要特别当心盐中毒。

1. 钙与磷

钙与磷是支持骨骼和组织生长的两种元素，需要量很大。它们还参与其他重要的生理过程，如肌肉收缩和能量转移。配制日粮时应注意：一是钙磷的需要量；二是所用饲料中这两种元素的生物学利用率；三是钙磷的比例。钙磷的可接受比例范围为（1.0~2.0）∶1。

2. 铜

猪需要铜来合成血红蛋白和合成与激活正常代谢必要的一些氧化酶

类。生物效价高的铜盐有硫酸铜、碳酸铜和氧化铜。缺铜导致铁的功用差，血细胞生成异常，角质化、胶原蛋白、弹性蛋白和骨髓合成变差。缺铜症状有贫血、腿弯曲、心血管异常等。饲料中铜超过 250 克/吨，饲喂几个月会引起中毒。降低日粮锌和铁水平或升高钙水平加重铜中毒。当饲喂 100~200 克/吨的铜，会促进猪的生长。

3. 铁

实际上，猪可以通过与环境的接触获得铁，特别是与土壤的接触；集约化养猪使铁的环境来源基本被切断。仔猪出生时，铁在体内的储备很低，随着体重增加，血量增加，合成血红蛋白需要铁，使体内储备的铁含量迅速降低，母乳的含铁量甚少，不能满足仔猪生长的需要。现已证明，母乳的低铁含量可有效地防止微生物繁殖和肠道病发生。哺乳仔猪补铁是必需的，首选的补铁法是给初生 3 天内的仔猪注射 100~200 毫克的葡聚糖苷铁（牲血素）。仔猪出生几周后，通过采食含铁充足的仔猪料就能很容易满足铁的需要量。

4. 锌

植物性饲料中，锌的含量很低。给猪饲喂不加锌的日粮，猪易患皮肤角质化不全症。锌在免疫机制中能起作用，并能防止细胞受到氧化损害。最新有关锌的一项实际应用是，在断奶猪日粮中添加高水平氧化锌（锌量达 3 000 克/吨）能预防仔猪下痢。这种高水平的锌是有毒的，建议该水平的饲喂期不能超过两周。人们还需注意锌与钙的拮抗关系，日粮中过量的钙会引起锌的缺乏。

5. 锰

作为许多种与糖、脂和蛋白质代谢有关的酶的组成成分发挥作用。锰对硫酸软骨素的合成是必需的，硫酸软骨素是骨有机质黏多糖的组成成分。饲料锰的需要量非常低，生长育肥猪为 4 克/吨，种猪为 40 克/吨。

6. 碘

猪体内大部分碘存于甲状腺中。在甲状腺，碘以一碘、二碘、三碘和四碘甲状腺氨酸（甲状腺素）的形式存在，这些激素对调节代谢率非常重要。碘化钾和碘酸钙是饲料中有效的补充形态，饲料中补充 0.14 克/吨的碘即可满足猪的需要。严重缺碘使猪生长停止、昏睡、甲状腺肿大。母猪缺碘会产生无毛弱仔或死胎。大剂量碘极少造成中毒。

7. 硒

其作用与维生素 E 有关。缺硒的临床症状是外观看来正常的仔猪突然死亡。日粮中的含硒量主要取决于种植谷物饲料的土壤。用来自世界上缺硒地区的饲料配制的日粮应补充硒。无机形式的硒如亚硒酸钠和硒酸钠已使用许多年。近来有报道添加部分有机硒也有效。

硒的安全浓度和毒性浓度之间范围很窄，需要量在 0.35 克/吨范围内，而超过 5 克/吨则有毒。日粮中加硒时应特别小心。

六、维生素

维生素是饲料所含的一类微量营养物质，在猪体内既不参与组织和器官的构成，也不氧化供能，但它们却是机体代谢过程中不可或缺的物质。目前已发现的维生素有 30 多种，其化学性质各不相同，功能各异，日粮中缺乏某种维生素时，猪会表现出独特的缺乏症状，从而严重损害猪的健康、生长和繁殖，甚至引起死亡。

通常根据溶解性，将维生素分为脂溶性维生素和水溶性维生素。前者包括维生素 A、维生素 D、维生素 E、维生素 K，后者包括 B 族维生素和维生素 C。脂溶性维生素在猪体内可以有较多的储存，因此猪可以较长时间的耐受脂溶性维生素的缺乏而不出现缺乏症；相比之下，水溶性维生素则在体组织中储存量不大，因此需要每天通过日粮摄取水溶性维生素，以补其不足。

饲料加工的主要目的是更好地保存和利用饲料，但由于各种维生素的性质不同，加工条件与方法不同，在饲料加工过程中维生素的损失情况也不尽相同。造成维生素损失的主要因素包括氧化、日照温度和时间、酸碱度、金属与酶的作用、光或电子辐射、水分含量等。

只有详细了解各种维生素的稳定性特点后，才能最大限度地避免损失，保持饲料的营养价值。

第二节　猪的常用饲料与加工调制

一、猪常用的能量饲料

在一些养猪户做自配料的时候，往往会对能量饲料的范围摸不清，给配料工作造成了很多的麻烦。因此，清晰地了解能量饲料有哪些是正确高效配制饲料的前提。

能量饲料指的是在绝干物质中，粗纤维含量低于18%，粗蛋白质含量低于20%，天然含水量小于45%的谷实类、糠麸类等。这类饲料富含淀粉、糖类和纤维素，是猪饲料的主要组成部分，用量通常占日粮的60%左右。

（一）谷物类

1. 玉米

玉米是最常用的能量饲料，号称饲料之王。它在谷实类饲料中含可利用能量最高，玉米的颜色有黄、白之分，黄玉米含有少量胡萝卜素，有助于皮肤着色。

喂猪时要注意以下问题。

（1）"五要""两不要"　一要糖化后饲喂。玉米粉经糖化后，能使部分淀粉转化成糖，可使猪喜食快长。做法是：将玉米粉放入缸中，再倒入2倍的快开的热水充分搅拌成糊状，在其表面撒上5厘米厚的干粉，经过3~4小时即被糖化。

二要添加饼类饲料。玉米供给粗蛋白质含量低且质差，不能完全满足猪的生长需要，可在日粮中加入15%豆饼或菜籽饼等。如仔猪应加入5%鱼粉。

三要添加微量元素。玉米中矿物质元素含量低，故应在日粮中添加骨粉、磷酸氢钙和硒、铁、铜、锌、锰等微量元素。

四要添加维生素。玉米中维生素含量低，饲喂时必须加喂青绿饲料，可添加畜禽多种维生素。

五要喂前浸泡。玉米经浸泡能吸收水分而膨胀变软，猪易咀嚼，易消化吸收。浸泡方法是在玉米粉中加1~1.5倍的水浸泡2小时。

一不要单纯饲喂。纯用玉米喂猪每增重1千克需消耗6千克玉米。而用配合饲料喂猪只需2.5~3千克。

二不要粉碎后长期贮存。玉米应粉碎后饲喂，粉碎后的玉米面时间久了易变质。粉碎量以15天用完为宜，夏天以10天用完为宜。

（2）发霉的玉米不能喂猪　发霉的玉米中含有黄曲霉毒素，猪吃后会引起黄曲霉毒素中毒症，俗称"黄膘猪"。

仔猪和怀孕母猪较为敏感，中毒仔猪常呈急性发作，出现中枢神经症状，头弯向一侧，角弓反张，数天内死亡。大猪持续病程较长，精神不振，食欲减退或废绝，口渴喜饮；可视黏膜黄染或苍白，皮肤充血发红或有出血斑；四肢无力，步行蹒跚；粪便先干后稀，重者混有血丝甚至血痢；尿黄或茶黄色混浊。后期病猪出现间歇期抽搐、角弓反张等精神症状，多因衰竭而死亡。慢性中毒病猪体温基本正常，食欲减少或废绝，或只吃青饲料不吃饲料，可视黏膜轻度黄染或苍白，皮肤基本正常。但内脏已受毒素损伤，一遇刺激常使病情加重，甚至引起不明原因死亡。

在养猪实践中，霉玉米的危害不像猪瘟、蓝耳病等烈性传染病那样，猪群突然发病，出现大量死亡等。其危害是潜在的，或者说是一点一滴积累起来的，外表可能一切正常，但受到外界应激的影响后，可能马上发病。比如：母猪的流产、发情配种率差，后备母猪和育肥猪表现外阴肿大等。最为可怕的是，能造成猪的免疫力下降（即免疫抑制），导致疫苗免疫效果差、猪对各种疾病的敏感性增加等。

（3）学会识别霉玉米　正常玉米籽粒多为黄白色，颗粒饱满，无损害、无虫咬、虫蛀和发霉变质现象。发霉玉米可见胚部有黄色或绿色、黑色的菌丝，质地疏松，有霉味。发霉后的玉米皮特别容易分离观察胚芽，玉米胚芽内部有较大的黑色或深灰色区域为发霉的玉米，在底部有一小点黑色为优质的玉米；在口感上，好玉米越吃越甜，霉玉米放在口中咀嚼味道很苦；在饱满度上，霉玉米比重低，籽粒不饱满，取一把放在水中有漂浮的颗粒；另外，还要警惕不法商贩用油抛光已经发霉的玉米并进行烘干的处理，还有一些不法分子将已经发芽的玉米用除草剂喷洒，再进行烘干销售；玉米粒发黑的，是由长时间高湿高温造成的；胚芽外皮有绿的，是脱粒早，来不及晒造成的；胚芽皮内发绿或发黑的，是闷时间过长造成的。

2. 高粱和小麦

高粱与玉米相比，代谢能含量低一些，脂肪含量比玉米低，不含胡萝卜素；小麦脂肪含量低，但是蛋白质含量比玉米高，用小麦喂肉猪以粗碎为宜，太细影响适口性，一定情况下可以替代玉米。

（二）糠麸类

最常用的是小麦麸，其粗纤维含量高，能量值低，质地疏松，可减缓母猪便秘，但仔猪喂多了易引起腹泻。小麦麸易氧化变质，不宜储存；米糠分为全脂米糠、脱脂米糠和粗糠，其纤维含量高，赖氨酸含量低，精氨酸含量高。米糠含胰蛋白酶抑制因子，须经加热除去。全脂米糠不饱和脂肪含量高，不耐贮存，对猪适口性不好。脱脂米糠脂肪含量低，其他成分与全脂米糠基本相同，对猪的适口性好于全脂米糠。粗糠几乎没有利用价值，多用作填充物。

另外，在猪的常用能量饲料中，一些油脂也可以作为能量饲料来用，尤其是夏季，可喂食母猪油脂补充能量。

二、猪常用的蛋白质饲料

蛋白质饲料指干物质中粗纤维含量低于18%、粗蛋白质含量高于20%的豆类、饼粕类及动物性饲料。蛋白质饲料可分为动物性蛋白饲料和植物性蛋白饲料。

（一）植物性蛋白饲料

1. 豆粕（饼）

以大豆为原料取油后的副产品。其过程为大豆压碎，在70~75℃下加热20~30秒，以滚筒压成薄片，而后在萃取机内用有机溶剂（一般为正己烷）萃取油脂，至大豆薄片含油脂量1%为止，进入脱溶剂烘炉内110℃烘干，最后经滚筒干燥机冷却、破碎即得豆粕（饼）。通常将用浸提法或经预压后再浸提取油后的副产品称为大豆粕，将用压榨法或夯榨法取油后的副产品称为大豆饼。一般大豆的出粕率约为88%。由于原料、加工过程中温度、压力、水分及作用时间很难统一，因此，饼（粕）的质量也千差万别。如温度高、时间过长，赖氨酸会与碳水化合物发生美拉德（Maillard）反应，蛋白质发生变性，引起蛋白质的营养价值降低。反之，如果加温不足又难以消除大豆中的抗胰蛋白酶的活性，同样影响大豆粕（饼）的蛋白质利用效率。

豆粕（饼）是很好的植物性蛋白饲料原料，在美国等发达国家，将其作为最重要的饲料蛋白来源。一般的豆粕（饼）粗蛋白质含量在40%~45%，氨基酸的比例是常用饼粕原料中最好的，赖氨酸达2.5%~2.8%，且赖氨酸与精氨酸比例好，约为1∶1.3。其他如组氨酸、苏氨酸、苯丙氨酸、缬氨酸等含量也都在畜禽营养需要量以上，所以大豆粕（饼）多年来一直作为平衡配合饲料氨基酸需要量的蛋白质饲料被广泛采用。经济发达国家将其作为配合饲料中蛋白质饲料的当家品种。但要注意豆粕（饼）中蛋氨酸含量较低。

现代榨油工艺上为了提高出油率，常在大豆榨油前将豆皮分离，这样生产出的豆粕为去皮豆粕。豆皮约占大豆的 4%，所以去皮豆粕与普通豆粕相比在蛋白质及氨基酸含量上有所提高。

2. 全脂大豆

全脂大豆中约含 35% 的粗蛋白质，17%~20% 的粗脂肪，有效能值也较高，不仅是一种优质蛋白质饲料，同时在调配仔猪饲料时也可作为高能量饲料利用。根据国际饲料分类原则，大豆属蛋白质补充料，从氨基酸组成及消化率分析也属于上品。赖氨酸含量在豆类中居首位，约比蚕豆、豌豆含量高出 70%。大豆中含钙较低，总磷含量中约 1/3 是植酸磷。因此在饲用时还应考虑磷的补充与钙、磷平衡问题。但是生大豆中存在数种抗营养因子，其中主要的是胰蛋白酶抑制因子。这些抗营养因子在加热处理时会被破坏。

3. 菜籽粕（饼）

以油菜籽为原料取油后的副产品。用压榨法或土法夯榨取油后的副产品称为菜籽饼，用浸提法或经预压后再浸提取油后的副产品称为菜籽粕。油菜籽的出油率受品种、加工工艺的制约，一般出油率为 30%~35%，平均出饼率约为 68%（65%~70%）。随着脱毒技术的改进，饲料需求量的增加，菜籽粕用于肥料比例已逐年减少。

菜籽粕（饼）中含有较高的粗蛋白质。菜籽饼含粗蛋白质 35%~36%，菜籽粕含 37%~39%。有些菜籽粕（饼）的干物质中粗纤维含量高达 18% 以上，按照国际饲料分类原则应属于粗饲料。

菜籽粕（饼）中粗纤维含量为 12%~13%，属低能量蛋白质饲料。菜籽粕（饼）中含有较高的赖氨酸，约超出猪需要量的 1 倍，含硫氨基酸、色氨酸、苏氨酸等必需氨基酸也都能基本满足猪的营养需要量。但菜籽粕（饼）的营养价值低于豆粕（饼）。菜籽粕仁富含铁、锌、硒，但缺铜，在其总磷含量中有 60% 以上是植酸磷，不利于矿物质、微量元素的吸收利用。

菜籽粕（饼）中含有一些有毒物质，主要包括硫葡萄糖苷的 4 种降解产物、芥子碱、单宁、植酸等。其中硫葡萄糖苷的降解产物噁唑烷硫酮（OZT），有抗甲状腺作用，又被称为致甲状腺肿素，使甲状腺素分泌失调，猪生长缓慢。其脱毒方法包括碱处理法、水浸法、发酵法、热喷法等，但根本途径还需从普及应用无毒或低毒品种着手。加拿大等国家培育成了各种"双低菜籽"新品种，即低硫葡萄糖苷、低芥酸菜籽品种。"双低"菜籽粕（饼）中的粗蛋白质以及各种氨基酸含量均比普通菜籽粕（饼）中的含量稍高，是一种品质较好的蛋白质饲料资源。在肉猪日粮中可以用到18%，几乎可以代替约80%的豆饼。

4. 棉籽粕（饼）

以棉籽为原料经脱壳、去绒或部分脱壳、再取油后的副产品。在中国目前的加工条件下，每100千克棉籽可以产出棉籽粕（饼）（含壳、杂质、少量油）约50千克。

去壳的棉籽粕（饼）的蛋白质质量在饼粕类中属高档品质。棉籽粕（饼）蛋白质含量因榨油工艺不同而变化较大，范围在22%~44%，代谢能水平在6.28~10兆焦/千克。氨基酸组成特点是含有较丰富的蛋氨酸、胱氨酸，比菜籽粕（饼）中的含量高约1倍，与豆粕（饼）近似，但赖氨酸含量较低，约为豆粕（饼）的一半。棉籽粕（饼）中含有较丰富的磷、铁及锌，但植酸磷的含量也较高，影响其他元素的吸收利用。棉籽粕（饼）含有多种抗营养物质，最主要的是游离棉酚（存在于棉籽色素腺体中的一种毒素）。猪对游离棉酚的耐受力较差，一般乳猪、仔猪料中不用棉籽粕（饼）。另外，由于棉酚是人类的避孕药，因此种猪避免使用。品质优良的棉籽粕（饼）在取代猪日粮中的部分豆粕（饼），但用量不宜超过10%，同时注意氨基酸的平衡。

5. 花生粕（饼）

以脱壳后的花生仁为原料，经取油后的副产品。一般将土法夯榨及机械压榨取油后的副产品称为花生饼，经预压-有机溶剂浸提或直接有机溶剂浸提取油后的副产品称作花生粕。花生仁出油率为35%（27%~43%），出饼率为65%（64%~70%）。

花生仁饼和花生仁粕中的粗蛋白质含量分别约为45%和48%，高于豆粕（饼）中的含量3~5个百分点。但从氨基酸的含量及组成比例看则不如豆饼，如赖氨酸含量低，仅为豆粕（饼）的一半，其他必需氨基酸除精氨酸外均低于豆粕（饼）。不带壳的花生饼中粗纤维含量一般在4%~6%，目前许多花生原料中均或多或少带壳，而壳中含有将近60%的粗纤维，所以一般花生粕（饼）粗纤维均高于6%，这取决于榨油用的花生仁质量。用机榨法或用土法夯榨的花生饼中一般含4%~6%的粗脂肪，有的甚至高达11%~12%。注意高脂肪含量的花生粕（饼）易酸败变质，不利保存。对于脂肪含量少的花生粕（饼）一般可以经高温、高压处理，氨基酸可以与碳水化合物发生梅拉德反应，影响蛋白质的利用率。相对于其他粕（饼）类，花生仁粕（饼）中的钙、磷含量较低，总磷中的40%为植酸磷，难以被单胃动物吸收利用。花生粕（饼）的微量元素含量除铁外总的偏低，应注意补充。花生粕对猪的适口性很好，但赖氨酸含量低，其饲用价值低于豆粕。对于生长育肥猪花生粕用量不宜过高，否则会影响胴体品质。

按我国农业行业标准《饲料用花生粕》规定，以粗蛋白质、粗纤维、粗灰分为控制指标，花生粕可分为三级，低于三级者为等外品。

（二）动物性蛋白饲料

1. 鱼粉

以一种或多种鱼为原料，经去油、脱水、粉碎后的高蛋白质饲料。如按原料可分为全鱼粉、混合鱼粉及下杂鱼粉三种。高脂鱼粉的生产是用蒸煮或干热风加热的办法，使蛋白质凝固，并促使油脂分离。固接物由螺旋压榨法压榨，将固体部分烘干制鱼粉。榨出的汁液经酸化后，喷雾干燥或加热浓缩成鱼膏。

鱼粉蛋白质含量高，消化率一般在90%以上，而且所含氨基酸平衡，赖氨酸、色氨酸、蛋氨酸及胱氨酸丰富。鱼粉蛋白质含量因原料质量不同，变异较大。在美国按粗蛋白质含量将鱼粉分为三档：55%~60%、60%~65%、65%以上。鱼粉含赖氨酸4%~6%、含硫氨基酸2%~3%、色氨酸0.6%~0.8%。鱼类脂肪中含较大比例的高度不饱和脂肪酸，且消化率好。鱼粉也是良好的钙、碘、硒等矿物质来源，磷以磷酸钙形式存在，利用率高。此外，鱼粉中B族维生素含量高，尤以维生素B_2及维生素B_{12}含量丰富。鱼粉是猪良好的蛋白质及必需氨基酸的来源，可促进生长，改善饲料利用率，特别在乳猪、仔猪阶段效果明显。生长育肥猪阶段鱼粉用量应适当控制，一是因为成本因素，二是猪后期鱼粉用量太高会使胴体变软及有鱼臭味。

新鲜的鱼粉有烤鱼香味，并稍带鱼油味，不可有酸败、氨臭等腐败味及过热之焦味。贮藏不良时，鱼粉变质，难以消化。国产鱼粉与国外同类产品相比，粗蛋白质含量相近的进口鱼粉中秘鲁鱼粉质量较好，粗蛋白质含量可达60%以上，含硫氨基酸约比国产鱼粉高1倍，赖氨酸也明显高于国产鱼粉。

2. 肉骨粉

用动物屠宰后不宜食用的下脚料以及肉类罐头厂、肉品加工厂等的残余碎肉、内脏杂骨等为原料，经高温消毒、干燥粉碎成的粉状饲料。生产方法包括湿法生产和干法生产两种。

肉骨粉是品质变化相当大的饲料原料，因所用原料不同，质量差异较大。蛋白质含量较高，为 20%～50%，但粗蛋白质主要来自磷脂、无机氮、角蛋白、结缔组织蛋白、水解蛋白和肌肉蛋白。其中磷脂、无机氮、角蛋白利用价值很低，肌蛋白利用价值较高。氨基酸组成不理想，脯氨酸、甘氨酸含量较多，赖氨酸及色氨酸不足。肉骨粉是良好的钙、磷来源，维生素 B_{12}、烟酸含量较高，但维生素 A、维生素 D 不足。在生长育肥猪中可适量添加，但乳猪料中应尽量少用。

3. 喷雾干燥血浆蛋白粉

是将健康动物的新鲜血液经抗凝处理，分离血浆和血细胞，将血浆经瞬间的高温喷雾干燥后而获得的具有固有气味的粉末状产品。它作为一种新型的蛋白质饲料原料，在早期断奶乳猪中得到广泛的使用。

喷雾干燥血浆蛋白粉营养全面，蛋白质含量 72%以上，粗脂肪 2%左右，灰分 9%以下。它不仅氨基酸组成理想（赖氨酸、色氨酸和苏氨酸等必需氨基酸的含量较高），而且氨基酸的消化利用率高（除蛋氨酸外，其他各种氨基酸的回肠末端消化率都在 80%以上）。此外，它含丰富的免疫球蛋白，还含许多生物活性物质，如未知生长因子、生物活性肽、各种酶等。其消化能可达 17.1 兆焦/千克，是一种高能量物质。

喷雾干燥血浆蛋白粉由于不同的加工工艺，其品质差异较大，且由于价格昂贵，常有掺假的产品，以下几点供采购时参考。

外观颜色：生产血浆蛋白粉在分离血浆和血细胞时，如果分离不彻底则血浆蛋白粉的颜色呈微红色，由于血细胞混在血浆蛋白粉中，血浆蛋白粉的蛋白质含量虽然提高，但是其价值大大降低，因为蛋白质消化率降低。同时也可使用水溶试验鉴别，混有血细胞蛋白的产品其溶液呈现红色，并且有不溶于水的物质存在。真正的高品质纯血浆蛋白粉水溶后外观应是澄清的、淡黄色完全性溶液。

水溶性分析：高品质血浆蛋白粉是纯血浆喷雾干燥而成的，因此它应该是 100%的可溶于水，且水溶速度快，溶液外观呈淡黄色、完全澄清性溶液。劣质血浆蛋白粉（掺入大豆分离蛋白或蛋白精，或血浆中的血细胞分离不彻底等）蛋白质含量虽高，但其水溶性变差、水溶速度非常慢，并可见水溶后有过多的不溶物漂浮在上面或沉积在底部。

营养成分分析：高品质的血浆蛋白粉由于其生产工艺中添加了去灰分过程和逆渗透浓缩等特殊工艺，从而提高了蛋白质含量（含量达到 76%~82%），因而回收率更低，相对品质更好、价值更高。没有此道工艺的血浆蛋白粉的蛋白含量多低于 72%，灰分含量超过 14% 以上。

蛋白质的变性分析：加工工艺中的高温不但会导致蛋白质变性，还会使特殊活性蛋白丧失，如免疫球蛋白的活性。如何鉴别血浆蛋白粉的蛋白是否加热过度，可取样品加适量的水放置在恒温箱中，100℃下 10~15 分钟取出，品质高的血浆蛋白粉应该是凝固状态且凝固体颜色一直无任何杂质污点。

4. 羽毛粉

是将家禽羽毛净化消毒，再经蒸煮、酶解或水解、粉碎或膨化成粉状，可供作动物性蛋白质补充饲料。羽毛粉的加工方法有蒸煮法、酶解法、膨化法等。

羽毛蛋白质主要成分为含双硫键的角蛋白，加热水解可提高其利用价值，关键取决于水解程度，如果水解过度，则会破坏氨基酸；水解不足，则双硫键未被解开，蛋白质利用率不良。羽毛粉中含粗蛋白质 80%~85%，含硫氨基酸最高，其中胱氨酸含量可达 4%，此外缬氨酸、亮氨酸、异亮氨酸的含量也很高。宜与缺乏异亮氨酸的原料如血粉配合使用，效果较好。

三、猪常用的青绿多汁饲料

青绿多汁饲料主要指天然水分含量高于或等于 60% 的饲料，以富含叶绿素而得名，主要包括天然牧草、栽培牧草、青饲作物、水生植物、菜叶瓜藤类、非淀粉质根茎瓜类等。这类饲料来源广、成本低、采集方便、营养丰富，对促进动物生长发育、提高畜产品品质和产量等具有重要作用。我国养猪在利用青绿多汁饲料方面积累了很丰富的经验，特别在母猪的空怀及妊娠前期、肉猪的生长期及青年母猪都大量利用这类饲料。如何更好地利用这类饲料，对缺粮的我国，在开发猪业方面有重要的意义。青绿多汁饲料可以鲜喂，制成干草饲喂，也可制成青贮饲喂。人工制的豆科干草是一种非常好的饲料，有专制喂猪的干草粉及颗粒。

（一）青绿多汁饲料的营养特点

1. 水分含量高

一般青绿多汁饲料的水分含量在 60%～90%，水生植物甚至可高达 90%～95%。因其水分含量高、干物质少，所以能值较低，对于杂食性单胃动物不能以青绿饲料作为主食。

2. 蛋白质含量高，品质优良

一般禾本科牧草和叶菜类青绿多汁饲料的粗蛋白质含量在 1.5%～3%，豆科牧草在 3.2%～4.4%，折合成干物质计算，两者的粗蛋白质含量分别在 13%～15%、18%～24%。例如苜蓿干草中粗蛋白质含量为 20% 左右，相当于玉米籽实中粗蛋白质含量的 2.5 倍，约为大豆饼的一半。不仅如此，由于青绿多汁饲料都是植物体的营养器官，其中所含的氨基酸组成也优于禾本科籽实，尤其是赖氨酸、色氨酸等含量更高。

3. 维生素含量丰富

青绿多汁饲料富含多种维生素，包括 B 族维生素以及维生素 C、维生素 E、维生素 K 等，特别是胡萝卜素，每千克青饲料中含有 50～80 毫克胡萝卜素。青苜蓿中含硫胺素为 1.5 毫克/千克、核黄素 4.6 毫克/千克、烟酸 18 毫克/千克，是各种维生素廉价的来源。

矿物质元素含量丰富：一般青绿多汁饲料中钙为 0.25%～0.5%，磷为 0.2%～0.35%，比例较为适宜，尤其以豆科牧草钙的含量较高。此外，青绿多汁饲料中含有丰富的铁、锰、锌、铜等微量矿物元素。

（二）使用青绿多汁饲料注意事项

1. 要合理搭配使用，防止过量

青绿多汁饲料蛋白质、维生素及矿物元素含量丰富，是一类良好的饲料，但由于其水分含量高，营养不全面，单位重量的能值低，不能长期单独饲喂，只能搭配使用。用青绿多汁饲料饲喂生长育肥猪，一般可替代精饲料的 10%～15%（以干物质计算）；用青绿多汁饲料饲喂母猪效果较好，可替代精料的 20%～25%。

2. 无须将青绿多汁饲料煮熟喂猪

我国农村为了将青绿多汁饲料的体积减少，有的就把它煮熟了喂猪，实际这样做的结果不仅降低了原有营养价值，还容易引起亚硝酸盐中毒。正确方法是将青绿多汁饲料洗净、切碎、打浆或发酵后与适量的全价料混匀直接喂猪，这样既可相对减少青绿多汁饲料的体积，又可保持其营养。怀孕母猪可将其切碎直接饲喂，但需注意不要过量饲喂。

3. 预防感染寄生虫病

水葫芦等水生饲料或在池塘边生长的草，由于与淡水螺等水生动物接触，很容易成为某些寄生虫的附着物，如果喂猪不注意方法，就易造成寄生虫病的传播与蔓延。在喂养过程中，须及早进行预防投药，防止寄生虫病的传染。

4. 防止中毒

主要考虑两方面，一是农药中毒。对于刚施用过农药的田地上青绿多汁饲料不宜立即喂猪，一般要经 15 天后方可收割利用。二是氢氰酸中毒。青绿多汁饲料一般不含氢氰酸，但有的青绿多汁饲料，尤其是玉米苗、高粱苗含有氰苷配糖体，如果经过堆放好氧发酵或霜冻枯萎，或是在烧煮过程中缺氧或不煮熟透，在植物体内特殊酶的作用下，氰苷被水解后便形成氢氰酸而有毒。如喂猪，会发生氢氰酸中毒，这在农村中经常发生。将青绿多汁饲料制作成青贮料就可避免发生这类情况。

（三）养猪上常用的青绿多汁饲料

1. 紫花苜蓿

紫花苜蓿属豆科多年生草本植物，特点是适应性强、产量高、品质好，一般亩（1 亩 ≈ 667 米^2）产 2 000~4 000 千克，被冠以"牧草之王"。苜蓿的营养成分较丰富，按干物质计算，每千克初花期的紫花苜蓿含粗蛋白质 20%~22%，粗脂肪 3.1%，无氮浸出物 41.3%，且富含维生素 A 及 B 族维生素。

目前一般中小养猪场夏季将苜蓿草切成 5~10 厘米的小段直接饲喂，种猪每天饲喂 1~2 千克，妊娠前期适当多喂一些，因为适口性好，又由于纤维含量高，在怀孕母猪限喂阶段可适量多喂些，以增加母猪的饱感，利于胚胎着床。冬季将苜蓿脱水或晒干制成苜蓿粉或颗粒在配合饲料中使用。全价饲料中的添加比例一般为 5%~15%。

2. 紫云英

又称红花草。特点是产量较高，鲜嫩多汁，适口性好，猪只特别喜欢采食。其营养价值在现蕾期最高，按干物质计算，粗蛋白质含量 31.76%、粗脂肪 4.14%、粗纤维 11.82%、无氮浸出物 44.46%、粗灰分 7.82%。

3. 象草

又称紫狼尾草。象草具有产量高、管理粗放、利用期长等特点，已成为南方青绿多汁饲料的重要来源。象草营养价值较高，茎叶干物质中含粗蛋白质 10.58%、粗脂肪 1.97%、粗纤维 33.14%、无氮浸出物 44.70%、粗灰分 9.61%。在广东、福建利用美洲狼尾草和非洲象草培育的杂交狼尾草用于养猪取得较好的效果。该杂交狼尾草在株高 120 厘米时测定，鲜草含干物质 15.2%，干草含粗蛋白质 9.95%、粗脂肪 3.47%。而且该品种杂交狼尾草产量高，一般每公顷可产鲜草 15 万千克以上，6 个月生长期每公顷的产量可达 22.5 万千克。将杂交狼尾草切碎、打浆与饲料按 1∶1 拌匀，饲喂生长育肥猪可提高日增重，降低饲料成本。

4. 菜叶类

包括瓜果、豆类叶子及一般蔬菜副产品。其中的豆类叶子营养价值高，能量高，蛋白质含量也较丰富。作物的藤蔓和幼苗，一般粗纤维含量较高，可作猪饲料。白菜、甘蓝和菠菜也可用于饲料。

5. 南瓜

南瓜营养丰富，无氮浸出物含量高，且其中多为淀粉和糖类。南瓜脆嫩多汁，能刺激食欲，有机物质消化率高，对改善日粮的营养成分、提高消化率有重要作用。此外，南瓜耐贮藏，运输方便，是猪的好饲料，尤其适合用于育肥阶段的猪。

6. 水生植物类

包括水浮莲、水葫芦、水花生、绿萍、水芹菜和水竹叶等。这类青饲料具有生长快、产量高、适应性强、管理方便、不占耕地等特点。水生饲料茎叶柔软，细嫩多汁，水分含量可达 90%~95%，干物质含量很低。此外，水生饲料最易带来寄生虫如猪蛔虫、姜片虫、肝片吸虫等，最好将水生饲料青贮发酵或煮熟后饲喂。熟喂时宜现煮现喂，不宜过夜，以防产生亚硝酸盐。

7. 松叶

主要是指马尾松、黄山松、油松以及桧、云杉等树的针叶。据分析，马尾松针叶干物质为 53.1%~53.4%、总能 9.66~10.37 兆焦/千克、粗蛋白质 6.5%~9.6%、粗纤维 14.6%~17.6%、钙 0.45%~0.62%、磷 0.02%~0.04%，且富含维生素、微量元素、氨基酸、激素和抗生素等，对猪具有抗病、促生长之效。饲喂时应坚持由少到多的原则。猪料中针叶用量以 5%~8% 为宜。

四、猪饲料中常用的矿物质饲料

1. 食盐

盐的主要化学成分氯化钠在食盐中的含量高达 99% 之多，而钠和氯都是动物所需的重要无机物。因此食盐成为补充钠、氯的最简单、价廉的有效物质。食盐的生理作用是刺激唾液分泌、促进其他消化酶的作用，同时可改善饲料的味道，促进食欲，保持体内细胞的正常渗透压，氯还是胃液的组成成分，对蛋白质的消化具有重要作用。

2. 钙

钙约占动物体内所含无机物的 70%，是动物的齿、骨骼、蛋壳的重要组成元素。钙对动物的生长发育和生产水平至关重要。一般配合饲料中规定的钙磷比例，猪为（1~1.5）：1。石粉、贝壳粉、蛋壳粉则是饲料中常用到的补充钙源的矿物质饲料。其中，石粉称为天然的碳酸钙，含钙在 35% 以上。贝壳粉是所有贝类外壳粉碎后制得的产物总称，主要成分为碳酸钙。蛋壳粉是蛋加工厂的废弃物，包括蛋壳、蛋膜、残留蛋液等混合物经干燥灭菌粉碎而得，优质蛋壳粉含钙可达 34% 以上。一般来说，碳酸钙颗粒越细，吸收率越好。目前还有相当一部分厂家用石粉作微量元素载体，其特点是松散性好，不吸水，成本低。

3. 磷

磷几乎存在于所有细胞中，为细胞生长和分化所必需。磷的生理功能在于参加骨的组成，且与能量代谢有关，调节血液酸碱度。

在饲料中常用到的含磷补充物有磷酸二氢钠、磷酸氢二钠。其中，磷酸二氢钠为白色粉末，含两个结晶水或无结晶水，含磷在 26% 以上。磷酸二氢钠水溶性好，生物利用率高，既含磷又含钠，适用于所有饲料，特别适用于液体饲料或鱼虾饲料。磷酸氢二钠为白色细粒状，无水磷酸氢二钠含磷为 21.82%。

另外，需要注意的是猪日粮中磷含量过高，会导致纤维性骨营养不良症。

五、禁用除中药外所有促生长类药物饲料添加剂

农业农村部第 194 号中规定，自 2020 年 1 月 1 日起，退出除中药外

的所有促生长类药物饲料添加剂品种，兽药生产企业停止生产、进口兽药代理商停止进口相应兽药产品，同时注销相应的兽药产品批准文号和进口兽药注册证书。此前已生产、进口的相应兽药产品只能流通至 2020 年 6 月 30 日。自 2020 年 7 月 1 日起，饲料生产企业停止生产含有促生长类药物饲料添加剂（中药类除外）的商品饲料。此前已生产的商品饲料可流通使用至 2020 年 12 月 31 日。同时，改变抗球虫和中药类药物饲料添加剂管理方式，不再核发"兽药添字"批准文号，改为"兽药字"批准文号，可在商品饲料和养殖过程中使用。

六、猪饲料常用的加工调制方法

猪饲料经过适当加工调制，可缩小容积，提高其适口性和营养价值，又能消除有毒物质。具体方法有以下几种。

1. 发芽

为解决早春青黄不接，满足种公猪及仔猪的维生素需要，原东北农学院实验农场利用大麦或小麦发芽喂猪，取得良好效果。

水浸：将麦类除去杂质，放于木桶内，用 25℃ 温水浸泡一昼夜，水面浸没表层，捞出浮于水面的瘪籽。

催芽：捞出浸泡的麦粒，装放木桶内，上面覆盖草袋，放置 20~25℃ 室温下一昼夜，依靠自热，促使发芽。

上盘：将催好芽的大麦和小麦装入方木盘内。每盘装 2.5 千克麦子，3~4 厘米厚，上盘后放于木架上，保持室温在 25~28℃ 范围。每小时向盘内均匀洒水 1 次，盘底要有 6~8 个小孔，经过 2~3 天发芽可长到 5~6 厘米高。

起盘：调制好的发芽饲料取下即可喂猪。必须彻底刷洗木盘，先用热碱水刷，后用清水冲洗，备下次发芽使用。

2. 打浆

打浆适用于各种青饲料、多汁饲料及各种青贮饲料。打浆的饲料猪喜欢吃，有利于消化吸收。打浆的设备很简单，一般把普通的锤式粉碎机筛板上的小筛眼改成直径 3~4 厘米的大筛眼，并在青料上洒水，趁湿打浆。也可用自制旋刀打浆机打浆。

使用方法：先向打浆池子倒入净水，水深为池子深度的 1/3，然后开动电动机，逐渐加入青料，随着水的流动流到刀片下，如此循回即将青料打成浆状。打成浆状后关闭电动机，将浆液取出即可喂猪。

3. 青贮

青贮是将新鲜可饲喂的青绿植物填装入青贮窖内，经过相当长的发酵过程制成一种优良饲料。在青料常年供应中占主要地位。

青贮能常年保存，扩大了饲料来源，随时供给猪只以青绿多汁饲料，填补冬季和青黄不接时青绿饲料的不足。

（1）青贮的原料　利用青玉米秸、南瓜、大头菜、白菜帮、胡萝卜、甜菜和薯类秧蔓、树叶等进行青贮，都取得良好效果。

青贮要有适宜的含水量。青贮原料水分过多，酪酸菌易于生长，常引起腐臭。过酸或水分流失，猪不爱吃；水分过少，压实不好，易透空气，适于霉菌的繁殖，可能霉烂。青贮原料适宜含水量为 70%～75%。含水少的可适量加水，水多的可晾晒一定时间后再进行青贮。

青贮原料应有较多的糖分，才适于乳酸菌的生长。青贮料中的乳酸，主要是由糖转化来的，所以原料必须含有一定的糖分，才能使乳酸菌迅速生长，这是获得品质好的青贮饲料的关键之一。一般青玉米秸、甜菜、向日葵、薯秧等都含有相当数量的糖分，含糖量一般不低于新鲜原料重量的 1%～1.5%。蛋白质多的植物不宜单贮，最好与含糖多的植物混合青贮。

（2）窖址选择　青贮窖要设在地势高燥、排水良好、地下水位低、土质结实、距离畜舍近的地方。窖形多用圆形，易踏实，损失少，一般口径直径 3 米，深 3 米。长方形窖四角不易踏实，损失较大，一般不常用。青贮窖的容积及青贮料量的计算：先求出青贮窖的容积，然后再乘青贮原料单位容积重量，就得出全窖青贮料的重量。窖壁要平滑、垂直，否则，会影响青贮料下沉，原料疏松易透气，影响青贮料的品质。地下水位高时，窖底距地下水位 50 厘米，以防窖底出水。

（3）调制步骤　玉米过早收割产量低，有霜害时，也可在乳熟期收割。豆科野草在现蕾期或开花初期收割，禾本科野草在抽穗期收割。各种树的嫩枝叶可在 7—8 月青贮。马铃薯秧在收获前 1～2 天进行青贮。南瓜充分成熟后进行青贮。胡萝卜缨、白菜帮在收获同时进行青贮。收割时应随时剔除干枯的玉米秸和有毒害的野草、野菜等。洒过杀虫药的原料，经过相当长时间才能进行青贮。① 原料的搬运和切碎：防止水分蒸发。收割的当日铡完，不堆积过夜。② 装窖：切碎的原料装入窖内时，随贮随踏实，踩踏时要特别注意周边及四角的地方，防止空气透入窖内。原料中水分少时逐层均匀加水，或与水分多的饲料混合青贮。水分过多时应加少量糠麸或干草粉，调节原料的含水量。当青贮窖装满时，要高出地面1.5米。贮完立即封窖，先盖一层厚10厘米左右的干净秸秆或青草，然后加30~40厘米厚的湿土。1~2天后再培一次土。以后要经常检查、培土，以防因下沉发生裂缝而进入空气。③ 开窖取用：青贮原料完成发酵过程后，即可开窖取用。禾本科青贮原料一般经40~50天后取用，豆科经60~70天取用。取用时先把覆盖土全部除去，然后，把秸秆及表层霉烂的青贮料取出扔掉，见到优良新鲜的青贮料时，一层一层取喂。切忌挖洞掏取青贮料。

第三节　饲料配方的设计与饲料的选择

一、配合饲料

（一）养猪生产中配合饲料需要多样搭配

饲料的多样搭配包括青、粗、精饲料的合理搭配，碳水化合物、蛋白质、矿物质和维生素饲料的合理搭配，以及同类饲料的多种搭配3个方面。总之，饲料中所含原料的品种越多，搭配的越合理，喂猪的效果越好。

就青、粗、精3种饲料来说，青绿多汁饲料的特点是含水分多、体积大、能量少，但适口性好、易于消化，且含有多种维生素、矿物质和质量较好的蛋白质，是猪的优良饲料；粗料的特点是体积大、含粗纤维较多、质地粗硬，猪吃多了不易消化，营养价值较低，但在饲料中少量搭配，可增大饲料体积，让猪有饱食感；精料的特点是体积小、营养价值高、易于消化，但矿物质、维生素缺乏。在这3种饲料中，如果单用某种饲料喂猪，易造成猪吃不饱或营养不足，或吃多了却还有饿的感觉，所以，只有把青、粗、精3种饲料合理搭配起来，才能保持饲料营养的平衡，才能提高饲料的适口性，让猪既吃饱又吃好，使饲料发挥最高的效率。

就碳水化合物、蛋白质、矿物质和维生素营养成分来说，这些都是猪所必需的营养物质，缺一不可。但几乎没有任何一种饲料原料能全部满足猪对以上营养物质的需要，虽然每种饲料原料都含有多种营养物质，但往往往是有些营养物质含量高，有些营养物质含量少，有些营养物质缺乏。若单纯用某种或某几种饲料原料来喂猪，不仅猪长不好，还浪费饲料。因此，必须根据各阶段猪的营养需要，实行多种饲料原料搭配和合理搭配。

就是在同一类饲料原料中，也必须实行多样配合。例如，同样是蛋白质补充饲料，各种饲料原料中的蛋白质品质也是不一样的。饲料原料的种类越多，蛋白质营养价值就越高。

因此，在养猪生产中，无论是青、粗、精各类饲料也好，蛋白质补充饲料也好，或其他添加剂饲料也好，都要实行多品种搭配，没有条件的要创造条件，争取饲料合理搭配。

怎样合理搭配饲料呢？我们进行饲料配合时除考虑多样搭配、营养全面外，还必须考虑饲料的体积、适口性及是否容易消化。

体积合适，就是说猪能吃得下、吃得饱。配合饲料时，如粗饲料过多，青饲料和精饲料过少，就会造成饲料体积大、营养少，猪的胃肠容积有限，吃不下那么多，营养就得不到满足。相反，如饲料中精料多、青料少、没有粗料，猪吃后可能营养够了，但达不到饱的感觉，猪会不安静，影响生长。

至于适口性和是否易消化的问题，这与配合饲料内粗纤维的含量有很大的关系。粗纤维含量过高，粗纤维木质化严重，不仅猪不爱吃，而且还会严重影响饲料的消化吸收。因此，在配合猪饲料时，应尽量设法多用青料少用粗料。若用粗料要品质好、花样多，劣质粗料应尽量少搭配，如稻谷壳、高粱壳、花生壳等，不仅粗纤维含量多，而且木质化程度高，适口性差，极难消化吸收，故应与其他优质粗料搭配起来进行粉碎后发酵喂猪。

(二) 配合饲料的种类

按照营养成分和用途不同，饲料可分为单一饲料、混合饲料、配合饲料、浓缩饲料和预混合饲料。如果按饲料形状分，可分为粉状饲料和颗粒饲料。

1. 全价配合饲料

该饲料能满足动物所需的全部营养，主要包括蛋白质、能量、矿物质、微量元素、维生素等物质。其产品可直接饲喂动物，无须再添加其他单体饲料。目前集约化饲养的蛋鸡、肉鸡、猪等畜禽及鱼、虾、鳗等水产动物，均是直接饲喂全价饲料。

2. 浓缩饲料

浓缩饲料又称蛋白质补充饲料，是由蛋白质饲料（鱼粉、豆粕、血粉等）、矿物质饲料（骨粉、石粉等）及添加剂预混料配制而成的配合饲料半成品。这种浓缩饲料再掺入一定比例的能量饲料（玉米、高粱、大麦等）就成为满足动物营养需要的全价饲料。

3. 添加剂预混饲料

是指用一种或多种微量的添加剂原料，与载体及稀释剂一起搅拌均匀的混合物。预混饲料便于使微量的原料均匀分散在大量的配合饲料中。添加剂预混料是配合饲料的半成品，可供配合饲料厂生产全价配合饲料或蛋白补充饲料用，也可以单独出售，但不能直接饲喂动物。

4. 超浓缩饲料

又称精料，是介于浓缩饲料与添加剂预混合料之间的一种饲料类型。其基本成分及组成是添加剂预混料，在此基础上又补充一些高蛋白饲料及具有特殊功能的一些饲料作为补充和稀释，一般在配合饲料中添加量为5%~10%。

5. 混合饲料

又称初级配合饲料，是向全价配合饲料过渡的一种饲料类型。混合饲料是由几种单一饲料，经过简单加工粉碎，混合在一起的饲料。其配比只考虑能量、蛋白质等几项主要营养指标，产品质量较差，营养不完善，但比单一饲料有很大改进。

（三）养猪要使用全价配合饲料

中小规模化猪场，饲料成本占65%以上，是养殖能否获得高效益的一个关键。现今的养殖场的饲料来源主要分为两种：一种是从配合饲料厂直接购买全价配合颗粒饲料，另一种是购买预混料，然后自己加上玉米粉、豆粕、麸皮等原料配制成的配合粉料。很多养殖户都有个疑惑，究竟哪一种料能够给自己带来最好的经济效益？

1. 从价值方面分析

一般饲料厂每吨全价颗粒料的利润为20~30元；预混料厂每吨预混料的利润约为800元，按4%的用量计算，每吨预混料可配出25吨粉料。而25吨全价粒料的利润为500~750元。两组数据一对比，粒料成品和利润还比不上粉料的其中一种成分"预混料"的利润。其次，饲料厂采购大宗原料如玉米、豆粕等都是几百吨、几千吨的量，而一般自配料户的采购量都是几吨、十几吨地进货，价格方面应该会比饲料厂要贵。单从配方成本方面分析，全价料要比粉料要低。

2. 从质量方面分析

饲料厂每进一种原料都要经过肉眼和化验室的严格化验，要每个指标均合格才能进厂使用，而一般的养猪户大部分都是凭感观或批发商提供的指标去进货，并无准确的化验数据。某公司曾经在市场抽取过几种豆粕样品，经化验室测试结果只有30%的蛋白质，未测前就连很有经验的采购员和仓管员都认为豆粕品质很好，结果大跌眼镜，更何况是一般的饲料店老板和普通养殖户？甚至有极少数原料供应商，有意或无意挑选一些超水分或发霉变质的玉米打粉或掺低价值的原料，如麸皮掺石粉、沸石粉、统糠等，而养猪户根本无法分辨。很多养猪户有这样的经历：用同一预混料，猪养得时好时坏，多数人都怀疑预混料不稳定，其实原因很大程度是出在所选的原料上。相反，绝大多数成熟的饲料厂和预混料厂都不会采用此类短期行为。

3. 从加工工艺及过程分析

养猪户自行配料时通常在猪舍旁的料仓进行，设备简陋及卫生条件差，场地及设备都极少清洁消毒，水分难以检测及控制，再加上基本都不添加防霉剂、脱霉剂等，极易引起变质，从而影响粉料质量，而全价料在保质方面比粉料要稳定得多。有些中小猪场的粉碎机、混合机等饲料生产设备比较落后，达不到饲料质量要求，甚至一些养猪户都是用手工搅拌，这样相比大型饲料厂的生产设备在粉碎粒度、混合均匀度上要差一些。用自配料的养猪户通常自己随意调整配方，在营养平衡方面肯定比不上专业配方师的水准，再加上原料来源不固定，经常出现缺少某种原料而被迫改用其他原料代替现象，如无麸皮改用米糠等，因此质量经常出现波动。另外，全价颗粒料经过高温熟化，一般的细菌都被杀死，对疾病方面的控制应比粉料好；而粉料粉尘较大，易引起猪的呼吸道疾病，未经熟化杀菌又易引起肠道疾病；而吸收利用率也会比粉料要高。用粉料的养猪户通常会认为用预混料，再通过自己采购原料，成本肯定要比购买全价低，从以上几方面分析，其实养殖成本要比全价料高，用自配料可说是平买贵用。

（四）全价配合饲料的选择

目前，国内全价配合饲料厂家非常多，在选择厂家时要考虑以下几个方面。

1. 看质量

养殖户在选择哪个品牌的饲料时，首先会考虑其产品质量。配合饲料厂家众多，产品质量也良莠不齐，首先应该考虑规模较大的配合饲料厂，大型配合饲料厂一般生产设备和生产工艺比较先进，产品质量从硬件上能够得到基本的保证。同时，大型饲料厂信誉度高，有着专业品控队伍，对质量要求比较严格，产品品质较好。

2. 看距离

因为全价配合饲料使用量大，饲料厂的生产量和销售量也大，这就存在一个生产及时且送货方便的问题，所以应该尽量选择在当地设厂的公司。如果饲料厂离养殖场距离太远，会造成运输成本增加，导致产品价格提高，或者同等价钱的饲料其质量要相对差一些，遇到紧急情况送货可能也不够及时。

3. 比价格和质量

养殖户一般都要求在保证产品质量的同时，价格越低越好，即要求饲料质优价廉，这其实存在一定的隐患，价格要求越低，其质量可能就得不到保证。因此，不能过分注重价格，更不能只使用最便宜的饲料。俗话说"一分钱，一分货"，一定要综合判断，在价格和质量上有所取舍。

4. 比服务

现在饲料厂不仅是在卖产品，更是在卖服务，因为在猪的饲养过程中，养殖户会遇到一些饲养技术问题或猪发病现象，因此一定要考虑饲料厂家的售后技术服务。饲料厂的专业技术服务是饲料产品最重要和最实用的一项附加值，好的服务就等于给养殖买了一份保险。选择饲料售后服务好、技术强的厂家，可以让饲料产品发挥最佳效果的同时，还能带来先进的生产理念和养殖技术，提高猪场的养殖技术水平，消除猪场对疾病的担忧，从而降低养殖风险和综合成本。因为饲料厂的销售人员一般对猪的价格都比较关注，他们交往的人员和联系的业务也较广，与饲料厂人员多沟通，也可以拓宽猪的销售渠道，让猪卖个好价钱，实现猪场效益最大化。

总之，选择哪个饲料厂家，最终看的是总体养殖效益，猪场可以对各个厂家的饲料进行饲养试验，在使用过程中留心观察猪的生长情况和发病情况，通过试验结果进行比较，最终选择性价比最高的厂家。

二、配合饲料的配方设计

（一）猪饲料配方设计中应注意的问题

配方设计是饲料生产的核心技术，也是动物营养学与饲养有机结合的结晶与媒介。饲料配方的设计水平不仅关系到企业的效益和形象，甚至关系到一个地区乃至整个国家饲料资源的合理利用与畜牧业生产的可持续发展。设计科学合理的饲料配方，不仅需要在微观、谨慎考虑养殖动物的营养需要、安全卫生，而且从宏观上还要考虑该地区乃至国家整体的饲料资源耗竭与不可逆转性的预防等生态效益问题。因此，只有把饲料配方的目标放在经济效益、社会效益与生态效益的结合点上，充分考虑品种、性别、日龄、体重、饲喂条件、饲喂方式等影响饲粮配制效果的因素，才能设计出具有合理利用同种饲料资源、提高产品质量、降低饲养成本的高质量饲料配方。

1. 注意灵活应用饲养标准，科学确定饲料配方的营养标准

饲养标准是指一定品种的健康畜禽在适宜的条件下，达到最优生产性能时，营养的最低需要量。它是对一定时期动物营养科研成果和畜牧业发展水平的总结，是配方设计的主要依据。但由于试验畜禽的品种、供试饲料品质、试验环境条件等因素的制约，导致饲养标准存在着明显的时间滞后性、静态性、地区性和最佳生产性能而非最佳经济效益的不足，加之由于各国和各地的饲养环境、条件、动物的品种、生产水平的差异，决定着饲养标准也只能是相对合理。如 1987 年我国瘦肉型猪营养标准规定仔猪赖氨酸/消化能的比为 0.5，1998 美国 NRE 为 0.81。以赖氨酸为 100%，中国和美国标准分别为：蛋氨酸+胱氨酸 65%、57%，苏氨酸 98%、65%，色氨酸 25%、18%，两个标准相差很大。同时，配方中营养指标的质量要求也在不断更新，如蛋白质指标从粗蛋白质含量演变为可消化蛋白质、氨基酸、可利用氨基酸，乃至真可利用氨基酸等深层次的内在质量。在矿物质微量元素方面，不仅要满足安全用量，同时还需要充分调配不同元素之间的拮抗规律；对一些含有有毒有害物质或抗营养因子的原料，还必须考虑其加工工艺对营养物质的破坏、毒素的残留等因素。因此，在饲料配方设计时不能生搬硬套饲养标准，要在国家标准允许的范围内，根据不同的饲喂对象，以动物试验的结果为依据，从以下四个方面灵活应用饲养

标准。

（1）不同的品种（基因型）选用不同的营养水平　猪的遗传基础，饲粮的养分含量和各养分之间的比例关系以及猪与饲粮因素的互作效应，都会对饲粮营养物质的利用产生影响。脂肪型、瘦肉型与兼用型猪之间对饲粮的干物质、能量和蛋白质消化率方面存在的显著差异已是不争的事实。一般认为，在相同的条件下，瘦肉型猪较肉脂型猪需要更多的蛋白质，三元杂交瘦肉型比二元杂交瘦肉型猪又需要更多的蛋白质。因此，配制猪的饲粮时，不仅要根据不同经济类型猪的饲养标准和所提供的饲料养分，而且要根据不同品种特有的生物特点、生产方向及生产性能，并参考形成该品种所提供的营养条件的历史，综合考虑不同品种的特性和饲粮原料的组成情况，对猪体和饲粮之间营养物质转化的数量关系，以及可能发生的变化做出估计后，科学地设计配方中养分的含量，使饲料所含养分得以更加充分利用。

（2）不同生产阶段选用不同的营养水平　猪在不同的生理阶段，对养分的需要量各有差异。虽然猪的饲养标准中已规定出各种猪的营养需要量，是配方设计的依据，但在配方设计时，既要在充分考虑到不同生理阶段的特殊养分需要，进行科学的阶段性配方，又一定要注意配合后饲料的适口性、体积和消化率等因素，以达到既提高饲料的利用率，又充分发挥猪的生产性能的效果。如早期断奶仔猪具有代谢旺盛、生长发育迅速、饲料利用率高的生理特点，但也处于消化器官容积小、消化机能不健全等特点，在配方设计时，既要考虑其营养需要，又要注意饲料的消化率、适口性、体积等因素。

（3）不同性别采用不同的营养水平　据美国 NCR-41 猪营养委员会进行的一项包括 9 个试验站的综合研究阉公猪和小母猪的蛋白质需要量的结果表明，日粮中蛋白质含量从 13% 提高到 16%，并不影响公猪增重和饲料利用率，胴体成分也未变化；而小母猪日粮中蛋白质含量从 13% 提高到 16%，增重和饲料利用率都有所提高，眼肌面积和瘦肉率呈线性下降。他们得出结论认为，当饲料中蛋白质含量最小为 16%，小母猪的各项生产性能达到最佳水平，而阉公猪日粮中蛋白质含量为 13%~14% 时，即可达最佳水平。

（4）不同的季节选用不同的营养水平　据报道，温度每升高 1℃ 的热应激，猪每天采食量下降约 40 克；若环境温度超出最佳温度 5~10℃，则每天采食量将下降 200~400 克。由于采食量的减少，导致营养不良，改变生化作用，使酶的活性和代谢过程发生紊乱，而影响了生产性能的表现。为此，不同的季节，应配制营养浓度不同的日粮，以满足其生理需要。对于炎热的夏季，为保证猪的营养需要，应注意调整饲料配方，增加营养浓度，特别是提高日粮中油脂、氨基酸、维生素和微量元素的含量，降低饲料的单位体积，并适当添加氯化钾、小苏打等电解质，以保证养分的供给，减缓其生产性能的下降。

2. 注意饲料原料的质量和可利用性

饲料产品质量的优劣，除决定于配制技术外，还决定于饲料原料的质量。为此，要设计配制高质量的饲料配方。在选用饲料原料时要注意下列问题。

(1) 原料的营养含量　我国幅员辽阔，地形复杂，土壤类型繁多，气候差异较大，即使是同一种饲料，由于产地、品种、加工方法和质量等级不同，其营养成分含量也有差异。如同是玉米，产地、品种、等级不同，它们中的粗蛋白质、粗纤维、粗脂肪的含量也千差万别。要选用效价高、稳定性好、剂型符合配合饲料生产要求的产品使用，因此，配方设计时一定注意原料养分含量的取值，尽量让原料的营养含量取值相对合理或接近，使配制的饲料达到既能充分满足猪的生理需要，又能生产出符合产品质量标准，同时也不浪费饲料原料的要求。

(2) 饲料原料的消化率与体积　由于饲料原料种类、来源、加工方法等属性不同，总营养成分中能被动物消化利用的程度差异较大。同时，日粮的体积也要合适，过大不仅使消化道负担加重，影响饲料的消化吸收，而且由于体积过大，导致猪食后的营养不足，影响其生长发育。尤其是在选用低成本的原料进行营养替代时，更要注意不同营养物质的适宜比例与消化率等因素，不能只顾营养物质含量的平衡进行替代，而忽视了替代物的体积与消化率。因此，选用原料设计配方时，要注意饲料的消化率和体积，做到配方营养平衡、消化率高和体积又适中，以使所配饲料能达到预期效果。

(3) 原料的适口性　猪采食量的多少，主要受猪的体重、性别和健康状态、环境温度和饲料品质与养分浓度等因素的影响。而对于健康猪群，饲料的适口性则是决定猪采食量多少的主要因素。因此，在考虑饲料的营养价值、消化率、价格因素的基础上，要尽量选用适口性好的饲料原料，以保证所配饲料能使猪足量采食。

（4）原料营养成分之间适宜配比　营养物质之间的相互关系，可以归纳为协同作用和拮抗作用两个方面。具有协同作用就能使饲料营养的利用率提高，改善饲料报酬，降低饲养成本。不合理的配比或具有拮抗作用，就会降低使用效果，甚至产生副作用。有条件的企业最好能进行试验研究或根据积累的饲养经验修订配方设计标准。

（5）饲料原料的可利用性　配方设计应从经济、实用的原则出发，尽可能考虑利用当地便于采购的饲料原料，找出最佳替代原料，实现有限资源的最佳分配和多种物质的互补作用。

3. 注意正确限制配方中养分的最低限量与最小超量

按照饲养标准中规定的猪营养需要量平均值的最低需要量设计配方，由于原料的质量差异和加工方面的因素，产品中的某些养分指标不一定能够满足猪的实际需要量和配合饲料质量标准中规定的营养指标的最低保证值，必须超量添加一部分来满足猪的实际营养需要和饲料质量标准中规定的要求，这个超量称为最小超量。它是根据原料的质量情况和加工因素，是产品营养指标的实测值与饲料质量标准中营养指标的最低保证值之差。因此，正确限制配方中养分的最低含量和最小超量，既是有效控制和降低配方成本的有效措施，也是保证饲料产品合格的重要措施。

4. 注意饲料的安全性和合法性

饲料是动物的粮食，也是人类的间接食品，还是影响生态环境的重要因素。因而饲料安全问题不仅会产生经济问题，也会引发严肃的政治问题，是影响一个地区和国家经济发展、人民健康和社会稳定的大事。因此，配方设计必须遵循国家的《中华人民共和国产品质量法》《饲料和饲料添加制管理条例》《兽药管理条例》《饲料标签》《饲料卫生标准》《饲料药物添加剂使用规范》《禁止在饲料和动物饮用水中使用的药物品种目录》等有关饲料生产的法律法规，绝不违禁违规使用药物添加剂，不超量使用微量元素和有毒有害原料，正确使用允许使用的饲料原料和添加剂，确保饲料产品的安全性和合法性。

（二）饲料配方中较成熟的先进技术

优化配方成本设计，就是根据可供选用的饲料原料的种类、数量、价格以及原料的质量，在遵循饲养标准和保证产品质量的条件下，应用先进技术，进行最佳配方的比例筛选，以降低饲料成本，提高饲料的使用效果，达到最低成本饲料配方设计的总目标。因此，在遵循日粮中粗蛋白质、氨基酸、电解质、钙磷和脂肪酸平衡的原则下，目前，可应用于饲料配方中较成熟的先进技术主要有以下几项。

1. 以理想蛋白质模式理论为基础设计配方

理想蛋白质模式理论是对蛋白质的氨基酸营养价值和动物对氨基酸需要量两方面研究的结晶。以理想蛋白质模式为基础，补充合成氨基酸进行日粮配方设计，在不影响猪的生产性能的同时，可节省天然蛋白质饲料资源，减少粪尿中氨的排泄量，减轻集约化畜牧业生产对环境的氨污染问题，据报道，在不影响猪的生产性能的前提下，日粮中添加赖氨酸，可使断奶仔猪（10~20千克）日粮蛋白质水平从18%降低到16%，再添加色氨酸，可进一步从16%下降到14%。生长猪（20~50千克）日粮蛋白水平16%降到14%和14%下降到12%；粗蛋白质为10%的育肥猪日粮中添加赖氨酸和色氨酸后，生长效果与粗蛋白质为13%的日粮没有差异。

2. 组合应用非营养性添加剂

众多试验与应用效果证实，益生素、酶制剂、酸化剂、低聚糖、抗生素等饲料添加剂，不仅单独添加对提高饲料利用率、促进动物生产性能的充分发挥有良好的作用，而且它们之间科学组合使用具有加性效果，是目前国内外提高养殖经济效益采用的一种有效、经济和简捷的途径。据报道，在28日龄断奶猪基础日粮加0.15%的酸化剂和0.1%的酶制剂，可提高日增重18.61%，饲料利用率提高13.5%，腹泻率降低28.58个百分点，降低料肉比10.9%。

3. 应用小肽的营养理论指导饲料配方

传统的观点一直认为动物采食的蛋白质，在消化道内蛋白酶和肽酶的作用下降解为游离氨基酸后才能被动物直接吸收利用。但在许多的试验中，人们发现动物对饲料各种氨基酸的利用程度不完全受单一限制氨基酸水平的影响，按照蛋白质降解为游离氨基酸的理论使氨基酸纯合日粮或低蛋白平衡氨基酸日粮，动物并不能达到最佳生产性能。随着人们对蛋白质消化吸收及其代谢规律研究的不断深入，人们发现蛋白质降解产生的小肽（二肽、三肽）和游离氨基酸一样也能够被吸收，而且小肽比游离氨基酸具有吸收速度快、耗能低、吸收率高等优势。据报道，在仔猪饲粮中添加富肽制剂，可使饲料转化率提高11.06%，提高仔猪重12.93%，腹泻率降低60%，经济效益提高15.63%。

4. 应用配方软件技术提高配方设计的科学性和准确性

计算机配方软件技术由初等代数上升为高等教学，主要是应用运筹学的各种规划方法，使配方设计由单纯的配合走向配合与筛选结合，能够较全面地考虑营养、成本和效益，克服了手工配方的缺点，为配方调整、经济分析和采购决策提供大量的参考信息，大大提高配方设计效率，实现成本最小化、收益最大化的目标。

（三）饲料配方设计应遵循的原则

1. 必须以猪的饲养标准中的各项营养指标规定为基础

饲养标准是通过实验总结出来而制定的，标准规定的各项指标需要量可作为配合日粮的基础。

2. 必须适应猪的消化生理特点

不同年龄的育肥猪其消化器官的发育有所不同，特别是单胃动物，对粗纤维消化力很低，应选择粗纤维含量低的饲料。幼猪代谢旺盛，消化器官又不发达，所以需要更精一点的饲料和添加酶制剂来促进消化。

3. 必须考虑日粮体积和猪的食量

一般每 100 千克体重，每日需干物质 2.5~4 千克，所以配合日粮应注意干物质含量。

4. 注意日粮适口性

5. 注意日粮的经济性

6. 注意日粮的多样性

7. 注意精、粗饲料合理比例

小猪的粗纤维含量不超过 7%，中、大猪不大于 12%。

8. 注意日粮中能量和粗蛋白质的含量

育肥猪日粮中每千克应含能量 2.8~3 兆卡，粗蛋白质为 12%~16%。三元杂交猪则应该为 3.1 兆卡/千克左右，粗蛋白质应该为 14%~18%，都是幼猪取大值，大猪取小值。

（四）猪饲料的配合方法

举下列例子说明猪饲料的配合方法。

某养猪户现有玉米粉、麦麸、木薯粉、统糠、鱼粉、花生饼、骨粉、钙粉、食盐等，拟配合一个 60~70 千克二元杂交肥育猪日粮。

第一步：查表 50~90 千克二元杂交肥育猪的饲料标准为消化能 2 900

大卡/千克，粗蛋白质为 13.6%、钙 0.4%、磷 0.35%、食盐 0.5%、粗纤维 8%（三元杂交猪要求更高）。

第二步：从饲料营养成分（表 3-1）中查出各营养成分。

表 3-1 现有饲料原料中的营养成分

饲料	数量（千克）	消化能（大卡）	粗蛋白质（%）	粗纤维（%）	钙（%）	磷（%）
玉米粉	1				0.04	0.21
木薯粉	1	3 500	8.5	2.00	0.07	0.05
麦麸	1	3 440	3.7	2.40	0.22	1.05
统糠	1	2 627	13.7	6.8	0.12	0.44
花生饼	1	1 040	5.8	30.9	0.32	0.59
鱼粉	1	3 412	43.8	5.8	3.91	2.9
骨粉	1	3 310	65.0	0	48.79	4.06
石粉	1				37.0	0.02

第三步：按能量或饲料比例分配营养进行初步搭配，一般分配营养原则，其中能量料占 50%~60%，蛋白质料占 15%~30%，糠麸类占 15%~25%，这是经验，这个经验一定要牢记，进行试配是大有好处的。当然，试配首先考虑的先是粗蛋白质含量和能量的含量，其他以后再考虑。试配日粮如表 3-2 所示。

表 3-2 按配方比例进行试配

饲料	配方比例（%）	消化能（大卡）	粗蛋白质（%）	钙（%）	磷（%）
玉米	45	3 500×45%=1 575	8.5×45%=3.82	0.04×45%=0.018	0.21×45%=0.094 5
木薯粉	10	3 440×10%=344	3.7×10%=0.37	0.07×10%=0.007	0.05×10%=0.000 5
花生饼	10	3 412×10%=341	43.8×10%=4.38	0.32×10%=0.032	0.59×10%=0.059
统糠	20	1 014×20%=208	5.8×20%=1.16	0.12×20%=0.024	0.44×20%=0.088
麦麸	10	2 627×10%=263	13.7×10%=1.37	0.22×10%=0.022	1.05×10%=0.105
鱼粉	5	3 310×5%=166	65×5%=3.25	3.91×5%=0.196	2.9×5%=0.145
合计	100	2 897	14.34%	0.299	0.492

另外，算得试配日粮的粗纤维为 8.4%，赖氨酸含量 0.55%。

第四步：试配日粮成分与标准进行比较，如表 3-3 所示。

表 3-3　试配日粮成分与标准比较

	消化能 （大卡）	粗蛋白质 （%）	钙 （%）	磷 （%）	粗纤维 （%）	赖氨酸 （%）	食盐 （%）
标　准	2 900	13.6	0.44	0.35	8	0.59	0.5
试配日粮	2 897	14.34	0.299	0.492 （有效磷只有 0.325%）	8.4	0.55	未加
相差	-3	+0.74	-0.141	+0.142	+0.40	-0.04	-0.5

通过比较发现试配日粮消化能少 3 大卡，粗蛋白质多 0.74%，均不超过 5% 范围，一般不需要进一步调整。但是钙少 0.141%，磷多 0.142%，钙磷比例极不合理，所以，需要补充一些钙制剂。同时，由于磷含量在上述饲料原料中的植物原料中有一半以上是以植酸态磷形式存在，不能被动物消化吸收，实际上只能算一半（这是个估计原则，即植物饲料中的磷含量一般只能算一半），所以，除去鱼粉中的磷含量可以吸收（为 0.145%），其他的 0.347% 只能算一半，为 0.18%，加起来有效磷只有 0.325%。

补充钙可以使用磷酸氢钙 0.8% 左右，即可以满足钙和磷的需要和比例合理等要求。一般如果是无鱼粉配方，一般需要添加磷酸氢钙 1%~1.2%。

另外，赖氨酸的缺少超过了 5%，所以，最好补充赖氨酸 0.05% 左右。

食盐则考虑到原料中已含有部分钠和氯，所以，只需要添加 0.35% 左右。

另外，再补充维生素和微量元素预混料，这里建议使用金赛维和百日出栏。

所以，最后的配方是：玉米粉 43%、麦麸 10%、木薯粉 10%、统糠 20%、鱼粉 5%、花生饼 10%、磷酸氢钙粉 0.8%、食盐 0.35%，复合维生素适量，百日出栏适量，后两者按说明书用量使用。

确定日粮喂量的方法。

① 每天喂量（千克）= 每天每头采食能量总量（兆卡）/每千克混合料含能量（兆卡）

② 按猪的体重计算喂量 = 实际体重×系数，系数为小猪 0.06~0.07，

中猪0.04~0.05，大猪0.03~0.04。这套系数也要牢记住，即猪的采食量系数（表3-4）。

表3-4　按猪的体重计算喂料量

体重（千克）	按体重（%）	喂量（千克）
15~20	7	1.25
21~30	6	1.75
31~45	5	2.25
46~60	4	2.75
61~75	3.5	2.90
76~100	3.0	3.0

（五）以一个标准猪饲料配方为参照配方的设计方法

以一个最为常用的标准的猪饲料配方作为参照物，再应用于使用其他饲料原料时的设计方案，即用其他饲料原料来考虑替代标准配方中的某些原料的方法。

标准猪饲料配方以最常用的玉米-豆粕-鱼粉-糠麸型日粮配方为准。

小猪（10~20千克）配方：玉米粉57%、豆粕20%、鱼粉5%、米糠或麦麸15%、磷酸氢钙1%、贝壳粉0.5%、食盐0.35%、预混料（含微量元素、维生素、非营养性添加剂等）1%。此配方粗蛋白质18.4%、消化能3 230大卡/千克、粗纤维3.5%、钙0.73%、磷0.682%、赖氨酸0.92%，各项指标均满足小猪的日粮营养需要，而且并不偏太高，是比较标准的小猪饲料营养配方。

中猪（20~60千克）配方：玉米粉62%、豆粕20%、米糠或麦麸15%、磷酸氢钙1.2%、贝壳粉0.8%、食盐0.35%、预混料（含微量元素、维生素、非营养性添加剂等）1%。此配方粗蛋白质16%、消化能3 180大卡/千克、粗纤维3.8%、钙0.656%、磷0.577%、赖氨酸0.74%，各项指标均能满足中猪的日粮营养需要，而且并不偏太高，是比较标准的中猪饲料营养配方。但由于去掉了鱼粉后，赖氨酸含量下降比较多，比饲养标准要求的0.75%少了0.01%，但相关不大，可以忽略。

大猪（60~90千克及以上）配方：玉米粉70%、豆粕15%、米糠或麦麸12%、磷酸氢钙1.0%、贝壳粉0.8%、食盐0.35%、预混料（含微量元素、维生素、非营养性添加剂等）1%。此配方粗蛋白质14%、消化能3 240大卡/千克、粗纤维3.7%、钙0.60%、磷0.535%、赖氨酸0.65%，各项指标均能满足大猪的日粮营养需要，而且并不偏太高，是比较标准的大猪饲料营养配方。但赖氨酸与饲养标准的0.63%只多0.02%。

以上是标准经典配方，如果您自己自有的饲料原料不是上述原料，可以进行对比参照，加减和补充添加剂的方法来调整设计，需要注意以下几点。① 上述标准配方中，大猪配方中的赖氨酸已到了饲养标准的边缘，如果用赖氨酸含量更低的原料来代替上述配方中的原料，则需要补充赖氨酸了，如使用30%的发酵豆渣来代替上述配方中15%的豆粕和15%的玉米粉，则由于豆渣中的赖氨酸只有1.6%，比豆粕中的2.5%少了0.9%，比玉米粉中的0.3%又多了1.3%，最后算出赖氨酸少了0.18%，所以，您需要补充赖氨酸0.15%，而对于上述小猪标准配方来说，由于上面的配方中赖氨酸已经比饲养标准多了0.14%，则不存在这个问题。② 发酵饲料中添加了磷酸氢钙的，则在使用这种发酵饲料时，需要在上述标准配方中减少相应的磷酸氢钙用量。③ 特别注意玉米粉中的钙含量为0.03%左右，基本上可以忽略，磷为0.25%，赖氨酸含量为0.25%左右，消化能为3 450大卡/千克，粗蛋白质8.5%，因为玉米粉在配方中用量最大，所以，在以上面配方为参照时，要心中牢记玉米粉的这几个参数。④ 上述配方中的能量都比较高，较饲养标准高许多，特别是大猪配方高了140大卡/千克，所以，可以适当用一些低能量的饲料代替一部分玉米粉，如上面举例的发酵豆渣代替了15%的玉米粉，仍然符合饲养标准。⑤ 如果您自己的原料实在营养价值太低，也不要紧，只要记住能量蛋白比就可以，能量蛋白比的概念是每千克饲料中含有的消化能（大卡或千卡）与每千克饲料中蛋白质克数的比值，如小猪饲料标准中要求的消化能是3 310大卡/千克，要求的日粮蛋白质含量为190克/千克（19%），所以，能量蛋白比要求为17.4，取整数18，相应地，中猪能量蛋白比应为19，大猪能量蛋白比为22，越大的猪由于基础代谢旺盛，体重增多，长肥肉比例增加，所以，需要的能量越多，能量蛋白比越高，如果所用的饲料原料营养价值太低，也不要紧，但要符合能量蛋白比就可以。举例说明，所用的饲料原料为木薯渣和统糠粉混合物，配制中猪饲料，只能配制到能量2 500大卡/千克，则相应地蛋白质含量也配制到2 500÷19＝132克/千克的蛋白质含量就可以，即13.2%就可以，不必像饲养标准那样达到16%。猪在采食时会根据能量需要适当增加采食量，以满足日粮营养需要，反之，如果饲料达到了饲养标准那么高的能量（中猪是3 100大卡/千克），则蛋白质含量也要达到16%，猪也不会采食那么多了。公式：饲料能量蛋白比=饲料消化能（大卡/千克或千卡/千克）÷蛋白质含量（克/千克），注意蛋白含量单位不是（%），而是（克/千克）。⑥有时，尽管能量蛋白比符合要求，但营养也不能太低，举例说明，如果所用的饲料原料大多为秸秆发酵料，用量用到30%以上，则可能消化能只有2 000大卡，尽管能量蛋白比合理，中猪的蛋白质也配制到了2 000÷19＝105克/千克（10%含量），但根据猪的采食量要求，采食量=猪每日需要摄入的消化能总值÷饲料中的能量含量，从饲养标准中查得40千克的中猪每日需要摄入能量为5 610大卡，则需要采食这种饲料为2.85千克，但是40千克的中猪是很难吃下近3千克饲料的，肚子撑很大，但影响消化，体型形成草腹。所以，饲料中最低能量值应不小于2 500大卡/千克。

上述标准配方中，还可以采用菜粕、棉粕、花生饼、芝麻饼、豆渣发酵料及其他蛋白质原料来代替其中的部分豆粕，也可以采用薯干粉、大小麦粉、高粱粉、啤酒糟发酵料、木薯渣发酵料等其他能量饲料来代替其中部分的玉米粉、麦麸、米糠等能量饲料等，注意根据不同原料的特点，进行赖氨酸、钙磷含量和比例、能量蛋白比等的调整。

（六）生猪饲料配方技术的最新进展

生猪饲料配方技术所取得的最新进展付诸生产实践，将能够在不影响饲料质量或生长性能的情况下，大幅度降低饲料成本。

养猪业正在经历一个长期的困难时期。饲料价格昂贵，难以获得银行信贷，猪肉价格总是偏低，涉及的法规条款不断增多，需要不断投资新设备和管理设施。艰难时期需要非比寻常的严格措施，现在是对每个猪场的营养方案重新进行精确评估以节约成本的最佳时机。

这意味着要对猪饲料配方的设计原则重新加以考量。仅有一个计算机配方程序和程序操作员是不够的。对于这些非常关键的因素，应对比正确选择的参数值，以确保制定出真正的最低成本配方。而且，这些参数的确定还需要依靠经验丰富的营养学专业人员。

1. 最佳的能量管理体系

在世界大多数地区，猪饲料的配方是采用代谢能（ME）系统。但是，例如在英国消化能系统仍然受到青睐，而在丹麦采用的则是经验性的本地饲料单位系统。这些都是很完美的能量管理体系，问题在于，一旦饲料配方离开常见的谷物（玉米）以及众所周知的植物蛋白源（大豆），就可能产生严重影响。原因是这些系统没有正确评估富含纤维或蛋白的副产品。这个问题已经通过净能（NE）系统解决了，并且净能系统也已为行业广泛了解，只是实际应用的仍然很少。

让我们来看看表3-5中的数据。很明显，对于玉米和小麦这样的常规原料，将其 ME 转化为 NE 时，数值之间差异不大，因此基于这些原料制定饲料配方时，不管采用哪种系统，差异都是很小的。然而，当使用非常规原料时，差异就会非常显著。油菜籽是最明显的例子，就能量而言不如麦麸。NE 系统的另一个优点是对于生长猪和育种猪（母猪和公猪）可以分别采用不同能量值。ME 系统忽略了大肠中发酵产生的能量，如果饲料原料确定用于育种动物，NE 系统能够确定更加准确的 NE（净能）值。换句话说，基于 NE 系统制定的母猪饲料配方更经济。

表3-5　常用饲料原料的能值

饲料原料	代谢能（兆焦/千克）	净能（千焦/千克）	代谢能/净能（%）
玉米	13.9	11.1	125
小麦	13.4	10.5	128
豌豆	13.2	9.7	136
菜籽粕	10.6	6.3	168
麦麸	8.8	6.3	140

注：法国农业科学研究院（INRA）饲料原料组成和营养值2014年数据表。

2. 最经济的蛋白源

蛋白质，也就是氨基酸，是猪饲料中成本第二高的营养成分，仅次于能量。因此，在制定最低成本饲料配方时，用正确的形式描述其在饲料中的存在至关重要。如果采用氨基酸总量的方式，那就需要一个粗蛋白质浓度的最小值以确保饲料中含有足够的氨基酸总量。然而，采用可消化氨基酸（强烈推荐标准化的真实消化率），即不再需要保证最低蛋白值，因为配方已经覆盖了所有必需氨基酸。这样就可以在最低成本的基础上进行饲料配制，有效利用更廉价的蛋白源，更多使用合成氨基酸。

这里要强调的是，公开发表的数据中有各种可消化氨基酸的参考值，其中一些是推导值，而另一些则是基于科学试验。应注意选择正确的数据图表来应用，一个方向性的轻微偏差就有可能抵消这一措施所产生的效益。

3. 乳糖替代品

乳糖在仔猪料中非常重要，但也并非不可或缺。可以使用其他具有同等效用的单糖替代乳糖。因此必须使用术语乳糖等价物。含有单糖的原料现在可以满足乳糖等价物的需求，并且成本往往还能降低。这些原料包括蔗糖（食糖）、果糖、高果糖玉米糖浆、葡萄糖和麦芽糖糊精。谷物经处理有可能也可以部分满足这一需要，这有待于进一步研究。

4. 可消化磷与总磷

这是第三种最昂贵的营养成分。用总磷来描述饲料中的磷浓度非常不准确，容易导致添加过量。

例如，猪只仅能利用谷物中总磷的1/3，却能够利用动物蛋白中高达2/3的总磷。相对于标准来源（磷酸钠）来说，用有效磷来描述某原料的含磷量更准确，这一术语在家禽营养学上的应用已经非常广泛。不过，这一概念已经被更为精确的可消化磷超越了，原因无须进一步解释。对于养殖动物所能够获得的磷的量值，可消化磷提供了清晰的描述。当然，我们可以将概念更进一步升级为代谢净磷，但对于当前的行业尚没有这个必要。

5. 维生素和微量矿物质

微小的变化即能大幅度降低饲料成本，这是营养学的重要研究课题。在这一点上，重要的不是营养成分的描述形式，而是其实际浓度，换言之，猪只需要多少单位的维生素。而当使用有机微量矿物质时，因其利用率更高，可以降低总体饲料的配方水平。

不同来源维生素的利用率差异是很大的，在制定预混料配方时应将这点考虑在内。例如，猪是完全不能吸收氧化铜的，但是在低成本的维生素和微量元素预混料中可能仍然含有氧化铜，因为它是铜的最便宜的来源。自然，实际生产中猪只并不常缺乏铜元素，因为天然原料（玉米、小麦、豆粕等）中的铜含量通常都很充足，甚至经常超出要求，但是如果采用非常规原料，情况就可能不同了。

6. 待开发的纤维素

纤维素在大多数的饲料配方中都是不受欢迎的，因为它降低了能量密度和饲料消化率。然而，某些纤维素具有改善动物胃肠道健康的有益功能。对于如何准确描述饲料中的纤维素，目前还没有一致的结论。因此，在实际生产中，"粗纤维"仍然是评估猪饲料原料的基础。

还存在其他复杂的形式，但是许多猪饲料原料的价值还有待确定。最重要的是，纤维素在猪饲料配方中的配比规格（最大值和最小值），除了粗纤维之外，目前还难以找到可靠的参考值。考虑到实际生产情况，这意味着粗纤维仍是当下最好的选择。涉及功能性纤维素，可靠信息还很匮乏。

7. 营养标准

对于以上营养成分，通常是依据政府机构制定的标准来设定目标值。尽管这些范例提供了一个很好的基准点，但仍需根据猪只的实际情况进行必要调整。因为这些在通常情况下所得出的图表数值，并不是任何情况都适用。制定最终饲料配方时，应将猪只的实际生产性能作为首要考虑因素。这样可以确保最低的饲料成本和最佳的动物生产性能。

这一目标可以通过以下方式来实现，包括：试错试验、营养挑战试验，或应用生长猪模型。价格便宜的饲料并不一定意味着品质低劣。因此，在制定猪饲料配方时应使用正确的工具（参数和数值），在保证动物生产性能的同时降低饲料成本。饲料生产商应通过营养学专业人员了解最新、最先进的配方决策技术，在当前饲料成本占总生产成本60%~80%的现实情况下，配方技术的微小突破就可能带来显著效益。

三、饲料的选择

（一）选择适合自身养殖规模需要的饲料

饲料如果按营养成分和用途分类，一般可分为单一饲料、混合饲料、配合饲料、浓缩饲料和预混合饲料。如果按饲料形状分类，可分为粉状饲料和颗粒饲料。

在生产实际中配合饲料的种类很多，每一种饲料都有自己特殊的要求和用途。所以首先要对它们有所了解才能更好地进行选择。

全价配合饲料能满足畜禽所需要的全部营养，是由能量饲料、蛋白质饲料、矿物质饲料、维生素、氨基酸及微量元素添加剂等，按规定的饲养标准配合而成的，是一种质量较好，营养全面、平衡的饲料。这类饲料可以直接喂畜禽。如果养殖场主要用于育种、孵化，可选择可靠的饲料厂家，购买其全价饲料。

最好的浓缩料或预混料应该是最适合自己猪场猪群的、最经济合算的、最方便的，而且质量是稳定的、信任的、不留后遗症的饲料。可以是有牌子的也可以是无牌子的（自己加工研制的）。具体地说，首先要看饲料生产厂家的技术力量。优质饲料是用优质原料，配以科学的饲料配方和先进加工工艺加工生产的。而优质原料的采购与检测、科学的饲料配方水平和先进的加工工艺都与技术力量息息相关。由于饲料配方不科学或加工工艺不当，维生素 A 缺乏引起种公猪精液品质下降而直接影响母猪产仔率、成活率等。

其次，要看饲料生产厂家的售后服务。饲料生产厂家的售后服务包括对他们所生产饲料的养猪效益和由饲料本身引起的问题负责。有的厂家还能对由非饲料因素引起的猪病提供义务咨询诊断，如当猪群暴发弓形体病时，厂家可生产添加有磺胺药和乙胺嘧啶的饲料供猪场全群防治；又如对仔猪黄白痢严重的猪场，也可通过添加某些药物于哺乳母猪饲料中作为此类疾病综合性防治措施的一部分。

最后，要看饲料养猪的生产效果。被选购饲料质量的好坏，在养猪生产实践中可以进行检验。优质饲料在良好的饲养管理条件下，猪的生长速度可以达到预期的日增重，料重比保持在（2.8~3.2）：1 的水平。且不引起生长育肥猪发生营养代谢和中毒性疾病，肉猪不因残留药物或违禁药品而找不到销路；饲喂种猪的饲料，不因营养因素和某种毒素或药物而引起繁殖障碍。在养猪效益上，应该等于或高于同类、同规模猪场的水平。

（二）自配饲料与成品饲料的选择

规模化猪场自配饲料是一种切实可行的办法。但在配制时，要充分考虑各种营养以及营养的平衡。规模化猪场饲养的外三元杂交猪是公认的瘦肉型猪，其日粮的粗纤维水平不可过高，一般生长育肥猪为 3%~4%，能量饲料主要以玉米、麦麸，蛋白饲料主要以豆粕、鱼粉等粗纤维含量低的原料配制日粮。不可过多地利用米糠、稻谷等粗纤维含量高的原料。纯外三元杂交猪的瘦肉率一般都在 60% 以上，瘦肉组织中的蛋白比例高。要充分发挥瘦肉型猪合成肌肉组织的遗传潜能，在营养上，就必须通过日粮提供足够的粗蛋白质。瘦肉型猪在 15~30 千克体重阶段日粮蛋白水平为 17.5%，30~60 千克体重阶段为 16.5%，60 千克体重至出栏为 15%。日粮蛋白的营养实际上是氨基酸的营养，在瘦肉型猪日粮中氨基酸的平衡与供给量尤为重要，实际饲料配制往往需在日粮中额外添加赖氨酸 0.1%~0.15%，蛋氨酸 0.05%~0.08%。

规模化猪场猪群密度高，且离土饲养（通常为水泥地面），缺乏日光照射和青饲料供应，又以高蛋白和高能量营养水平的日粮喂养，加之瘦肉型猪生长速度快，日增重高达 0.8 千克以上，故日粮中维生素、矿物质及微量元素的浓度需要相应提高。否则，因日粮营养水平的不平衡可导致饲料中某些养分的浪费或相对缺乏。现在众多的规模化猪场已从生产实践中认识到使用浓缩料、预混料的诸多益处。值得指出的是，一些用量甚微、过量即引起中毒的药物，如亚硒酸钠等，自行配料依靠人工拌入饲料是难以达到均匀的，而饲料生产厂家即可做到这一点。

因此，要根据自身情况决定是自配饲料，还是购买饲料。并着重从以下 3 个方面考虑。

1. 是否具备相关设备

为了确保各种原料混合均匀，需要保证原料粉碎粒度和混合的均匀度。对于颗粒大而用量少的原料来说，需要先经过细微粉碎后与相应载体或稀释剂预混合，然后再与用量大的原料混合，最终获得全价配合饲料。可见，从无到有的配制全价饲料需要很多机械设备和操作步骤，这对于中小规模的养猪场来说是很难实现的。如果采用已经配制好的预混料或者浓缩料，则问题大大简化，用户只需要按照一定的比例将预混料与粉碎好的蛋白质饲料、能量饲料混合均匀即可。如果购买浓缩料，则只需使用简单设备将粉碎好的能量饲料如玉米与之混合均匀获得全价配合饲料。

2. 如何保证饲料品质

对于大规模的饲料生产厂家来说，饲料配制过程中的每一个环节都有相应的品质控制程序，以保证最终获得的饲料营养成分可靠。这不仅涉及粉碎粒度、混合均匀度，还与饲料原料的品质、加工工艺等有关。对于常规饲料原料如玉米来说，养殖户可以按照常规营养成分含量来配制饲料，而对于营养成分含量变化大的饲料原料来说，一定要慎重。如果采用合适的预混料或者浓缩料，则品质控制简单化，只需考虑能量饲料原料和蛋白质饲料原料的质量和混合效果，比较适合中小规模的养殖户。

3. 考虑饲料成本问题

自己配制可以采用一些适合自身条件的饲料原料，如农副产品，同时节省部分加工费用，可有效降低养殖成本，也是自己配制饲料的优势所在。对于大型的养殖场户来说，根据自己的饲料资源特色，充分发挥自身优势，降低养殖成本，自己配制饲料是切实可行的。而对于小型养殖场户来说，则可以采取两者结合的办法，一方面利用饲料生产商的规模效应，采用价廉物美的成品全价配合饲料；另一方面则利用自己的农副产品，适当地减少对全价配合饲料的购买，降低成本。

（三）浓缩料的选择与使用

1. 浓缩饲料的选择

目前，我国生产的浓缩饲料品种不少，质量也有差别，有的甚至是不合格的伪劣产品。因此，一定要选购产品质量可靠的厂家生产的浓缩饲料。同时应根据猪的品种、用途、生长阶段等选购相应的产品，不能把其他动物用的浓缩饲料用于猪，也不能把种猪的浓缩饲料用于生长育肥猪。

根据国家对饲料产品质量监督管理的要求，几质量可靠的合格浓缩饲料，必须要有产品标签、说明书、合格证和注册商标。只有掌握这些基本知识，才不会上当受骗。此外，一次购买的数量不宜过多，以保证其新鲜度和适口性。

2. 浓缩饲料不能直接饲喂

浓缩饲料是由蛋白质饲料、矿物质饲料、微量元素、维生素、氨基酸和非营养性添加剂按一定比例配制而成的均匀混合物，再与一定比例的能量饲料配合，即成为营养基本平衡的配合饲料。猪用浓缩饲料，一般粗蛋白质含量在35%以上，矿物质和维生素含量也高于猪需要量的3倍以上。因此不能直接饲喂，而必须按一定比例与能量饲料相互配合后才可饲喂。配合时不需要再添加任何添加剂，饲喂时要与粉碎后的能量饲料混合均匀，采用生干粉或用冷水拌湿饲喂，并供足清洁的饮水。

3. 浓缩饲料与饲料原料配比计算方法

浓缩饲料与养猪户自产的饲料原料的配合比例一定要合理，才能达到营养平衡。通常在浓缩饲料产品说明书中，也推荐有与常用饲料原料配合的比例，可以参照使用。但往往所推荐的常用饲料原料与养殖户自产饲料原料不相符，这就需要自己能够计算配合比例。通常都采用简单且易掌握的对角线法。现以20～60千克体重的生长育肥猪为例，说明这种计算方法。

例如：养殖户已购入含粗蛋白质38%的猪用浓缩饲料，并有自产的玉米、小麦麸、糠饼3种饲料原料，这3种饲料原料配合比例计算方法和步骤是：第一步，确定配合饲料营养水平，生长肥猪营养需要为消化能12.9兆焦/千克饲料，粗蛋白质15%；第二步，列出自有饲料原料营养成分含量；第三步，根据当地饲料原料和以往经验，初步确定浓缩饲料的大概配比，大约为20%，然后计算出要配的能量饲料的消化能。

（四）预混料的选择与使用

预混料中含有猪生长发育所必需的维生素、微量元素、氨基酸等营养成分及药物等功能性添加剂，规格大多为1%~5%，养殖户购回后，只需按照推荐配方，选用优质原料，经过粉碎、混合，即成为全价饲料。只要将其合理使用，预混料自配料就可保证饲料质量，同时降低生产成本，取得良好的效果。

1. 营养标准的选择

规模养殖场在使用预混料时，可以根据标签的推荐配方进行配制饲料，但这样配制的饲料配方成本一般较高，因此可以让预混料厂家技术人员根据猪场情况和当地原料来源设计符合本猪场的饲料配方。如果猪场自己有专业配方人员，可以自己制作配方，制作饲料配方的第一步就是选择猪的营养标准。根据所养猪的品种选择相应的营养标准。目前在养猪生产实际中常采用的营养标准有美国的NRC标准、法国的ARC标准及中国地方品种猪标准等。猪场应该根据所养猪的品种进行选择，也可以根据猪的体况或季节进行细微的调整。

2. 配料过程控制

（1）严把原料质量关　禁止使用发霉变质原料，不要使用水分超标的玉米，严禁使用过期浓缩料或预混料。

（2）原料称量要准确　采用人工称量配料，称量是配料的关键，是执行配方的首要环节。称量的准确与否，对饲料产品的质量起至关重要的作用。要求操作人员一定要有很强的责任心和质量意识，否则人为误差很可能造成严重的质量问题。在称量过程中，首先要求磅秤合格有效，要求每周由技术管理人员对磅秤进行一次校准和保养，每年至少一次出标准计量部门进行检验；其次每次称量必须把磅秤周围打扫干净，称量后将散落在磅秤上的物料全部倒入下料坑中，以保证原料数据准确；最后切忌用估计值来作为投料数量。每种物料因为添加比例不同，其称量精确度要求也不一样，大致要求称量误差在4%以内。

（3）原料粉碎粒度要合适　粉碎机是饲料加工过程中减小原料粒度的加工设备。应定期检查粉碎机锤片是否磨损，筛网有无漏洞、漏缝、错位等。粉碎机对产品质量的影响非常明显，直接影响饲料的最终质地和外观的形状。操作人员应经常注意观察粉碎机的粉碎能力和粉碎机排出的物料粒度。该项技术的关键是将各种饲料原料粉碎至最适合动物利用的粒度，使配合饲料产品能获得最大饲料饲养效率和效益。要达到此目的，必须深入研究掌握不同动物及动物的不同阶段对不同饲料原料的最佳利用粒度。大料粉碎粒度要合乎要求，如玉米粉碎时筛片的孔径选择一般为教槽料 0.6 毫米、保育料 1.5 毫米、中小猪料 2.0 毫米、大猪料 2.5 毫米、公母猪料 4.0 毫米等。

（4）原料添加顺序要合理　首先加入量大的原料，量越小的原料应在后面添加，如维生素、矿物质和药物添加剂，这些原料在总的配料过程中用量很小，所以，不能把它们直接添加到空的搅拌机内。如果在空的搅拌机内先添加这些微量成分，它们就可能落到缝隙或搅拌机的死角处，不能与其他原料充分混合。这不仅造成了经济价值较高的微量成分损失，而且使饲料的营养成分不能达到配方的水平，还会对下一批饲料造成污染。所以，量大的原料应首先加入搅拌机中，在混合一段时间后再加入微量成分。有的饲料中需要加入油等液体原料，在液体原料添加前，所有的干原料一定要混合均匀。然后再加入液体原料，再次进行混合搅拌。含有液体原料的饲料需要延长搅拌时间，目的是保证液体原料在饲料中均匀分布，并将可能形成的饲料团都搅碎。有时在饲料中需加入潮湿原料，应在最后添加，这是因为加入潮湿原料可能使饲料结块，使混合更不易均匀，从而增加搅拌时间。

（5）混合时间要合适　混合均匀度指搅拌机搅拌饲料能达到的均匀程度，一般用变异系数来表示。饲料的变异系数越小，说明饲料搅拌越均匀；反之，越不均匀。生产成品饲料时，变异系数不大于 10%。搅拌时间应以搅拌均匀为限。确定最佳搅拌时间是十分必要的。搅拌时间不够，饲料搅拌不均匀，影响饲料质量；搅拌时间过长，不仅浪费时间和能源，对搅拌均匀度也无益处；卧式搅拌机的搅拌时间为 3~7 分钟。

（6）防止交叉污染　饲料发生交叉污染的场所主要有：储存过程中的撒漏混杂；运输设备中残留导致不同产品之间的交叉污染；料仓、缓冲斗中的残留导致的交叉污染；加工设备中的残留导致的交叉污染；由有害微生物、昆虫导致的交叉污染等。因此需要采用无残留的运输设备、料仓、加工设备和正确的清理、排序、冲洗等技术和独立的生产线等来满足日益高涨的饲料安全卫生要求。

（7）成品包装要准确　成品包装准确，首先，所用包装袋的包装型号要与饲料相匹配，不要出现错装或混装。其次，包装重量要准确，这样方便饲养员的取用，利于饲养员饲喂量的控制。

3. 使用过程中的注意事项

在实际生产使用中，由于养殖户对其认知不够，仍存在着诸多问题，影响了预混料的使用效果，打击了养殖户使用预混料的积极性。

（1）慎重选料　目前预混料的品牌繁多，质量不一，预混料中的药物添加剂的种类和质量也相差甚大，所以选择预混料不能只看价格，更重要的是看质量，要选择信誉高、加工设备好、技术力量强、产品质量稳定的厂家和品牌。

（2）妥善保管　预混料中维生素、酶制剂等成分在储存不当或储存时间过长时，效价会降低，因此应放在遮光、低温、干燥的地方贮藏，且应在保质期内尽快使用。

（3）严格按规定剂量使用　预混料的添加量是预混料厂按猪不同生长发育阶段精心设计配制的，特别是含钙、磷、食盐及动物蛋白在内的大比例预混料，使用时必须按规定的比例添加。有的养殖户将预混料当作调料使用，添加量不足；有的养殖户将预混料当成了万能药，盲目增加添加量；有的将不同厂家的产品混合使用。不按规定量添加，就会造成猪的营养不平衡，不仅增加了饲养成本，还会影响猪的生长发育，甚至出现中毒现象。

（4）合理使用推荐配方　养殖户所购买的预混料，其饲料标签或产品包装袋上都有一个推荐配方，这个配方是一个通用配方，能备齐推荐配方中的各种原料的养殖户，可按推荐配方配料。也可充分利用当地原料优势，请预混料生产厂家的技术人员现场指导，不要自己随意调整配方，否则会使配出的全价饲料营养失衡，影响使用效果。

（5）把握饲料原料的质量　预混料的添加量仅有 1%~5%，而 95%~99% 的大部分成分是饲料原料，因此原料质量至关重要。目前，农村市场饲料原料的质量差异很大。因此，应尽量选择知名度高、信誉好的厂家的原料。

（6）注意原料的粉碎粒度　粒度较大的原料，如玉米、豆粕，使用前必须粉碎，猪饲料粒度以 500~600 微米为宜，饲喂的饲料混合均匀度变异系数通常不得大于 10%。

（7）正确饲喂　预混料不能单独饲喂，必须按配方混合后方可饲喂，不能用水冲或蒸煮后饲喂。更换料时要循序渐进，一星期左右完成换料，尽量减少换料引起的采食减少、生长下降等应激。

四、饲料使用过程中存在的误区

（一）一味迷信外来饲料

某些养殖户购买饲料，认为外省外县的饲料比本地的饲料质量好。

养殖户养猪都是为了赚钱，不妨将多家饲料、多个品牌做做对比试验，听听群众口碑，哪家饲料适合，就用哪家饲料，不要单纯认为外来的和尚会念经。

（二）用饲料价格推测饲料质量

某些养殖户只凭饲料的价格，就断定饲料质量的好坏。价格高就一定是好饲料吗？同样的质量，同一类产品，外来产品价格肯定高，这是因为他们各种营销费用摊得多，并不一定是饲料的质量好。

原料的质量决定饲料的质量，想用最少的钱买最好的料难！某些厂家为了生存也要迎合市场，不可能放血亏本，就会想办法降低原料成本，加一些劣质的、禁用的原料，短时间内也看不出饲喂效果，实际上你的养殖生产水平正在降低，隐患相当严重。

（三）认为饲料加工门槛低，各厂家都差不多

饲料谁都会做，但要做好却不容易。养殖户不这么认为，他们总觉得浓缩料就是将豆粕、鱼粉、添加剂混在一起搅一搅，没什么高科技的前沿东西。各厂家技术水平、开发能力、品控能力差不了多少，但其实不然。

（四）认为蛋白含量越高，饲料就越好

浓缩料主要是蛋白饲料，但氨基酸、维生素、矿物质、微量元素也起着同等重要的作用，某些厂家为了迎合养殖户的心理，推出了 45% 以上的浓缩饲料，但价格还比常规饲料的价格低 500 多元/吨，他们靠添加80% 以上的羽毛粉、血粉、蛋白精。养殖户不去分析蛋白这么高价格这么

低的浓缩料是用什么做的，更不去考虑其消化、吸收和利用率怎样。他们总习惯把两种蛋白相同的饲料做价格对比，他们认为营养指标相同，价格应该不差上下，这是错误的想法。

（五）任凭感觉，随意换料

养殖户在选饲料时，不做对比试验，而是凭感觉以及某些饲料厂的优惠政策、促销活动，甚至哪个业务员、经销商说得好，就被煽动去使用谁的饲料。饲料的频繁更换使畜禽经常处于应激状态，抵抗力下降，畜禽出了问题，自己还不知道是什么原因。

（六）凭空想象，买便宜料，添加其他原料

不少养殖户专买便宜料，回去后自己再添加重金属、矿物质、鱼粉等，每一个阶段的浓缩料比例都是经过科学测试的，自己胡乱添加，会打乱营养平衡，造成浪费甚至畜禽中毒。

以上这些都是不正确的养殖理念，大家在选浓缩料时，必须综合分析，对比试验，切不可道听途说，盲目追捧。

第四章　母猪的饲养管理

第一节　后备母猪的选留

一、猪场母猪的群体构成

规模化猪场一般都有自己的繁殖体系，形成通常所说的核心群（育种群体）、繁殖群和生产群（商品群体）。但整个群体的大小则以生产群母猪数的多少来衡量。三者的关系大约应符合这样的比例：核心群：繁殖群：生产群=1：5：20。核心群规模的大小，除要考虑繁殖群所需种猪数量外，品种选育的方向和进度是两个重要因素。规模化猪场通常较合理的胎龄结构比例见表4-1。

表4-1　规模猪场母猪胎龄比例

母猪胎次	1~2胎	3~6胎	7胎以上
比例（%）	25~35	60	10~15

随品种状况、饲养管理水平等因素的不同，群体结构会有所变化。如品种繁殖能力强、营养好、饲养管理水平高的猪场，高胎龄母猪可多留一些；母猪本身体况好、营养好及有效产仔胎数多的母猪也可多留作高胎龄母猪。

二、后备母猪的选留方法

（一）选留数量的确定

选留数量通常为：生产群数量×母猪淘汰率÷60%。选留原则：本场生产育种的目标和标准。通常包括个体生产性能及系谱同胞鉴定的结果进行判断。

（二）选留时间

后备母猪的选留如果做得精细一些，可以进行 3 次选留。

第一次在断奶时，通过仔猪断奶转群转入保育舍时进行第一次选择。初次选留体况较好的小母猪作为后备母猪，乳头是否正常是此时选留的一个最重要的也是最明显的标准。

第二次在 60 千克左右时，通过前一个生长时期的饲养，第一次选留时一些不明显的问题此时会显示出来，选择体况良好、乳房结实丰满、乳头整齐无缺陷、肢蹄正常的母猪作为后备母猪。

第三次在配种前后，再次淘汰以下几种情况的母猪：母性差的母猪，这类母猪一般发情不明显，乏情或不发情；体质差的母猪，如有些母猪被冷水冲淋后浑身发抖、被毛竖立；有隐性感染的母猪，这些母猪一般生长缓慢，疫苗接种时疫苗反应强烈。

（三）后备母猪的选留标准

后备母猪的本场选留是根据本场的繁育需要确定的，有纯种繁育和杂交繁育。如果是商品性的规模猪场，还应根据本场的杂交组合来确定，通常以杂交一代母猪为主（如长大一代母猪或大长一代母猪）。

挑选后备母猪，首先要进行母体繁殖性状的选择和测定，要从具备本品种特征外貌（毛色、头型、耳型等）的母猪及仔猪中挑选，还需测定每头母猪每胎的产活仔数、壮仔数、窝断奶仔猪数、断奶窝重及年产仔胎数。因为这些性状确定时间较早，一般在仔猪断奶时即可确定，因此要首先考虑，为以后的挑选打下基础。

1. 母体繁殖性状

（1）生长速度　后备母猪应该从同窝或同期出生、生长最快的 50%~60% 的猪中选出。足够的生长速度提高了获得适当遗传进展的可能性。生长速度慢的母猪（同一批次）会耽搁初次配种的时间，也可能终生都会成为问题母猪。

（2）外貌特征　毛色和耳形符合品种特征，头面清秀、下颌平滑；应注意体况正常，体型匀称，躯体前、中、后三部分过渡连接自然；被毛光泽度好、柔软、有韧性；皮肤有弹性、无皱纹、不过薄、不松弛；体质健康，性情活泼，对外界刺激反应敏捷；口、眼、鼻、生殖孔、排泄孔无异常排泄物粘连；无瞎眼、跛行、外伤；无脓肿、疤痕、无癣虱、疝气和异嗜癖。

（3）躯体特征 ① 头部：面目清秀。② 背部：胸宽而且要深。③ 腰部：背腰平直，忌有弓形背或凹背的现象。④ 荐部：腰荐结合部要自然平顺。臀宽的母猪骨盆发达，产仔容易且产仔数多。⑤ 尾部：尾根要求大、粗且生长在较高及结构合理的位置上。

（4）乳头 乳头的数量和分布是判断母猪是否发育良好的评判标准。理想的后备母猪，有效乳头应该在7对及7对以上，对于6对的只作为备选后备母猪，仅在配种目标达不到的情况下才会配种。乳头分布要均匀，间距匀称，发育良好。没有瞎乳头、凹陷乳头或内翻乳头，乳头所在位置没有过多的脂肪沉积，而且至少要有2~3对乳头分布在脐部以前且发育良好，因为前2~3对乳头的发育状况很大程度上决定了母猪的哺乳能力。

（5）外阴 母猪的生殖器非常重要，是决定母猪人工授精和生产难易的关键。一般以阴户发育好且不上翘为评判标准。小阴户、上翘阴户、受伤阴户或幼稚阴户不适合留作后备母猪，因为小阴户可能会给配种尤其是自然交配带来困难，或者在产房造成难产，上翘阴户可能会增加母猪感染子宫炎的概率，而受伤阴户即使伤口能恢复愈合仍可能会在配种或分娩过程中造成伤疤撕裂，为生产带来困难，幼稚阴户多数是体内激素分泌不正常所致，这样的猪多数不能繁殖或繁殖性能很差。

（6）肢蹄 后备母猪四肢是否健实是决定其使用年限的一个关键因素。母猪每年因运动问题导致的淘汰率高达20%~45%，运动问题包括一系列现象，如跛腿、骨折、后肢瘫痪、受伤、卧地综合征等。引起跛腿的原因有软骨病、烂蹄、传染性关节炎、溶骨病、骨折等。

肢蹄评分系统中，不可接受（1分）：存在严重结构问题，限制动物的配种能力；好（2~3分）：存在轻微的结构问题和/或行走问题；优秀（4~5分），没有明显的结构或行走问题，包括趾大小均匀，步幅较大，跗关节弹性较好；系部支撑强，行走自如。上述肢蹄评分系统中，分数越高越好。蹄部关节结构良好是使母猪起立躺下、行走自如、站立自然、少患关节疾病和以后顺利配种的原始动力。

① 前肢：前肢应无损伤，无关节肿胀，趾大小均匀，行走时步幅较大，弹性好的跗关节有支撑性强的系部。

② 后肢：后肢站立时膝关节弯曲自然，避免严重的弯曲和跗关节的软弱，但从以往实际生产上的业绩看，对膝关节正常的，有"卧系"现象的也可选用。

（7）足　挑选后备母猪时，对足的要求要注意以下几个方面。

足的大小合适，位置合理；单个足趾尺寸（密切注意足内小足趾）；检查蹄夹破裂、足垫膜磨损以及其他的外伤状况；腿的结构与足的形状、尺寸的适应程度；足趾尺寸分布均匀，足趾间分离岔开，没有多趾、并趾现象。关节肿胀、足趾损伤、悬蹄损伤、蹄夹过小、足夹尺寸过大、足夹断裂、足底垫膜损伤等，都是有问题的足。

（8）具有以下性状的猪也不能选作后备母猪　阴囊疝：俗称疝气；锁肛：肛门被皮肤所封闭而无肛门孔；隐睾：至少有一个睾丸没有从上代遗传过来；两性体：同时具有雌性（阴户）和雄性（阴茎）生殖器官；战栗：无法控制的抖动；八字腿：出生时腿偏向两侧，动物不能用其后腿站立。

2. 审查母猪系谱

种猪的系谱要清楚，并符合所要引进品种的外貌特征。引种的同时，对引进种猪进行编号，可以根据猪的耳号和产仔记录找出母亲和父亲，并进一步找出系谱亲缘关系。同时要保证耳号和种猪编号对应。

3. 看断奶窝重和品种特征

仔猪在 30~40 日龄断奶时，将断奶窝重由大到小逐一排队，把断奶窝重大的当作第一次选留对象。凡外貌如毛色、头型等品种特性明显，发育良好，乳头总数在 6 对以上且排列整齐，没有瞎乳头、副乳的仔猪，肢蹄结实，无蹄裂和跛行；生殖器官发育良好，外阴较大且下垂等，均可作为第二次留种的标准。同一窝仔猪中，如发现个别有疝气、隐睾、副乳等遗传缺陷的仔猪，即使断奶窝重大，也不能从中选留。

4. 看后备母猪的生长发育和初情期

4 月龄育成母猪表现为身体发育匀称、四肢健壮、中上等膘、毛色光泽。除有缺陷、发育不良或患病的仔猪，如窄胸、扁肋、凹背、尖尻、不正姿势（X 状后肢）、腿拐、副乳、阴户小或上撅、毛长而粗糙等不应选留外，其他健康的均可留作种用。后备母猪达到第一个发情期的月龄叫初情期，同一品种（含一代母猪），初情期越早，母性越好。进入初情期，表明母猪的生殖器官发育良好，具备做母猪的条件。初情期在 7 月龄以上的母猪不应选留作后备种用。

5. 看母猪初产（第一次产仔）后的表现

初产母猪中乳房丰满、间隔明显、乳头不沾草屑、排乳时间长，温驯者宜留种；产后掉膘显著，怀孕时复膘迅速，增重快，哺乳期间食欲旺盛、消化吸收好的宜留种。对产仔头数少、泌乳性能差、护仔性能不好，有压死仔猪行为的母猪，坚决予以淘汰。

第二节　后备母猪的改造与培育

一、选种选配

（一）测定和种猪选留

猪的育种就是通过测定、遗传评估，对种群的繁育进行人工干预，改变群体遗传进程，以便在世代的更替中，使群体内个体更好地接近特定选育目标。优良性状只有通过不断选择才能得到巩固和提高，因此选择是改良和提高种猪生产性能的重要手段。

1. 测定的准确性是基础

测定数据是整个选育工作的源头，其准确性是成败的关键。可能影响准确性的因素很多，养殖者要尽力给予从严控制。

（1）营养供给　细分猪的饲养阶段，给出合理的饲料营养标准和相应饲喂数量，并在不同的季节作出适量调整。对饲料和添加剂原料严格把好质量关，对某些原料进行膨化、发酵处理。

（2）环境控制　我国南北气候相差悬殊，在四季分明的亚热带季风区域，夏季的酷暑、冬季的湿冷对各类猪的健康和生长都有很大影响，采暖、保温和通风、防暑同等重要并均需大量投入。给所有猪舍安装湿帘通风，产房、保育舍采用地暖等综合措施，可减少恶劣气候对猪的不利影响。

各类猪舍都采用机械刮粪装置，干粪经充分发酵成农田优质肥料；剩余的水粪经过高效厌氧产沼—沼气发电—脱碳除磷一体化塘—强化生态净化塘—无土栽培—土壤毛细管渗滤—潜流式人工湿地等循环处理达标排放。良好的粪污处理措施净化了猪场的内外环境。

（3）健康保障　严格控制生产区内外和不同生产区的人员、物品往来，构筑好坚实的防疫墙。

在总体免疫程序规范下，制定分阶段实施的责任制，形成缜密的免疫网络。每季度进行各类猪只免疫抗体水平检测，实时监控群体健康状态。

制订"重大疫情应急预案"，以便在有疫情威胁时能及时做出反应，迅速形成有效应对措施，在统一指挥下高效、有序地工作，保障猪群健康。

此外，还要配备足够的测定设备，如称重设备、活体超声波测膘仪等，并加强测定人员的技术培训。

2. 遗传评估是选种的主要依据

（1）主选性状和综合选择指数　根据国家生猪遗传改良计划最近提出的主要三个目标选育性状，即总产仔数、达 100 千克体重日龄和达 100 千克体重活体背膘厚。由此三个性状组建的综合选择指数公式为：I = 0.6×EBV1+0.3×EBV2+0.1×EBV3，以期较大提高繁殖性能，适度提升生长速度，并保持良好胴体性状。

（2）选种过程　针对目标性状进行遗传评估得出综合育种值，选取同批测定猪中（如 2 周内）指数值高的公猪6%、母猪30%先留下（测定猪批间的指数值会有一定幅度的波动，其选留比例就不能是划一的，不够基本标准的可以少留甚至不留），将群体内真正优秀的个体选留下来。选留时也要注意单个性状育种值特别高的个体，以维持群体良好的遗传素材。在根据综合育种值大小顺序选种时，还应注意公猪的血统，少量选留性能稍欠优的公猪，避免血缘过窄而导致近交程度的快速上升。结合后备猪外貌逐头进行现场选留，主要兼顾品种特征、繁殖性征、四肢健壮以及健康状况等。

待预留种猪达到210日龄，公猪经过2~3次采精，其精液品质达基本要求；母猪有过较明显的发情征状，据此确定正式选留。根据国家生猪遗传改良计划的要求，公、母猪的留种率分别在3%和25%以下。

3. 加快世代更替

（1）合理的世代间隔　缩短世代间隔是加快遗传进展的另一项重要手段。公猪的使用年限以不超过 10 个月为宜，这样，公猪的世代间隔大约为1.5年。母猪若能有自身繁殖性能数值甚至有多胎繁殖性能数值将对其估计育种值的准确性大为提高，所以在 1 胎、2 胎、3 胎再进行重复选择对提高繁殖性能是很有好处的。母猪 1 胎和 2 胎、3 胎、4 胎比例分别为50%、

30%和20%左右，是较合理的胎龄结构，这样世代间隔也在1.5年内。

（2）实际操作 在当代核心群母猪1胎、2胎、3胎产仔后，根据新获得的繁殖数据，再次计算综合选择指数，排序淘汰低端的20%。大于4胎的母猪全部退出核心群。

（二）种猪选配

选种是选配的基础，但选种的作用必须通过选配来体现。利用选种改变群体动物的基因频率，利用选配有意识地组合后代的遗传基础。有了良好种源才能选配；反过来，选配产生优良的后代，才能保证在后代中选种。选配有同质选配、异质选配和亲缘选配3种类型。

按综合选择指数选配时，在指数相同或相近的两个体间进行选配时，整体上可视为同质选配，但就指数内单个性状而言可视为异质选配。在制订选配计划时往往以综合选择指数值为依据，同时考虑参配个体间的亲缘关系，即近交系数不得高于12.5%。近交能促进基因的纯合，获得稳定的遗传，适度近交是可行的，也是必要的，个别情况下不超过10%是可以接受的。

① 将公、母猪根据综合选择指数值大致分为：特级、优级和一级，将参加本配种时段的公、母猪按综合选择指数值大致排序分成特级、优级、一级三个群体。正常的状态下，"特级"和"一级"数量较少，"优级"数量略多。

② 在"特级"的母猪群中，应以"特级"的公猪与之配合为主，不得选"一级"的公猪配合，在"优级"的母猪群中，则以"优级"的公猪与之配合为主，其余尽量安排"特级"的公猪与之配合。在"一级"的母猪群中，以"优级"和"一级"的公猪为主，少量以"特级"的公猪进行异质选配。

③ 通过选配，可使"特级"公猪的与配母猪比平均数多20%~30%，"一级"公猪的与配母猪比平均数少20%~30%。

④ 为控制群体近交程度不致过快上升，一般控制亲缘系数在12.5%以下，少数也不得突破25%。

⑤ 为迅速巩固某一特定性状，可采用半同胞以上的亲缘选配；特殊需要可采用全同胞和亲子交配。亲子交配以限1次为度，全同胞交配限2次为度，其后的选配须拉开亲缘距离，亲缘选配的总量须限制在全群的10%以内。

⑥ 认真制订详细的选配计划，并遵照执行。

选配工作量大且烦琐，要安排专人负责核心群全群选配计划的制订并切实执行。

后备种猪的选配计划每月制订 1 次，其他各胎次母猪的选配计划每半月制订 1 次（包括综合选择指数的再计算）。

二、杂交改良

杂交是遗传上不同种、品种、品系或类群个体之间的交配系统。杂交的最基本效应是使基因型杂合，产生杂种优势。杂种个体表现出生命力更强、繁殖力提高和生长加速，多数杂种后裔群体均值优于双亲群体均值，但也有出现低于双亲群体均值的。目前，生产上最常用的杂交方式有二元杂交、三元杂交、四元杂交、轮回杂交和正反反复杂交。

（一）杂交方式

1. 二元杂交

二元杂交指两个具有互补性的品种或品系间的杂交，是最简单的杂交方式，生产上最常见的二元母猪为长大、大长母猪。

纯粹以国外引进品种杂交生产的母猪，养殖户俗称为"外二元"母猪。二元杂交以我国地方猪种为母本生产的二元母猪，俗称为"内二元"母猪，如长白公猪、太湖母猪杂交生产的长太二元母猪。常见的二元杂交公猪为皮杜、杜皮杂种公猪。

2. 三元杂交

三元杂交是指 3 个品种间或品系的杂交。首先利用两个品种或品系杂交生产母猪，再利用第三个品种或品系的公猪杂交产生的后代猪。三元杂交除育种需要外，大部分用于生产商品猪。生产上最常见的三元猪为杜长大或杜大长商品猪。

全部运用外来品种（系）杂交生产出的三元猪，养殖户俗称为"外三元"。三元杂交的第一母本为国内地方品种生产的猪为"内三元"商品猪。

3. 四元杂交

四元杂交是指两个品种（系）杂交生产的杂交公猪，再利用另外两个品种（系）杂交生产杂交母猪，然后由杂交公猪和杂交母猪杂交产生的后代猪。四元杂交除育种需要外通常用于生产商品猪。

4. 轮回杂交

由2个或3个品种（系）轮流参加杂交，轮回杂种中部分母猪留作种用，参加下一次轮回杂交，其余杂交种均作为商品肥育猪。

5. 正反反复杂交

利用杂种后裔的成绩来选择纯繁亲本，以提高亲本种群的一般配合力，获得杂交后代的最大杂种优势。

（二）配套系

配套系是指专门化品系选育基础上，以几个组的专门化品系（多以3个或4个品系为一组）为杂交亲本，通过杂交组合试验筛选出其中一个作为最佳杂交模式，再依此模式进行配套杂交得到产品——商品猪。广义的配套系是指依杂交组合试验筛选出的已被固定的杂交模式生产种猪和商品猪的配套杂交体系。配套系都有自己的商品名称。例如，在国外猪中，有PIC、迪卡（美国）、施格（比利时）、达兰（荷兰）、托佩克（加拿大、美国）等。在我国，经国家畜禽品种审定委员会审定的8个猪配套系也都有其商品名称，如中育猪配套系、滇撒猪配套系、光明猪配套系等。

配套系商品猪、配套系种猪都是由固定的杂交模式生产出来的。推广的是依据相对固定的模式生产出的各代次种猪，故有以下称谓：某配套系的曾祖代、祖代、父母代；某配套系的曾祖代、祖代、父母代种猪；某配套系的商品猪。

引进和饲养配套系的种猪时，一定要弄清楚代次及其配套模式，以确保充分发挥其正常的生产性能。如果自己的猪场计划生产某配套系的商品猪，就应该引进配套系的父母代种猪；如果计划生产推广某配套系的父母代种猪，就应该引进饲养该配套系的祖代种猪。

配套系是数组专门化品系间的配套杂交，互补性强，杂种优势明显。同时，由于专门化品系的遗传纯度较高，因而商品猪的整齐度、产品规格化程度较好，从而有利于产业化发展，有利于"全进全出"，有利于商品代群体达到高产要求。因此，具有较高的商品价值，能带来显著的经济效益。

三、后备母猪的饲养管理

目前，自繁自养后备母猪的饲养管理存在许多问题，主要表现在：按育肥猪方法饲养，未能形成种用体况，导致发情延长或不发情，配种妊娠率低，哺乳期泌乳不足，仔猪发育不良，断奶后母猪发情延迟或不发情，繁殖力低，使用寿命短。

正确的饲养管理要点主要包括以下内容。

① 日喂料 2 次，最好使用后备母猪专用料。作好限饲优饲计划：后备母猪 6 月龄以前自由采食，每天每头喂 2.0~2.5 千克，根据不同体况、配种计划增减喂料量。7 月龄适当限制，喂料量控制在 2 千克以下；配种使用前一个月或半个月优饲，优饲时 2.5 千克以上或自由采食。在第一个发情期开始，要安排喂催情料，比规定料量多 1/3，配种后料量减到 1.8~2.2 千克。

② 做好后备母猪发情鉴定并记录，将该记录移交配种舍人员。母猪发情记录从 6 月龄时开始。仔细观察初次发情期，以便在第二、三次发情时及时配种，并做好记录。

③ 为保证后备母猪适时发情，可采用调圈、合圈、成年公猪刺激的方法刺激后备母猪发情；对于接近或接触公猪 3~4 周后，仍未发情的后备猪，要采取强刺激，如将 3~5 头难配母猪集中到一个留有明显气味的公猪栏内，饥饿 24 小时、互相打架或每天赶进一头公猪与之追逐爬跨（有人看护）刺激母猪发情，必要时可用中药或激素刺激；若连续 3 个情期都不发情则淘汰。

④ 发情鉴定最佳方法是当母猪喂料后半小时表现平静时进行（由于与喂料时间冲突，主要用于鉴定困难的母猪），每天进行两次发情鉴定，上下午各一次，检查采用人工查情与公猪试情相结合的方法。配种员所有工作时间的 1/3 应放在母猪发情鉴定上。母猪的发情表现有：阴门红肿，阴道内有黏液性分泌物；在圈内来回走动，频频排尿；神经质，食欲差；压背静立不动；互相爬跨，接受公猪爬跨。也有发情不明显的，发情检查最有效方法是每日用试情公猪对待配母猪进行试情。

⑤ 进入配种区的后备母猪每天放到运动场 1~2 小时并用公猪试情检查。

⑥ 小群饲养，每圈 3~5 头（最多不超过 10 头），每头占圈面积至少 0.66 米²，以保证其肢体正常发育。

⑦ 配种前一段时期按摩乳房，刷拭体躯，建立人猪感情，使母猪性情温顺，好配种，产仔后好带仔。

⑧ 对患有气喘病、胃肠炎、肢蹄病等病的后备母猪，应隔离单独饲养在一栏内；此栏应位于猪舍的最后。观察治疗两个疗程仍未见有好转的，应及时淘汰。进入配种区后超过 60 天不发情的小母猪也应淘汰。

⑨ 后备母猪的配种体重应达到 110 千克以上。

四、引种外购后备母猪的饲养管理

(一) 引种外购后备母猪的挑选与运输

1. 可靠的良种种源

外购后备母猪，要在经过国家鉴定验收并持有种猪生产经营许可证，繁殖群体规模大，技术力量强，管理严格，基础设施完备，信誉度好，没有疫情发生的种猪扩繁场引猪。

2. 最佳月龄和体重

选择后备母猪在 4~5 月龄、体重在 60~70 千克时进行。此阶段猪生长发育、体型外貌、生殖器官等基本定型，易于外观选择，距离配种月龄还有 2~3 个月，有充足时间隔离观察，接种免疫，加强培育。

3. 体质、体况的选择

选择身体发育匀称，躯体前、中、后 3 部分过渡连接自然，四肢健壮，中上等膘情；毛色光泽，柔软，有韧性；对外界反应刺激灵敏；天然孔无异常排泄物和粘连；无瞎眼、跛行、外伤；无脓肿、疤痕、疝气等。

4. 与繁殖力有关表现形状的选择

应选择乳房发育良好，排列整齐匀称、左右间隔适当宽，有效乳头 7~8 对及以上，无假乳头、瘪乳头；脊背平直且宽、肌肉充实，四肢坚实直立，无卧系；臀部宽、平、长，微倾斜；腹部平，略呈弧形，不宜太下垂，有弹性而不松弛，阴户大而不上撅，不具以上特征不选。

5. 种猪系谱卡片

查对填写项目是否完整，详细了解饲料品种、饲喂方法、接种免疫及驱虫情况，以备制订免疫计划和日粮组成。

6. 运输

要做好人员、运输车辆安排，运输车辆严格消毒，预防病原传播，注意避开风、雨、雪等恶劣天气，冬季、早春选择气温较高的白天运输，同时注意防风；夏季选择早晚运输，防日射病和热射病，同时注意密度和防滑。猪不宜吃得太饱，也不宜空腹，卸车时让猪自然下车，不宜大声强制驱赶。

（二）外购后备母猪进场及并群

1. 注意先隔离

新引进的种猪，应先饲养在隔离舍，而不能直接转进猪场生产区，避免带来新的疫病或者由不同菌（毒）株引发相同的疾病。

2. 注意消毒和分群

种猪到达目的地后，立即对卸猪台、车辆、猪体及卸车周围地面进行消毒，然后将种猪卸下，按大小、公母进行分群饲养，有损伤、脱肛等情况的种猪应立即隔开单栏饲养，并及时治疗处理。

3. 注意加强管理

先给种猪提供饮水，休息 6~12 小时后方可少量喂料，第 2 天开始可逐渐增加饲喂量，5 天后才恢复到正常饲喂量。种猪到场后的前 2 周，由于疲劳加上环境的变化，抵抗力降低，饲养管理上应尽量减少应激，可在饲料中添加抗生素和电解质多维，使其尽快恢复到正常状态。

4. 注意隔离与观察

种猪到场后必须在隔离舍隔离饲养 30~45 天，严格检疫。对布鲁氏菌病、伪狂犬病等疫病要特别重视，须采血经有关兽医检疫部门检测，确认为没有细菌和病毒野毒感染，并监测猪瘟等抗体情况。隔离期结束后，对该批种猪进行体表消毒，再转入生产区投入正常生产。

5. 注意运动锻炼

种猪体重达 90 千克以后，要保证每头种猪每天 2 小时的自由运动（赶到运动场），提高其体质，促进发情。

（三）解决隔离期内种猪免疫与保健方面的问题

1. 制定免疫程序

参考目标猪场的免疫程序及所引进种猪的免疫记录，根据本场的免疫程序制定适合隔离猪群的科学免疫程序。

2. 猪瘟免疫

如果所引进种猪的猪瘟疫苗免疫记录不明或经监测猪群的猪瘟抗体水平不高或不整齐，应立即全群补注猪瘟脾淋苗。如果猪瘟先前免疫效果确实，可按新制定的本场免疫程序进行免疫。

3. 蓝耳病的病原检测

重点做好蓝耳病的病原检测，而对于国家强制免疫的疫苗要按国家规定执行（如口蹄疫、某些地方的猪链球菌病等）。

4. 做好呼吸道疾病的免疫

结合本地区及本场呼吸系统疾病流行情况，做好针对呼吸系统传染病的疫苗接种工作，如喘气病疫苗、传染性胸膜肺炎疫苗等。

5. 繁殖障碍病的防控

对于 7 月龄的后备猪，在此期间可做一些引起繁殖障碍疾病的预防注射，如细小病毒病、乙型脑炎等。

6. 全面驱虫

种猪在隔离期内，接种完各种疫苗后，应用广谱驱虫剂进行全面驱虫，使其能充分发挥生长潜能。

（四）引种外购后备母猪疾病风险的控制

每个猪群都可能是一个相对独立的致病性微生物的复合体，每个猪群的机体免疫水平或保护性抗体的滴度也各不相同，每当我们引进新的种群时，就有可能引进一个新的病原复合体，一旦猪群处于应激状态时，就可能发生疾病。所以，猪场在引进一个新的种群时，很有必要进行隔离。

1. 隔离

隔离是将新引进的种猪饲养在远离自有猪群区域的措施。

之所以强调隔离是因为隔离措施可以降低新引进种猪引进新的经济影响性病原的可能性（保护自有猪群，表现出经济影响性的病原微生物不是外来的，是原有平衡状态被破坏后所呈现出来的），保护本场内猪群的健康，免受外来猪群携带病原微生物的侵入，降低疾病和经济损失风险。

2. 隔离原理

① 每个猪群，无论健康状况如何，都是病毒和细菌的携带体，在应激情况下，这些病原即可致病。

② 病原的种类和数量，因猪群的不同而不同。

③ 机体的免疫状态或抗体水平，也因猪群及所接触病原的强度不同而不同。

④ 为了维持原有猪群的稳定生产，引种计划要周全。

3. 措施

（1）尽可能让新引进种猪和自有猪群之间没有接触　包括以下措施。

① 隔离舍经过清洗消毒后，至少应有 2 周的空置期（室内温度低于 5℃时，空置期应不少于 4 周）；② 理想状态下，新引进种猪饲养在距离自有猪群直线距离 100 米以外的区域。饲养密度以 2 米²/头为宜。引种后至少应有 2 周的隔离时间（一般 4 周比较理想）；③ 最低要求新引进种猪饲养区域和自有猪群之间至少有一道完全阻隔的实心墙，在此状况下，新引进种猪的邻居最好是即将出售的育肥猪（若有问题时，可及时处理新引进的种猪和疑似被感染的肥育猪）；④ 专用的隔离舍、专用生产工具、专用饲养人员（此饲养人员最好具备兽医临床经验），避免隔离期间物资、人员的交叉；⑤ 隔离舍的排泄物不允许流向自有猪群的猪舍。或者，采用集中处理隔离舍内的粪污并对这些粪污进行烧碱消毒的方式。

（2）在饲料中或者饮水中添加常规预防量抗生素、功能性添加剂等 以增强机体抵抗力。

（3）每日对新引进的种猪进行临床观察并记录异常状况

（4）采样并对关注的经济影响性病原进行监测 隔离期内，依据临床观察或者检测结果，迅速决定如何处理这些新引进的种猪，避免外源性病原对自有猪群造成严重的健康冲击。

4. 隔离期

建议使用 2 周观察期，一般 4 周比较理想。

5. 注意事项

① 隔离期内一般不接种疫苗。

② 对每一批到达的种猪均需要进行隔离，即使是来自同一供种场。

③ 最大限度地避免不同生产区饲养员的接触，杜绝不同饲养区的饲养员交叉接触不同区域的种猪。种猪引进后的最初 2 周，禁止与其他猪接触。

④ 饲养员进舍前，要更衣换鞋，要严格消毒，隔离舍内的器械要专用。

⑤ 及时填写饲养记录，包括猪号、饲料用量、饮水量、猪群健康状况、保健或治疗所用药物及效果、免疫情况等。若发病治疗效果不佳或无效，请与供种猪场及时联系。

五、后备母猪不发情的预防及处置

(一) 预防后备母猪不发情的措施

1. 适当运用公猪接触的方法来诱导发情

应在 160 天以后就要有计划地让母猪跟公猪接触来诱导其发情,每天接触 1~2 小时,用不同公猪多次刺激比同一头公猪效果更好。

2. 建立并完善发情档案

后备母猪在 160 日龄以后,需要每天到栏内用压背结合外阴检查法来检查其发情情况。对发情母猪要建立发情记录,为将来的配种做准备,还可对不发情的后备母猪做到早发现、早处理。

3. 加强运动

利用专门的运动场,每周至少在运动场自由活动 1 天,6 月龄以上母猪每次运动应放 1 头公猪,同时防止偷配。

4. 采取适当的应激措施

适度的应激可以提高机体的兴奋,具体措施有:将没发过情的后备母猪每星期调 1 次栏,让其跟不同的公猪接触,使母猪经常处于一种应激状态,以促进发情的启动与排卵,有必要时可赶公猪进栏追逐 10~20 分钟。

5. 完善催情补饲工作

从 7 月开始根据母猪发情情况认真划分发情区和非发情区,将 1 周内发情的后备母猪归于一栏或几栏,限饲 7~10 天,日喂 2 千克/头;优饲 10~14 天,日喂 3.0 千克/头以上,直至发情、配种,配种后日料量立即降到 1.8~2.2 千克/头。这样做有利于提高初产母猪的排卵数。

6. 做好疾病防治工作

作为猪场确实应该认认真真地做好各类疾病的预防工作,做到"预防为主,防治结合,防重于治",平时抓好消毒,搞好卫生,尤其是后备母猪发情期的卫生,降低子宫内膜炎的发生率;按照科学的免疫程序扎扎实实地打好各种疫苗,定期地针对种猪群的具体情况拟定详细的保健方案,对于兽医的治疗方案应该不折不扣地执行好。

7. 抓好防暑降温工作

常用的防暑降温措施有:一是遮阳隔热,搭建凉棚或搭遮阳网,有效地遮挡阳光照射;二是通风,加强通风换气,排出有害气体,如果单靠开门窗通风效果不好,可采取机械通风,安装风扇或送风机;三是喷

（洒）水，蒸发降温是最有效的方法，舍温过高时可用胶管或喷雾器定时向猪体和屋顶喷水降温或人工洒水降温、气温在30℃以上应经常给母猪多冲水；四是湿帘风机降温，空气越干燥，温度越高经过湿帘的空气降温幅度越大，效果越显著。

（二）后备母猪不发情三阶段处理

1. 第一阶段（6.5~7.5月龄）

（1）公猪的刺激　性欲好的成年公猪作用更大。具体做法如下：① 让待配的后备母猪养在邻近公猪的栏中；② 让成年公猪在后备母猪栏中追逐10~20分钟，让公母猪有直接的身体接触。追逐的时间要适宜，时间过长，既对母猪造成太大的伤害，也使得公猪对以后的配种没有兴趣。

（2）发情母猪的刺激　调一些刚断奶的母猪与久不发情的母猪关于一栏，几天后发情母猪将不断追逐爬跨不发情的母猪。

（3）适当的应激措施　① 混栏，每栏放5头左右，要求体况及体重相近，打斗时才会势均力敌；② 运动，一般放到专用的运动场，有时间可作适当的驱赶；③ 饥饿催情，对于偏肥的母猪可以限料3~7天，日喂1千克/头左右，充足饮水，然后自由采食；④ 场内车辆运输也有效，但应注意时间的长短，防止肢蹄的损伤。

2. 第二阶段（7.5~8月龄）

（1）采用输死精综合的处理方案　① 死精制作。普通精液或活力不好的精液经专用稀释液稀释后（按每头份40亿个精子、100毫升/瓶来包装，抗生素适当加大剂量）加入2滴非氧化性的消毒水将精子全部杀死（也可用冰冻再解冻的方法）；② 输死精操作。输精前在精液中加入20单位的缩宫素；③ 输完死精后前3天放定位栏饲养，限制采食，2千克/天，3天后放入运动场充分运动（天气热时，早晚各1次，每头半小时），同时放入1头公猪追赶；④ 运动后赶进配种舍大栏，进行催情补饲（自由采食），同时在饲料中添加营养剂（如维生素E粉或胺基维他）及抗菌消炎药（如利高霉素）；⑤ 输完死精后一般于5~15天开始发情。

（2）注意事项　① 在发情过程中有部分母猪由于种种原因而导致发情状态差或没什么"静立"状态，这些母猪只有根据母猪外阴的肿胀程度、颜色、黏液黏稠性进行适时输精，同时在输精前1小时注射氯前列烯醇2毫升（或促排3号），输精前5分钟注射催产素2毫升；② 如果输完死精后发情配种的后备母猪在配种后出现流脓较多的炎症状态时，应在配种后3天内注射抗生素治疗，并加注氯前列烯醇2毫升，可提高母猪的受胎率和分娩率。

3. 第三阶段（8~9月龄）

激素催情。生殖激素贫乏是导致母猪不能正常发情的一个重要原因，给不发情的后备母猪注射外源性激素可起到明显的催情效果。

在上述方法都采用了之后，仍然不发情的少量母猪最后可使用该方法处理1~2次，还不发情的作淘汰处理。常用的处理方法有以下这些：一是氯前列烯醇2毫升；二是律胎素2毫升；三是PMSG 1 000单位、HCG 500单位；四是PG 600处理1次，1头份。

六、空怀母猪的饲养管理和保健

带仔母猪断奶到再次配种这段时间为空怀期，一般经7~10天母猪就会发情。

（一）两种类型空怀母猪的生理特点

空怀母猪有两种类型，这两种空怀母猪生理特点没有一点共同之处，一种是经过较长时间的哺乳期，由于强烈泌乳使得体重减轻较多，体况膘情较差的母猪；另一种是在哺乳期由于带仔猪较少，或因母猪无奶、少奶而未经过哺乳的母猪，其体况由于没有经过哺乳期泌乳的消耗而体况较好，甚至有些过肥的母猪。

第一类空怀母猪由于体质较瘦弱，往往会影响体内的正常生理活动和正常生殖激素的分泌，使得母猪卵巢中卵泡不能正常生长发育而影响发情排卵，也就不能完成正常的配种受胎任务；即使有些瘦弱，空怀母猪也能够发情配种，但因排卵少或排出卵子活力不强，会造成产仔较少或仔猪瘦小，甚至畸形。

第二类比较肥胖的空怀母猪，由于在体内沉积了较多的脂肪，尤其是母猪卵巢附近沉积了很多脂肪，也会影响母猪正常的生理机能和卵巢的代谢活动，从而影响母猪的正常发情配种。

实践证明，过于肥胖的母猪往往不发情或排卵数过少而造成产仔猪较少，或是胎儿在胚胎期容易死亡而被母体吸收，为了使空怀母猪能够及时发情配种，对较瘦弱母猪应加强饲养使其尽快恢复体况，对过肥母猪应适当控制饲养或加强运动，使其尽快减肥。

（二）空怀母猪的饲养管理

良好的饲养管理，可促进空怀母猪如期发情排卵，提高受胎率。

1. 空怀母猪的管理目标

后备母猪达到两性成熟，及时配种，配种率80%以上。经产母猪适时发情、不返情、多产仔（年产仔猪24头以上）。断奶后3~7天配种，配种率达到85%以上。

2. 存在问题

断奶后不发情或异常发情的母猪较多，配种率低，母猪利用率低。

3. 空怀母猪的管理和保健技术要点

（1）短期优饲　根据同期胎次、膘情、体型大小，每4~5头放置一栏。在配种前对空怀母猪进行短期优饲，不能减少断奶母猪的采食量，以提高母猪排卵。

（2）饲喂　如果哺乳期母猪饲养管理得当、无疾病，膘情也适中，大多数在断奶后3~7天内就可正常发情配种，但在实际生产中常会有多种因素造成断奶母猪不能及时发情。

① 如有的母猪是因哺乳期奶少、带仔少、食欲好、贪睡，断奶时膘情过好，断奶前几天仍分泌相当多乳汁的母猪，为防止断奶后母猪患乳房炎，促使断奶母猪干奶，则在母猪断奶前和断奶后各3天减少饲喂量，可多补给一些青粗饲料。3天后视膘情仍过好的母猪，应继续减料，可日喂1.8~2.0千克，控制膘情，催其发情。② 有的猪却因带仔多、哺乳期长、采食少、营养不良等，造成母猪断奶时失重过大，膘情过差。为促进断奶母猪的尽快发情排卵，缩短断奶至发情时间间隔，则需生产中给予短期的饲喂调整。膘情差的母猪，通常不会因饲喂问题发生乳房炎，所以在断奶前和断奶后几天中就不必减料饲喂（可使用哺乳母猪料），断奶后就可以开始适当加料催情，避免母猪因过瘦而推迟发情。给断奶空怀母猪的短期优饲催情，要增加母猪的采食量，每日饲喂配合饲料2.2~3.5千克，日喂2~3次，湿喂。

（3）诱情　① 促进断奶空怀母猪的运动。将断奶空怀母猪小群圈养，4~5头可为一圈，每圈面积不能过小，最好带有室外运动场地。② 保持与公猪的接触。若圈舍为栏杆式，可在相邻舍饲养公猪，让母猪接受公猪性味刺激，隔栏的公猪可以每周调换一次。若圈舍为实体墙壁式，则每日将公猪赶到母猪圈内，接触爬跨刺激数分钟。③ 换圈。即将整圈的断奶空怀母猪过 1 周左右换一次圈，给以环境刺激。并按断奶时母猪膘情，将膘情好的和膘情差的分开饲养，一个圈内的母猪不宜过多，一般为 3~5 头，这样便于饲喂控制和发情观察。④ 按摩乳房。对不发情母猪，每天早晨按摩乳房 10 分钟，可促进其发情排卵。⑤ 药物治疗。对不发情母猪利用孕马血清、绒毛膜促性腺激素、PG-600、雌激素、氯前列烯醇等治疗（按说明书使用），有促进母猪发情排卵的效果，如以上方式都无效此母猪坚决淘汰。

（4）发情及配种时机　母猪达到性成熟后，即会出现固有的性活动周期，亦称发情周期。通常把上次发情到下一次发情的间隔时间称为发情周期。母猪的发情周期平均为 21 天，范围为 19~24 天。在这个周期中有发情期和休情期。从发情前期到发情后期，总称为发情期。母猪的发情期因个体不同而异，最短的只有一大，最长的 6~7 天，一般为 3~4 天。青年母猪的发情期较经产母猪的短。

① 发情征状。根据母猪的表现和生殖器官变化，可分为 3 个阶段。

发情前期：母猪表现不安，食欲减退，鸣叫，爬跨其他母猪，外阴部膨大，阴道黏膜呈淡红色，但不接受公猪爬跨，此期持续 12~36 小时。

发情中期：母猪继续表现不安，食欲严重减退或废绝，时而呆立，两耳颤动，时而追随爬跨其他母猪，外阴部肿大，阴道黏膜呈深红色，黏液稀薄透明，愿意接受公猪爬跨和交配。此期持续 6~36 小时，为输精的最佳时期。

发情后期：母猪趋于稳定，外阴部开始收缩，阴道黏膜呈淡紫色，黏液浓稠，不愿接受公猪爬跨，此期持续 12~24 小时。

② 配种时机。一般母猪发情后 24~36 小时开始排卵，排卵持续时间为 10~15 小时，排出的卵保持受精能力的时间为 8~12 小时。精子在母猪生殖器官内保持有受精能力的时间为 10~20 小时，配种后精子到达受精部位（输卵管壶腹部）所需的时间为 2~3 小时。据此计算，适宜的交配或输精时间是在母猪发情后 20~30 小时。交配过早，当卵子排出时，精子已丧失受精能力；交配过晚，当精子进入母猪生殖道内，卵子已失去受精能力，两者都会影响受胎率，即使受精也可能因结合子活力不强而中途死亡。但在生产实践中一般无法掌握发情和能够接受公猪爬跨的确切时间。

所以在生产实践中，只要母猪可以接受公猪爬跨（可用压背反射或公猪试情），即配第一次。第一次配种后经 12~20 小时，再配第二次。一般一个发情期内配种两次即可，更多交配并不能增加产仔数，甚至有副作用，关键要掌握好配种的适宜时间。为准确判断适宜配种时间，应每天早、晚两次利用试情公猪对待配母猪进行试情（或压背反射）。就品种而言，本地猪发情后宜晚配（发情持续期长），引进品种发情后宜早配（发情持续期短），杂种猪居中间。就母猪年龄而言，老配早，小配晚，不老不小配中间。

在生产实践中，往往很难确定母猪发情开始的时间，只有根据母猪的发情表现，母猪的排卵时间有早有迟，持续时间有长有短，为了确保卵子排出时有足够数量活力的精子受精，母猪在一个发情期内，最好用公猪配种 2 次。经产母猪每次配种的时间间隔为 24 小时，而青年母猪因为发情较经产母猪短，因此，青年母猪每次配种的时间间隔可缩短为 12 小时。

③ 配种方式。要按计划配种，做好适时配种工作。把握配种时间，一般交配时间以早晨 6 点和下午 6 点为宜。配种开始前要用消毒液洗母猪外阴和公猪包皮，再用水冲洗干净后进行交配。重复配种方式最佳：母猪在一个发情期内，用一头或两头公猪，或一头公猪一次加人工授精一次，相隔 12 小时或 24 小时先后配种 2 次。

（5）配种记录　做好返情母猪再发情配种工作，并要做好详细的配种记录。及时淘汰失去种用价值的母猪。

（6）保健　此阶段可做猪瘟疫苗的防疫；阿苯达唑、伊维菌素驱虫；盐酸林可霉素可溶性粉净化母体，为怀孕做准备。

七、母猪的淘汰与更新

保持母猪合理的胎次结构，有利于保持产仔均衡，使设备最大化地发挥作用，不因产仔忽多忽少造成设备空闲或者不够用。

（一）胎次结构

一般情况下，胎次一般是 2 胎、3 胎、4 胎、5 胎的母猪占大多数，可达到 50%~60%，甚至更高，这样可以保持较高的产仔率。正常情况下猪场母猪的平均胎次是 4 胎，如果平均胎次较低，说明低胎次的母猪较多，不利于生产达到最佳状态；如果平均胎次较高，说明高胎次的母猪较多，生产的后劲不足，影响以后生产的正常进行。

（二）淘汰率

母猪一般是3年更新一遍，也就是说每年的更新率在30%左右，太高会影响整个猪场的经济效益，毕竟淘汰母猪会增加成本；太低会使猪场的繁殖后劲不足，设备利用率不高，同样也会影响猪场的经济效益。

更新母猪也要考虑市场情况，如果市场形势不好，肉猪的卖价较低，此时种猪的卖价可能不会太高，可以适当地多淘汰一些生产性能不太好的母猪，淘汰一头经产母猪，可以补充一头后备母猪，从长远利益考虑是划算的。

（三）淘汰母猪的原则

首先要淘汰连续2个胎次产仔少的母猪，但初次配种体重太轻，妊娠期过度喂饲，哺乳期失重过多，导致断奶、体况差等母猪不应包括在内。

其次应淘汰那些用激素处理都不发情的母猪。母猪在断奶后最多观察18天，激素处理后应观察7天。如果这些母猪到下个发情期仍配不上种，则应淘汰。

再次要淘汰已产6~7窝仔的母猪，因为它们通常已开始出现窝产活仔数少（主要是因为死胎数增加），仔猪大小不均，且乳房疾病较多，泌乳功能减退，哺乳成绩较差。还由于身体笨拙，容易压死仔猪等现象。

第三节　妊娠母猪的饲养管理

一、母猪早期妊娠诊断与返情处置

妊娠诊断是母猪繁殖管理上的一项重要内容。配种后，越早确定妊娠对生产越有利，可以及时补配，防止空怀。这对于保胎、缩短胎次间隔、提高繁殖力和经济效益具有重要意义。一般情况下，母猪妊娠后性情温驯，喜安静、贪睡、食量增加、容易上膘，皮毛光亮和阴户收缩。一般来说母猪配种后，过一个发情周期没有发情表现说明已妊娠，到第二个发情期仍不发情就能确定是妊娠了。

近年来较成熟、简便，并具有实际应用价值的早期妊娠诊断技术主要有以下几个。

（一）母猪早期妊娠诊断方法

1. 超声诊断法

超声诊断法是利用超声波的物理特性，将其和动物组织结构的声学特点密切结合的一种物理学诊断法。其原理是利用孕体对超声波的反射来探知胚胎的存在、胎动、胎儿心音和胎儿脉搏等情况来进行妊娠诊断。目前用于妊娠诊断的超声诊断仪主要有 A 型、B 型和 D 型。

（1）B 型超声诊断仪　可通过探查胎体、胎水、胎心搏动及胎盘等来判断妊娠阶段、胎儿数、胎儿性别及胎儿状态等。具有时间早、速度快、准确率高等优点，但价格昂贵、体积大，只适用于大型猪场定期检查。

（2）多普勒超声诊断仪（D 型）　该仪器可通过测定胎儿和母体血流量、胎动等做较早期诊断。有试验证明，利用北京产 SCD-Ⅱ型兽用超声多普勒仪对配种后 15～60 天母猪检测，认为 51～60 天准确率可达 100%。

（3）A 型超声诊断仪　这种仪器体积较小，如手电筒大，操作简便，几秒钟便可得出结果，适合基层猪场使用。据报道，这种仪器准确率在 75%～80%。试验表明，用美国产 PREG-TONEⅡPLUS 仪对 177 头次母猪进行检测。结果表明，母猪配种后，随着妊娠时间延长，诊断准确率逐渐提高，18～20 天时，总准确率和阳性准确率分别为 61.54% 和 62.50%，而在 30 天时分别提高到 82.5% 和 80.00%，75 天时都达到 95.65%。

2. 激素反应观察法

（1）孕马血清促性腺激素（PMSG）法　母猪妊娠后有许多功能性黄体，抑制卵巢上卵泡发育。功能性黄体分泌孕酮，可抵消外源性 PMSG 和雌激素的生理反应，母猪不表现发情即可判为妊娠。方法是于配种后 14～26 天的不同时期，在被检母猪颈部注射 700 单位的 PMSG 制剂，以判定妊娠母猪并检出妊娠母猪。

判断标准：以被检母猪用 PMSG 处理，5 天内不发情或发情微弱及不接受交配者判定为妊娠；5 天内出现正常发情，并接受公猪交配者判定为未妊娠。试验结果为，在 5 天内妊娠与未妊娠母猪的确诊率均为 100%。且认为该法不会造成母猪流产，母猪产仔数及仔猪发育均正常，具有早期妊娠诊断和诱导发情的双重效果。

（2）己烯雌酚法　对配种 16~18 天母猪，肌内注射己烯雌酚 1 毫升或 0.5% 丙酸己烯雌酚和丙酸睾丸酮各 0.22 毫升的混合液，如注射后 2~3 天无发情表现，说明已经妊娠。

3. 尿液检查法

（1）尿中雌酮诊断法　用 2 厘米×2 厘米×3 厘米的软泡沫塑料，拴上棉线作阴道塞。检测时从阴道内取出，用一块硫酸纸将泡沫塑料中吸纳的尿液挤出，滴入塑料样品管内，于 -20℃ 贮存待测。尿中雌酮及其结合物经放射免疫测定（RIA），小于 20 毫克/毫升为非妊娠，大于 40 毫克/毫升为妊娠，20~40 毫克/毫升为不确定。蔡正华等报道其准确率达 100%。

（2）尿液碘化检查法　在母猪配种 10 天以后，取其清晨第一次排出的尿放于烧杯中，加入 5% 碘酊 1 毫升，摇匀，加热、煮开，若尿液变为红色，即为已怀孕；若为浅黄色或褐绿色说明未孕。本法操作简单，据报道，准确率达 98%。

4. 血小板计数法

文献报道，血小板显著减少是早孕的一种生理反应，根据血小板是否显著减少就可对配种后数小时至数天内的母畜作出超早期妊娠诊断。该方法具有时间早、操作简单、准确率高等优点。尤其是为胚胎附植前的妊娠诊断开辟了新的途径，易于在生产实践中推广和应用。

在母猪配种当天和配种后第 1~11 天从耳缘静脉采血 20 微升置于盛有 0.4 毫升血小板稀释液的试管内，轻轻摇匀，待红细胞完全破坏后再用吸管吸取一滴充入血细胞计数室内，静置 15 分钟后，在高倍镜下进行血小板计数。配种后第 7 天是进行超早期妊娠诊断的最佳血检时间，此时血小板数降到最低点（250 ± 91.13）$\times10^3$/毫米^3。试验母猪经过 2 个月后进行实际妊娠诊断，判定与血小板计数法诊断的妊娠符合率为 92.59%，未妊娠符合率 83.33%，总符合率 93.33%。

该方法虽有时间早、准确率高等优点，但应排除某些疾病所导致的血小板减少。例如，肝硬化、贫血、白血病及原发性血小板减少性紫癜等。

5. 其他方法

（1）公猪试情法　配种后 18~24 天，用性欲旺盛的成年公猪试情，若母猪拒绝公猪接近，并在公猪 2 次试情后 3~4 天始终不发情，可初步确定为妊娠。

（2）阴道检查法　配种 10 天后，如阴道颜色苍白，并附有浓稠黏液，触之涩而不润，说明已经妊娠。也可观看外阴户，母猪配种后如阴户下联合处逐渐收缩紧闭，且明显地向上翘，说明已经妊娠。

（3）直肠检查法　要求为大型的经产母猪。操作者把手伸入直肠，掏出粪便，触摸子宫，妊娠子宫内有羊水，子宫动脉搏动有力，而未妊娠子宫内无羊水，弹性差，子宫动脉搏动很弱，很容易判断是否妊娠。但该法操作者体力消耗大，又必须是大型经产母猪，所以生产中较少采用。

除上述方法外，还有血或乳中孕酮测定法、EPF 检测法、红细胞凝集法、按压腰背部法和子宫颈黏液涂片检查等。母猪早期妊娠诊断方法有很多，它们各有利弊，临床应用时应根据实际情况选用。

（二）返情的处置

繁殖母猪发情期进行配种后没有怀孕的现象称为返情。返情率的增加，会导致配种分娩率降低，从而影响养殖户的经济效益。

1. 母猪返情的原因

一是公猪精液质量不合格；二是配种时间不准确；三是母猪病理性及生理性返情。在不同的时间段，母猪返情代表着不同的意义。

（1）正常返情　21 天或 42 天左右，说明发情鉴定准确，但出现受孕失败。此现象的原因可能是：输精后 30 天内的管理应激因素（过度驱赶、注射、混群打斗、舍内持续高温等）；输精倒流过多，授精失败；精液质量不合格；输精时间太早或太迟。

（2）不正常返情　① 20 天内返情（通常在 18~19 天）的原因：发情鉴定不准确；发情鉴定准确，但母猪的第一次妊娠信号（授精后 9~12 天，受精卵到达子宫）没能建立；发生导致高热的疾病（特别是猪瘟、流感），也有可能是配种太迟造成的。② 24~39 天返情可能的原因。主要就是指配种后的 3~4 周发生问题造成胚胎损失，是非管理因素，可能原因为：疾病所致胚胎吸收或妊娠失败；母猪遗传型的个体差异；泌乳期太短，子宫未能完全恢复。③ 妊娠中期（45~105 天）的未孕返情。如果未见到确切的流产，则是由于妊娠鉴定的疏漏造成的；如果确切观察到明显的中期流产，则可能是由细小病毒、日本脑炎病毒和流感病毒最为常见的病原体引起的感染，尤其是南方以及北方初夏季节极易出现。④ 106 天以上的流产或早产。除了管理因素外，应该留意是否有蓝耳病毒感染。

2. 处置

为减少母猪返情率，常见措施有以下几点。

（1）提供合格的精液　精液品质好坏是影响受胎率的主要因素之一。没有品质优良的精液，要想提高母猪的受胎率是不现实的。对精液的品质进行物理性状（精液量、颜色、气味、精子密度、活力、畸形率等）检查，确保精液质量合格。同时，在高温季节到来前调整好防暑降温设备及采取向饮水中添加抗应激药、营养药等措施，以减少热应激对公猪精液品质的影响。

（2）提高配种技术　配种技术人员相关经验不丰富，查情查孕不准，最佳输精时机的掌握欠佳，造成受孕失败，母猪返情。经常培训技术人员以提高发情鉴定、输精时机判断、母猪稳定情况评定、输精等技术。

（3）做好猪舍环境卫生　每天清扫猪舍，减少病原微生物的滋生环境，并定期消毒，保证猪舍环境干净卫生。

（4）做好种母猪预防保健管理，减少母畜繁殖障碍疾病　为保证母猪有一个健康的体况，必须做好母猪的预防保健工作。尤其做好猪瘟疫苗（2次/年）、猪繁殖与呼吸综合征、猪伪狂犬病、猪细小病毒等会直接或间接地影响母猪怀胎的疾病的预防接种。减少细菌感染机会，特别是人工助产、人工授精、产后护理过程中，由于消毒不严格或动作粗鲁造成的子宫炎症。由于炎症的存在就容易有返情的情况发生，甚至造成屡配不孕。一旦发现母猪子宫炎症，应及时治疗。

（5）提高饲料质量，合理调配母猪配种期营养水平　由于玉米霉菌素容易引起母猪假发情现象，因此必须保证母猪的饲料质量，保证母猪有一个健康适宜的体况，以利发情配种。配种前后一段时间，尤其是配种后母猪的饲养水平的掌握是保证母猪受胎和产仔多少的关键因素。一般配种前一天到配种后的一个月内是禁止高能饲料饲喂的阶段，因为过高的营养摄入将会导致受精卵的死亡、着床失败。适当补充青绿饲料，加入电解多维，以补充维生素的不足。在怀孕后期40天内提高营养水平，保证胎儿健康生长。

二、妊娠母猪的管理

（一）妊娠母猪的饲养方式

在饲养过程中，因母猪的年龄、发育、体况不同，饲养方式也不同。但无论采取何种饲养方式都必须看膘投料，妊娠母猪应有中等膘情，经产母猪产前应达到七八成膘情。初产母猪要有八成膘情。根据母猪的膘情和生理特点来确定喂料量。

1. 抓两头带中间饲养法

适用于断奶后膘情较差的经产母猪和哺乳期长的母猪。在农村由于饲料营养水平低，加上地方品种母猪泌乳性能好，带仔多，母猪体况较差，故选用此法。在整个妊娠期形成一个"高—低—高"的营养水平。

2. 步步高饲养法

适用于初配母猪。配种时母猪还在生长发育，营养需要量较大，所以整个妊娠期间的营养水平都要逐渐增加，到产前一个月达到高峰。其途径有提高饲料营养浓度和增加饲喂量，主要是以提高蛋白质和矿物质为主。

3. 前粗后精法

即前低后高法，此法适用于配种前膘情较好的经产母猪，通常为营养水平较好的提早断奶母猪。

4. "一贯式"饲养法

妊娠期合成代谢能力增强，营养利用率提高这些生理特征，在保持饲料营养全面的同时，采取全程饲料供给"一贯式"的饲养方式。值得注意的是在饲料配制时，要调制好饲料营养，不过高，也不能过低。

应当注意的是，妊娠母猪的饲料必须保证质量，凡是发霉、变质、冰冻、带有毒性及强烈刺激性的饲料（如酒糟、棉籽饼）均不能用来饲喂妊娠母猪，否则容易引起流产；饲喂的时间、次数要有规律性，即定时定量，每日饲喂 2~3 次为宜；饲料不能频繁更换和突然改变，否则易引起消化机能的不适应；日粮必须要营养全面、多样化且适口性好，妊娠 3 个月后应该限制青粗饲料的供给量，否则容易压迫胎儿引起流产。

（二）妊娠母猪的管理

妊娠母猪管理的中心任务是做好保胎工作，促进胎儿的正常生长发育，防止流产、化胎和死胎。因此，在生产中应注意以下几方面的管理工作。

1. 注意环境卫生，预防疾病

母猪子宫炎、乳房炎、乙型脑炎、流行性感冒等都会引起母猪体温升高，造成母猪食欲减退和胎儿死亡。因此，及时清理猪粪，做好圈舍的清洁卫生，保持圈舍空气新鲜，认真进行消毒和疾病预防工作。

2. 防暑降温、防寒保暖

环境温度影响胚胎的发育，特别是高温季节，胚胎死亡率会增加。因此要注意保持圈舍适宜的环境温度，不过热过冷，做好夏季防暑降温、冬季防寒保暖工作。夏季降温的措施一般有洒水、洗浴、搭凉棚、通风等。标准化猪场要充分利用湿帘降温。冬季可采取增加垫草、地坑、挡风等防寒保暖措施，防止母猪感冒发热造成胚胎死亡或流产。

3. 做好驱虫、灭虱工作

猪的蛔虫、猪虱等内外寄生虫会严重影响猪的消化吸收、身体健康并传播疾病，且容易传染给仔猪。因此，在母猪配种前或妊娠中期，最好进行一次药物驱虫，并经常做好灭虱工作。

4. 避免机械损伤

妊娠母猪应防止相互咬架、挤压、滑倒、惊吓和追赶等一切可能造成机械性损伤和流产的现象发生。因此，妊娠母猪应尽量减少合群和转圈，调群时不要赶得太急；妊娠后期应单圈饲养，防止拥挤和咬斗；不能鞭打、惊吓猪，防止造成流产。

5. 适当运动

妊娠母猪要给予适当的运动。妊娠的第一个月以恢复母猪体力为主，要使母猪吃好、睡好、少运动。此后，应让母猪有充分的运动，一般每天运动 1~2 小时。妊娠中后期应减少运动量，或让母猪自由活动，临产前 5~7 天应停止运动。

第四节　母猪的分娩与接产

一、母猪的转栏与分娩前管理

（一）预产期推算

母猪从交配受孕日期至开始分娩，妊娠期一般在 108~123 天，平均大约 114 天。一般本地母猪妊娠期短，引进品种较长。正确推算母猪预产期，做好接产准备工作，对生产很重要。常用推算母猪预产期的简便易记的方法有以下 3 个。

1. 推算法

此法是常用的推算方法，从母猪交配受孕的月数和日数加 3 个月 3 周

3天，即3个月为30天，3周为21天，另加3天，正好是114天，即是妊娠母猪的预产大约日期。例如，配种期为12月20日，12月加3个月，20日加3周21天，再加3天，20日加3周21天，再加3天，则母猪分娩日期，即在4月14日前后。

2. 月减8，日减7推算法

即从母猪交配受孕的月份减8，交配受孕日期减7，不分大月、小月、平月，平均每月按30日计算，得数即是母猪妊娠的大约分娩日期。用此法也较简便易记。例如，配种期12月20日，12月减8个月为4月，再把配种日期20日减7是13日，所以母猪分娩日期大约在4月13日。

3. 月加4，日减8推算法

即从母猪交配受孕后的月份加4，交配受孕日期减8。其得出的数就是母猪的大致预产日期。用这种方法推算月加4，不分大月、小月和平月，但日减8要按大月、小月和平月计算。用此推算法要比上述推算法更为简便，可用于推算大群母猪的预产期。例如，配种日期为12月20日，12月加4为4月，20日减8为12，即母猪的妊娠日期大致在4月12日。使用上述推算法时，如月不够减，可借1年（即12个月），日不够减可借1个月（按30天计算）；如超过30天进1个月，超过12个月进1年。

（二）转栏与分娩前管理

1. 转栏和分娩前准备

（1）核对配种记录 做好预产期预告。

（2）产房准备 根据推算的母猪预产期，在母猪分娩前5~10天准备好产房（分娩舍）。产房要保温，舍内温度最好控制在15~18℃。寒冷季节舍内温度较低时，应有采暖设备（暖气、火炉等），同时应配备仔猪的保温装置（护仔箱等）。应提前将垫草放入舍内，使其温度与舍温相同，要求垫草干燥、柔软、清洁，长短适中（10~15厘米）。炎热季节应防暑降温和通风，若温度过高，通风不好，对母猪、仔猪均不利。舍内相对湿度最好控制在65%~75%，若舍内潮湿，应注意通风，但在冬季应注意通风造成舍内温度的降低。母猪进入分娩舍前，要进行彻底的清扫、冲洗、消毒工作，清除过道、猪栏、运动场等的粪便、污物，地面、圈栏、用具等用2%火碱溶液刷洗消毒。然后用清水冲洗、晾干，墙壁、天棚等用石灰乳粉刷消毒，对于发生过仔猪下痢等疾病的猪栏更应彻底消毒。

（3）转栏与母猪清洁消毒 为使母猪适应新的环境，应在产前3~5

天，选择早晨空腹前将母猪转入产房，转栏后立即饲喂。若进产房过晚，母猪精神紧张，影响正常分娩。在母猪进入产房前，应对猪体进行清洁或沐浴，清除猪体尤其是腹部、乳房、阴户周围的污物，并用高锰酸钾等擦洗消毒，以免带菌进入产房。

（4）准备分娩用具　应准备好必要的药品、洁净的毛巾或拭布、剪刀、5%碘酊、高锰酸钾溶液、凡士林油、称仔猪的秤、耳刺钳、分娩记录卡等。

2. 产前母猪的饲养管理

视母猪体况投料，体况较好的母猪，产前 5~7 天应减少精料的 10%~20%，以后逐渐减料，到产前 1~2 天减至正常喂料量的 50%。但对体况较差的母猪不但不能减料，而且应增加一些营养丰富的饲料以利泌乳。在饲料的配合调制上，应停用干粗不易消化的饲料，而用一些易消化的饲料。在配合日粮的基础上，可应用一些青料，调制成稀料饲喂。产前可饲喂麸皮粥等轻泻性饲料，防止母猪便秘和乳房炎。产前 1 周应停止驱赶运动和大群放牧，以免由于母猪间互相挤撞造成死胎或流产。饲养员应有意多接触母猪，并按摩母猪乳房，以利于母猪产后泌乳、接产和对仔猪的护理。对带伤乳头或其他可能影响泌乳的疾病应及时治疗，不能利用的乳头或带伤乳头应在产前封好或治好，以防母猪产后疼痛而拒绝哺乳。做好产前值班看护，尤其是夜间。

二、母猪的接产管理

（一）分娩过程

1. 母猪临产征兆

母猪临产前在生理上和行为上都发生一系列变化，掌握这些变化规律既可防止漏产，又可合理安排时间。

在母猪分娩前 3 周，母猪腹部急剧膨大而下垂，乳房亦迅速发育，从后至前依次逐渐膨胀。至产前 3 天左右，乳房潮红加深，两侧乳头膨胀而外张，呈八字排开。猪乳房动、静脉分布多，产前 3 天左右，用手挤压，可以在中部两对乳头挤出少量清亮液体；产前 1 天，可以挤出 1~2 滴初乳；母猪生产前半天，可以从前部乳头挤出 1~2 滴初乳。如果能从后部乳头挤出 1~2 滴初乳，而能在中、前部乳头挤出更多的初乳，则表示在 6

个小时左右即将分娩。等最后一对奶头能挤出呈线状的奶，为即将产仔。

母猪分娩前 3~5 天，母猪外阴部开始发生变化，其阴唇逐渐柔软、肿胀增大，皱褶逐渐消失，阴户充血而发红，与此同时，骨盆韧带松弛变软，有的母猪尾根两侧塌陷。母猪临产前，子宫栓塞软化，从阴道流出。在行为上母猪表现出不安静，时起时卧，在圈内来回走动，但其行动缓慢谨慎，待到出现衔草做窝、起卧频繁、频频排尿等行为时，分娩即将在数小时内发生。

母猪临产前 10~90 分钟，躺下、四肢伸直、阵缩间隔时间逐渐缩短；临产前 6~12 小时，常出现衔草做窝，无草可叼窝时，也会用嘴拱地，前蹄趴地呈做窝状，母猪紧张不安，时起时卧，突然停食，频频排粪尿，且短软量少，当阴部流出稀薄的带血黏液时，说明母猪已"破水"，即将在10~20 分钟产仔。在生产实践中，常以母猪叼草做窝，最后一对乳头挤出浓稠的乳汁并呈线状射出作为判断母猪即将产仔的主要征兆。

母猪的临产征兆与产仔时间见表 4-2。

表 4-2　母猪临产征兆与产仔时间

产前表现	距产仔时间
乳房潮红加深，两侧乳头膨胀而外张，呈八字排开	3 天左右
阴户红肿，尾根两侧下陷（塌胯）	3~5 天
挤出乳汁（乳汁透亮）	1~2 天（从前排乳头开始）
衔草做窝	6~12 小时
能从后部乳头挤出 1~2 滴初乳，中、前部乳头挤出更多的初乳	6 小时
能在最后一对奶头挤出呈线状的奶	临产
躺下、四肢伸直、阵缩间隔时间逐渐缩短	10~90 分钟
阴户流出稀薄的带血黏液	1~20 分钟

2. 分娩过程

临近分娩前，肌肉的伸缩性蛋白质即肌动球蛋白，开始增加数量和改进质量，使子宫能够提供排出胎儿所必需的能量和蛋白质。准备阶段以子宫颈的扩张和子宫纵肌及环肌的节律性收缩为特征。由于这些收缩的开始，迫使胎内羊水液和胎膜推向已松弛的子宫颈，促进子宫颈扩张。在准备阶段初期，以每15分钟周期性地发生收缩，每次持续约20秒钟，随着时间的推移，收缩频率、强度和持续时间增加，一直到以每隔几分钟重复地收缩。这时任何异常的刺激都会造成分娩的抑制，从而延缓或阻碍分娩。在此阶段结束时，由于子宫颈扩张而使子宫和阴道成为相连续的管道。

猪的胎盘与子宫的结合是属弥散性的，在准备阶段开始后不久，大部分胎盘与子宫的联系就被破坏而脱离。如果在排出胎儿阶段，胎盘与子宫的联系仍然不能很快脱离，胎儿就会因窒息而死亡。胎盘的排出与子宫收缩有关。由于子宫角顶部开始的蠕动性收缩引起尿囊绒毛膜的内翻，有助于胎盘的排出。在胎儿排出后，母猪即安静下来，在子宫主动收缩下使胎衣排出。一般正常的分娩间歇时间为5~25分钟，分娩持续时间依胎儿多少而有所不同，一般为1~4小时。在仔猪全部产出后10~30分钟胎盘便排出。胎儿和胎盘排出以后，子宫恢复到正常未妊娠时的大小，这个过程称为子宫复原。在产后几星期内子宫的收缩更为频繁，这些收缩的作用是缩短已延伸的子宫肌细胞。在45天以后，子宫恢复到正常大小，而且替换子宫上皮。

（二）接产

接产员最好有饲养该母猪的饲养员担任。

1. 接产要求

（1）产房必须安静 不得大声吵嚷和喧哗，以免惊扰母猪正常分娩。

（2）接产动作要求稳、准、轻、快

（3）消毒 0.1%高锰酸钾溶液消毒外阴、乳房、后躯。

母猪产仔时多数为侧卧，当见到母猪腹部努责，全身发抖，阴户流出羊水，两后腿伸直，尾巴向上翘时，即会产出仔猪。在分娩顺利时，基本每隔15~20分钟就产出1头仔猪。仔猪出生时，以头部先出来为多数，约占总产仔数的60%；臀部先出来的约占总产仔猪数的40%，这两种胎位均属正常。

2. 接产

（1）铺好麻包

（2）待母猪尾根上举时，则仔猪即将分娩出 可人工辅助娩出。

（3）一破三擦 胎儿落草后，应尽快地破开仔猪表面的膜，擦净仔猪口、鼻、全身的黏液，以防误咽。

（4）断脐 在距离仔猪腹壁4~5厘米处，用右手先将脐带内的血液向仔猪腹部方向挤压，然后用力捏一会儿脐带，再用已消毒的拇指指甲将脐带掐断，这样其断口为不整齐断口，有利于止血。

（5）烤干 放入产仔箱内烤干。

（6）吃初乳 必须确保出生的仔猪能在6小时内吃上初乳。研究表明，初乳中，分娩后的3小时：免疫球蛋白下降30%；6~7小时：下降50%；12小时：下降70%；24小时：只有初始浓度的10%。对于新生仔猪来说，这些特殊的抗体蛋白，新生仔必须吸收，以提供对各种细菌的防御，比如大肠杆菌。新生仔猪吮吸不到足够的初乳会降低其成活的可能性，影响后期的生长均匀度。

初乳除了能提供大量的母源抗体（母源蛋白）外，还富含能量，可提供热量。减少了因体表面积比过小，散热大，减少了分解肝糖原的可能，提升仔猪的活力，为后期生长均匀奠定基础。

不论是免疫蛋白还是初乳里的能量物质，仔猪仅仅能在产后18~24小时内吸收。研究表明，仔猪出生24小时后空肠的上皮细胞通路关闭。为了生存下来，必须保证有足够的初乳被小猪吸收，成功的哺乳管理可保证产后6小时内所有小猪吃到初乳。

烤干后，将仔猪送到母猪腹下吃初乳（3小时内，这时仔猪吸收初乳中的抗体效果最好）。在喂仔猪初乳前，用1%的高锰酸钾水溶液擦洗母猪乳房乳头。

大部分健康猪仔在出生后会主动寻找母猪的乳头，对于一些健康弱、活力差的仔猪会不知道寻找乳头，这就需要给予人工辅助，使仔猪较早地获得热源基质和免疫力。

3. 母猪难产处理

母猪在生产的过程中，发生难产是难以避免的，如果处理不当易造成母仔死亡的严重后果。母猪从第1头仔猪产出到胎衣排出，整个产程持续时间2~4小时，产仔间隔时间一般为10~15分钟。由于各种原因致使分娩进程受阻称为难产。准确判断母猪是否难产，直接关系到母仔是否健康，这是进行助产急救的重要前提。

（1）难产判断方法 分娩过程中，出现产仔间隔时间变长并且多次努责，母猪激烈阵缩，仍产不出仔猪。此时母猪呼吸急促、心跳加快、烦躁紧张、可视黏膜发绀等。如果羊水流出超过30分钟，母猪不安或疲劳，精神不振，呼吸加快，就应视为母猪难产，应采取助产处理。

（2）母猪难产的处理原则　母猪在生产时必须有专人看守，当发生难产时采取不同的助产措施，以减少因难产造成的经济损失。助产中要做好"查、变、摩、踩、拉、摸、注、牵、掏、输"助产十字方针。

①查。即检查难产母猪骨盆腔与产道是否异常，如骨盆狭窄、宫颈狭窄，仔猪无法经过产道就应采取剖腹产。

②变。即看到母猪分娩间隔超过30分钟时，把母猪赶起来，变换一下体位，可以帮助胎位不正时体位的纠正。

③摩。即分娩时，人可以给母猪乳房按摩，也可以让刚生下的仔猪去吸吮母猪乳房也达到自然按摩效果。这样有利于没产出的小猪快速顺利产出。

④按。摸母猪软腰处下方的肚子里是否有未产的仔猪。如肚内有未产的仔猪，会感到有明显凹凸不平，稍用力压时有可移动的硬物。当看到胎儿按压鼓起时，可顺势按在鼓起的部位，有利于胎儿产出。

⑤拉。当看到母猪努责阵缩微弱，无力排出胎儿，看到胎儿部分露出阴门时，及时拉出胎儿，节省母猪分娩时体力消耗。建议：一定避免手伸到产道里面去拉，以免增加感染的机会。

⑥摸。当助产人员将手伸入产道，若摸到直肠中充满粪球压到产道，可用矿物油或肥皂水软化粪球便于粪便排出；若摸到膀胱积尿而过多挤压产道，可用手指肚轻压膀胱壁，促进排尿；或强迫驱赶该母猪起立运动，促其排尿。

⑦注。对母猪羊水过早排出的，如果胎儿过大，产道狭窄干燥，易引起难产，可向产道注入干净食用的植物油等大量润滑剂，助产人员将消毒过的手伸入产道随着母猪阵缩，缓缓地将胎儿拽出。

⑧牵。若有仔猪到达骨盆腔入口处或已入产道，在感觉其大小、姿势、位置等情况下应立即行牵引术。

⑨掏。若注射催产素助产失败或确诊为产道异常、胎位不正，实施手掏术。产仔无力，应及时掏出胎儿。

术者首先要认真剪磨指甲，用3%来苏尔消毒手臂，并涂上液体石蜡或肥皂，蹲在高床网上产仔栏后面或侧卧在母猪臀后（平面产仔）。手成锥状于母猪努责间隙，慢慢地伸入母猪产道（先向斜上后直入），即可抓住胎儿适当部位（如下颌、腿等），再随母猪努责，慢慢将仔猪拉出。不要拉得过快以免损伤产道。掏出一头仔猪后，可能转为正常分娩，不需要再掏了。如果实属母猪子宫收缩乏力，可全部掏出。做过手掏术的母猪，均应抗炎预防治疗 5~7 天，以免产后感染，影响将来的发情、配种和妊娠。

⑩ 输。猪的死胎往往发生在最后分娩的几个胎儿，在产出后期，若发现仍有胎儿未产出而排出滞缓时，最好用药物催产，如缩宫素。

在助产过程中，要尽量防止损伤和感染产道。助产后应当给母猪注射抗菌药物，以防感染。输液的方案是：第一瓶：0.9%生理盐水 500 毫升+头孢噻呋（每千克体重 5 毫克）+鱼腥草注射液（每千克体重 0.1 毫升）；第二瓶：5%葡萄糖 500 毫升+维生素 C（一次量 500 毫克）+维生素 B_1（一次量 50 毫克）。

实在没有办法的情况下，可以使用剖宫产。

需要注意的是，生产母猪处于产道阻塞、胎位不正、骨盆狭窄及子宫颈尚未开放时禁用于催产。有些人想使母猪快速产仔，在母猪子宫颈刚刚张开就大剂量静注缩宫素，这样往往会适得其反。会造成子宫强烈收缩，羊水大量流出，造成产道干燥，仔猪不宜产出，严重的仔猪脐带都挤断了，仔猪也不能存活。如果不打缩宫素，仔猪在母猪肚子里依然用脐带连着母猪，母猪提供氧气，仔猪一般也不会造成死亡；同时，也容易造成初乳大量外流，这对仔猪可是最大的浪费，因为初乳中含有大量母源抗体，对增强仔猪抵抗力，减少疾病发生是任何东西都不可替代的。

4. 假死仔猪的急救

有的仔猪出生后全身发软，奄奄一息，甚至停止呼吸，但心脏仍在微弱跳动（用手压脐带根部可摸到脉搏），此种情况称为仔猪假死。如不及时抢救或抢救方法不当，仔猪就会由假死变为真死。

急救前应先把仔猪口鼻腔内的黏液与羊水用力甩出或捋出，并用消毒纱布或毛巾擦拭口、鼻，擦干躯体。急救的方法有以下几种。

① 立即用手捂住仔猪的鼻、嘴，另一只手捂住肛门并捏住脐带。当仔猪深感呼吸困难而挣扎时，触动一下仔猪的嘴巴，以促进其深呼吸。反复几次，仔猪就可复活。

② 仔猪放在垫草上，用手伸屈两前肢或后两肢，反复进行，促其呼吸成活。

③ 仔猪四肢朝上，一手托肩背部，一手托臀部，两手配合一屈一伸

猪体，反复进行，直到仔猪叫出声为止。

④ 倒提仔猪后腿，并抖动其躯体，用手连续轻拍其胸部或背部，直至仔猪出现呼吸。

⑤ 用胶管或塑料管向仔猪鼻孔内或口内吹气，促其呼吸。

⑥ 在仔猪鼻子上擦点酒精或氨水，或用针刺其鼻部和腿部，刺激其呼吸。

⑦ 将仔猪放在 40℃ 温水中，露出耳、口、鼻、眼，5 分钟后取出，擦干水气，使其慢慢苏醒成活。

⑧ 将仔猪放在软草上，脐带保留 20~30 厘米长，一只手捏紧脐带末端，另一只手从脐带末端向脐部捋动，每秒钟捋 1 次。连续进行 30 余次时，假死猪就会出现深呼吸；捋至 40 余次时，即发出叫声，直到呼吸正常。一般捋脐 50~70 次就可以救活仔猪。

⑨ 一只手捏住假死仔猪的后颈部，另一只手按摩其胸部，直到其复活。

⑩ 如仔猪因短期内缺氧，呈软面团的假死状态，应用力擦动体躯两侧和全身，促进仔猪血液循环而成活。

（三）母猪产后护理

1. 分娩结束后处理

（1）检查胎衣排出情况 母猪产仔结束后，要注意检查胎衣是否完全排出，当胎衣排出困难时，可给母猪注射一定量的催产素。及时将胎衣、脐带和被污染了的垫草撤走，换上新的备用垫草。

（2）清洗 用温水将母猪外阴、后躯、腹下及乳头擦洗干净。

2. 母猪的产后饲养

（1）母猪产后不能立即饮喂 分娩时体力消耗很大，体液损失多，母猪表现出疲劳和口渴，因此，在产后 2~3 小时，要准备足够的、温热的 1% 盐水，供母猪饮用，也可以喂些温热的略带盐味的麦麸汤。

（2）基本原则 母猪产后要遵循逐步增加饲喂量的基本原则。

母猪分娩后 8 小时内不宜喂料，第 2 天早上给少量流食。如果母猪消化能力恢复得好，仔猪又多，2 天后可将喂量逐渐增加 0.5 千克左右；以后，待到产后 5~7 天可逐渐达到标准。

3. 母猪分娩后的管理

在安排好仔猪吃初乳的前提下，让母猪得到足够的休息。及时清理污染物和胎衣。密切关注母猪变化，如体温、呼吸、心跳、皮肤黏膜颜色、产道分泌物、乳房、采食、粪尿等，如有异常应及时处理。

第五节　产房与哺乳母猪的饲养管理

一、产房内的环境管理

产房对环境的总体要求是：温暖干燥、清洁卫生、舒适安静、空气新鲜。为此，要做好以下工作。

（一）卫生管理

产房是整个猪场中最干净的区域，环境控制非常重要。良好的环境可以减少饲料消耗，提高整个猪群的健康水平，充分发挥生产力。

产房的猪全部转出后，首先彻底清理猪舍和地下粪沟。然后用清水把猪舍的屋顶、墙壁、门窗、产床、饲槽、保温箱等一切饲养设备设施，所有地面和地下粪沟冲洗干净。晾干后用2%的火碱水喷洒消毒，3天后用清水冲洗、晾干，再用其他消毒药消毒，再冲洗、晾干。然后封闭，用福尔马林和高锰酸钾熏蒸消毒，3天后开窗放气3~4天，方可进猪。

（二）温度管理

温度和采食量的关系很重要。空气的流速是影响猪舒适度的主要因素，当温度足够时，猪栏内的气流能使小猪发生寒抖，也是造成10~14日龄猪下痢的主要原因。刚出生的24小时，仔猪喜欢躺卧在母猪的乳头附近睡觉，然后它们才会学会找温暖的地方并转移过去，所以要在母猪附近放置保温垫，但保温垫不能太过靠近母猪，仔猪很容易被母猪压到。夏天高温天气，仔猪喜欢躺卧相对凉快的地方，不舒服或者过热过潮湿的地方便成了其大小便的地方。

1. 分娩时保温方案

刚出生的20~30分钟是最关键的时候，最好是在母猪后方安装保温灯，以免分娩时温度过低，同时乳头附近的上方也需要保温灯和大量的纸屑，母猪后方没有开始分娩前不放置纸屑，可以先放置在后边的两侧，以免粪尿将其污染。

尽量保持舍内恒温，需要变化温度时一定缓和进行，切忌温度骤变。

在保温箱中加红外线灯等保温设备，给乳猪创造一个局部温暖环境。母猪进入产房未分娩时舍内保持20℃；母猪分娩当周保持舍内25℃，保温箱内35℃；乳猪2周龄保持舍内23℃，保温箱内32℃；乳猪3周龄保持舍内21℃、保温箱内28℃；乳猪4周龄保持舍内20℃、保温箱内26℃。推荐的最佳温度见表4-3。

表4-3　仔猪和母猪的最佳参考温度　　　　　　　　（℃）

猪类别	猪龄	最佳温度	推荐的适宜温度
仔猪	初生几小时	34~35	32
	1周内	32~35	1~3日龄30~32 4~7日龄28~30
	2周	27~29	25~28
	3~4周	25~27	24~26
母猪	后备及妊娠母猪	18~21	18~21
	分娩后1~3天	24~25	24~25
	分娩后4~10天	21~22	24~25
	分娩10天后	20	21~23

　　因为仔猪在子宫里的温度是39℃，所以要保证初生猪的实感温度是37℃。在此要强调的是实感温度，所以如果温度计实测温度是37℃，加上其他保温工具，可能要高于37℃。不同垫料的实感温度大致是：木屑（5℃）、纸屑（4℃）、稻草（2℃）、水泥地板（0~1℃），所以实感温度可以由室温（22℃）、保温灯+保温垫（10℃）、塑料地板（1℃）、纸屑（4℃）组成，实感温度等于37℃。

　　2. 保温灯的放置

　　分娩前一天，室温保持18~22℃；分娩区准备，打开保温灯；分娩时，打开后方保温灯；分娩结束，将后方保温灯关闭；分娩后1~2天，移除后方保温灯。

　　3. 第一天温度管理

　　大多数农场只有一个保温灯，母猪有时左侧卧、有时右侧卧，所以在出生前几个小时仔猪只有50%的保温时间，而这段时间是仔猪保温关键时间。出生24小时保温灯最好置于保温垫对面，让仔猪无论在哪一边都有热源保障。

4. 2~3日龄保温方案

这时候的仔猪已经可以自己找到舒适的地方，对低温不会太过敏感，这时候可以撤掉保温垫对面的保温灯，也可以选择两个产床共用一个保温灯，直至仔猪1周龄。

5. 光源管理

光也会让母猪感觉不舒服，可以用块挡板来给母猪遮挡光源。而且光线太强的地方仔猪也不喜欢。但猪对光敏感，喜欢红色，所以可以考虑红色光线的保温灯。

6. 如何判断产房温度过高

（1）母猪的表现 ① 母猪试图玩水；② 频繁转身改变体位或者过多饮水时。

（2）躺卧姿势 ① 胸部着地不是侧卧，检查地面是否过湿；② 乳房炎多发，甚至分娩前就发现。

注意：有的认为产房内有了保温灯、保温箱等保温设施便万事大吉，但要根据仔猪实际休息状态和睡姿来判断温度是否合适，如小猪扎堆、跪卧、蜷卧便是温度过低，小猪四肢摊开侧卧排排睡才是正常温度，但要注意过于分散的四肢摊开侧卧睡姿有可能是温度过高。

（三）湿度控制

保持产房内干燥、通风。因高温高湿、低温高湿都有利于病原体繁殖，诱发乳猪下痢等疾病。高温高湿可用负压通风去湿，低温高湿可用暖风机控制湿度。相对湿度保持在65%~70%为宜。

（四）空气质量控制

要求猪舍空气新鲜，少氨味、异味。有害气体（二氧化碳、氨气、硫化氢）浓度过高时，会降低猪本身的免疫力，影响猪的正常生长，长时间有害气体加上猪舍中的尘埃，容易使猪感染呼吸道及消化道疾病。要减少猪舍内有害气体，首先要及时将粪尿清除，其次用风机换气。

（五）噪声控制

母猪分娩前后保持舍内安静，可避免母猪突然性起卧压死乳猪，同时有利于顺产。国外资料介绍，噪声性的应激可诱发应激综合征和伪狂犬疾病发生。

另外，要做好产房夏季降温与除湿，冬季保温与通风的协调兼顾。

二、哺乳母猪的饲养

哺乳母猪饲养的主要目标是：提高泌乳量，控制母猪减重，仔猪断奶后能正常发情、排卵，延长母猪利用年限。

（一）母猪的泌乳规律及影响因素

1. 母猪乳房构造特点

猪是多胎动物，母猪一般有乳头 6 对以上，沿腹线两侧纵向排列。乳腺以分泌管的形式通向乳头，中前部的乳头绝大多数有 2~3 个分泌管，而后部乳头绝大多数只有 1 个分泌管，有些猪最后一对乳头的乳腺管发育不全或没有乳腺管。由于每个乳头内乳腺管数目不同，各个乳头的泌乳量不完全一致。猪的乳腺在机能上都完全独立，与相邻部分并无联系。

母猪乳房的构造与牛、羊等其他家畜不同。牛、羊乳房都有蓄乳池，而猪乳房蓄乳池则极不发达，不能蓄积乳汁，所以小猪不能随时吸吮乳汁。只有在母猪"放乳"时才能吃到奶。

猪乳腺的基本结构是在 2 岁以前发育成熟的。再次发育主要发生在泌乳期中，只有被仔猪哺用的乳头，其乳腺才得以充分发育。对初产母猪来说，其乳头的充分利用是至关重要的。如果初产母猪产仔数过少，有些乳头未被利用，这部分乳头的乳腺则发育不充分，甚至停止活动。因此，要设法使所有的乳头常被仔猪哺用（如采取并窝、代哺，或训练本窝部分仔猪同时哺用两个乳头等措施），才有可能提高和保持母猪一生的泌乳力。

2. 母猪的泌乳规律

由于母猪乳房结构上的特点，母猪泌乳具有明显的定时"循环放乳"规律。

（1）泌乳行为　当仔猪饥饿需求母乳时，就会不停地用鼻子摩擦揉弄母猪的乳房，经过 2~5 分钟后，母猪开始频繁地发出有节奏的"吭、吭"声，标志着乳头开始分泌乳汁，这就是通常所说的放乳。此时仔猪立即停止摩擦乳房，并开始吮奶。母猪每次放乳的持续期非常短（最长 1 分钟左右，通常 20 秒左右）。一昼夜放乳的次数随分娩后天数的增加而逐渐减少。产后最初几天内，放乳间隔时间约 50 分钟，昼夜放乳次数为

24~25次；产后3周左右，放乳间隔时间约1小时以上，昼夜放乳次数为10~12次。而每次放乳持续的时间，则在3周内从20秒逐渐减少为10多秒后保持基本恒定。

（2）泌乳量　母猪的泌乳量依品种、窝仔数、母猪胎龄、泌乳阶段、饲料营养等因素而变动。每个胎次泌乳量也不同，通常以第三胎最高，以后则逐渐下降。以较高营养水平饲养的长白猪为例：60天泌乳期内泌乳量约600千克，在此期间，产后1~10天平均日泌乳量为8.5千克，11~20天为12.5千克，21~30天为14.5千克（泌乳高峰期），31~40天为12.5千克，41~50天为8千克，51~60天为5千克。

不同的乳头泌乳量不同，一般前面2对乳头泌乳量较多，中部乳头次之，最后2对最少。

每天泌乳量不平衡。母猪整个泌乳期内的泌乳总量为250~400千克，日平均4~8千克。但每天泌乳量不同，且呈规律性变化。一般是产后3~4周时达高峰期，以后泌乳量下降。第一个月的泌乳量占全期泌乳量的60%~65%。

在整个泌乳期内，各阶段的泌乳量也不一致。母猪泌乳量一般在产后10天左右上升最快，21天左右达到高峰，以后开始逐渐下降（图4-1）。所以，一般营养水平的仔猪早期断奶日龄不宜早于21日龄。

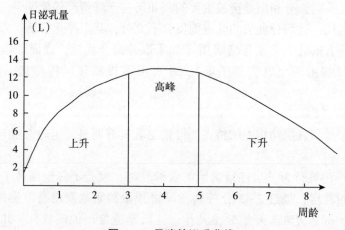

图4-1　母猪的泌乳曲线

（3）乳汁成分　母猪乳汁成分随品种、日粮、胎次、母猪体况等因素有很大差异。

猪乳分为初乳和常乳两种。初乳是母猪产仔 3 天之内所分泌的乳，主要是产仔后头 12 小时之内的乳。常乳是母猪产仔 3 天后所分泌的乳。初乳和常乳成分不同（表 4-4）。

同一头母猪的初乳和常乳的成分比较，初乳含水分低，含干物质高。初乳蛋白质含量比常乳含量高。初乳中脂肪和乳糖的含量均比常乳低。初乳中还含有大量抗体和维生素，这可保证仔猪有较强的抗病力和良好的生长发育。由此可见，初乳完全适应刚出生仔猪生长发育快、消化能力低、抗病力差等特点。

表 4-4 初乳和常乳的成分

| | 水分 | 总蛋白 | 脂肪 | 乳糖 | 免疫球蛋白（毫克/毫升血液） | | | 白蛋白 |
					G	A	H	
初乳	73.5	19.3	4.0	2.2	64.2*	15.6*	6.7	13.8*
常乳	81.1	5.8	7.3	4.3	3.5**	5.5**	2.3**	4.9**

注：*分娩后 12 小时平均值；**分娩后 72 小时平均值。免疫球蛋白项目的数据仅供参考，因为其含量受各种因素影响而变化幅度很大。这些数据旨在说明初乳中免疫球蛋白的含量高于常乳中的含量，且其含量迅速降低。

3. 影响母猪泌乳量的因素

（1）饮水 母猪乳中含水量为 81%~83%，每天需要较多的饮水，若供水不足或不供水，都会影响猪的泌乳量，常使乳汁变浓，含脂量增多。

（2）饲料 多喂些青绿多汁饲料，有利于提高母猪的泌乳力。另外，饲喂次数，饲料优劣，对母猪的泌乳量也有影响。

（3）年龄与胎次 一般情况下，第一胎的泌乳量较低，以后逐渐上升，4~5 胎后逐渐下降。

（4）个体大小 "母大仔肥"，一般体重大的母猪泌乳量要多。因体重大的母猪失重较多，这是由于泌乳的需要。

（5）分娩季节 春秋两季，天气温和凉爽，母猪食欲旺盛，其泌乳量也多；冬季严寒，母猪消耗体热多，泌乳量也少。

（6）母猪发情 母猪在泌乳期间发情，常影响泌乳的质量和数量，同时易引起仔猪的白痢病，泌乳量较高的母猪，泌乳会抑制发情。

（7）品种 母猪品种不同，泌乳量也有差异。一般二杂母猪的泌乳量较纯种母猪和土杂猪的泌乳量要高。

（8）疾病　泌乳期母猪若患病，如感冒、乳房炎、肺炎等疾病，可使泌乳量下降。

（二）哺乳母猪的饲养

1. 饲料喂量要得当

母猪分娩的当天不喂料或适当少喂些混合饲料，但喂量必须逐渐增加，切不可一次喂很多，骤然增加喂量，对母猪消化吸收不利，会减少泌乳量。母猪产后发烧原因之一，往往是由于突然增加饲料喂量所致。为了提高泌乳量，一般都采用加喂蛋白质饲料和青绿多汁饲料的办法。但蛋白质水平过高，会引起母猪酸中毒。故必须多喂含钙质丰富的补充饲料，再加喂些鱼粉、肉骨粉等动物性饲料，可以显著地提高泌乳量。

哺乳母猪应按带仔多少，随之增减喂料量，一般都按每多带 1 头仔猪，在母猪维持需要基础上加喂 0.35 千克饲料，母猪维持需要按每 100 千克体重喂 1.1 千克料计算，才能满足需要。如 120 千克的母猪，带仔 10 头，则每天平均喂 4.8 千克料。如带仔 5 头，则每天喂 3.1 千克料。

2. 饲喂优质的饲料

发霉、变质的饲料，绝对不能喂哺乳母猪，否则会引起母猪严重中毒，还能使乳汁变质，引起仔猪拉稀或死亡。为了防止母猪发生乳房炎，在仔猪断奶前 3~5 天减少饲料喂量，促使母猪回奶。仔猪断奶后 2~3 天，不要急于给母猪加料，等乳房出现皱褶后，说明已回奶，再逐渐加料，以促进母猪早发情、配种。

（三）保证充足的饮水

猪乳中水分含量 80% 左右，泌乳母猪饮水不足，将会使其采食量减少和泌乳量下降，严重时会出现体内氮、钠、钾等元素紊乱，诱发其他疾病。一头泌乳母猪每日饮水为日粮重量的 4~5 倍。在保证数量的同时要注意卫生和清洁。饮水方式最好使用自动饮水器，水流量至少 250 毫升/分钟，安装高度为母猪肩高加 5 厘米（一般为 55~65 厘米），以母猪稍抬头就能喝到水为好。如果没有自动饮水装置，应设立饮水槽，保证饮水卫生清洁。严禁饮用不符合卫生标准的水。

三、哺乳母猪的管理

哺乳母猪管理的重点是在保持良好环境条件的基础上，进行全方位观察，发现异常及时纠正。

（一）保持良好的环境条件

良好的环境条件，能避免母猪感染疾病，从而减低仔猪的发病率，提高成活率。

粪便要随时清扫，即做到母猪一拉大便就立即清扫，并用蘸有消毒液的湿布擦洗干净，防止仔猪接触粪便或粪渣。保持清洁干燥和良好的通风，应有保暖设备，防止贼风侵袭，做到冬暖夏凉。

（二）乳房检查与管理

1. 有效预防乳房炎

每天定时认真检查母猪乳房，观察仔猪吃奶行为和母仔关系，判断乳房是否正常。同时用手触摸乳房，检查有无红肿、结块、损伤等异常情况。如果母猪不让仔猪吸乳，伏地而躺，有时母猪还会咬仔猪，仔猪则围着母猪发出阵阵叫奶声，母猪的一个或数个乳房乳头红肿、潮红，触之有热痛感表现，甚至乳房胀肿或溃疡，母猪还伴有体温升高、食欲不振、精神委顿现象，说明发生了乳房炎。此时，应用温热毛巾按摩后，再涂抹活血化瘀的外用药物，每次持续按摩15分钟，并采用抗生素治疗。

① 轻度肿胀时，用温热的毛巾按摩，每次持续10~15分钟，同时肌内注射恩诺沙星或阿莫西林等药物治疗。

② 较严重时，应隔离仔猪，挤出患病乳腺的乳汁，局部涂擦10%鱼石脂软膏（碘1克、碘化钾3克、凡士林100克）或樟脑油等。对乳房基部，用0.5%盐酸普鲁卡因50~100毫升加入青霉素40万~80万单位进行局部封闭。有硬结时进行按摩、温敷，涂以软膏。静脉注射广谱抗生素，如阿莫西林等。

③ 发生肿胀时，要采取手术切开排脓治疗；如发生坏死，切除处理。

2. 有效预防母猪乳头损伤

① 由于仔猪剪牙不当，在吮吸母乳的过程中造成乳头损伤。

② 使用铸铁漏粪地板的，由于漏粪地板间隙边缘锋利，母猪在躺卧

时，乳头会陷入间隙中，因外界因素突然起立时，容易引起乳头撕裂。生产上，应根据造成乳头损伤的原因加以预防。

③哺乳母猪限位架设置不当或损坏，造成母猪乳头损伤。

3. 检查恶露是否排净

（1）恶露的排出　正常母猪分娩后3天内，恶露会自然排净。若3天后，外阴内仍有异物流出，应给予治疗，可肌内注射前列腺素。若大部分母猪恶露排净时间偏长，可以采用在母猪分娩结束后立即注射前列腺素，促使恶露排净，同时也有利于乳汁的分泌。

（2）滞留胎衣或死胎的排空　若排出的异物为黑色黏稠状，有蛋白腐败的恶臭，可判断为胎衣滞留或死胎未排空。注射前列腺素促进其排空，然后冲洗子宫，并注射抗生素治疗。

（3）子宫炎或产道炎的治疗　若排出异物有恶臭，呈稠状，并附着外阴周边，呈脓状，可判断为子宫炎或产道炎，应对子宫或产道进行冲洗，并注射抗生素治疗。

对急性子宫炎，除了进行全身抗感染处理（如肌内注射林可霉素，静脉注射阿莫西林等）外，还要对子宫进行冲洗。所选药物应无刺激性（如0.1%高锰酸钾溶液、0.1%雷夫奴尔溶液等）冲洗后可配合注射氯前列烯醇，有助于子宫积脓或积液的排出。子宫冲洗一段时间后，可往子宫内注入80万~320万单位的青霉素或1克金霉素或2~3克阿莫西林粉或1~2克的环丙沙星粉，有助于子宫消炎和恢复。

对慢性子宫炎，可用青霉素20万~40万单位、链霉素100万单位，混在高压灭菌的植物油20毫升中，注入子宫。为了排出子宫内的炎性分泌物，可皮下注射垂体后叶素20~40单位，也可用青霉素80万~160万单位、链霉素1克溶解在100毫升生理盐水中，直接注入子宫进行治疗。慢性子宫炎治疗应选在母猪发情期间，此时子宫颈口开张，易于导管插入。

4. 检查泌乳量

（1）哺乳母猪泌乳量高低的观察方法　通过观察乳房的形态，仔猪吸乳的动作，吸乳后的满足感及仔猪的发育状况、均匀度等判断母猪的泌乳量高低。如母猪奶水不足，应采取必要的措施催奶或将仔猪转栏寄养。

哺乳母猪泌乳量高低的观察方法见表4-5。

表 4-5 哺乳母猪泌乳量高低的观察方法

	观察内容	泌乳量高	泌乳量低
母猪	精神状态	机警，有生机	昏睡，活动减少；部分母猪机警，有生机
	食欲	良好，饮水正常	食欲不振，饮水少，呼吸快，心率增加，便秘，部分母猪体温升高
	乳腺	乳房膨大，皮肤发紧而红亮，其基部在腹部隆起呈两条带状，两排乳头外八字形向两外侧开张	乳房构造异常，乳腺发育不良或乳腺组织过硬，或有红、肿、热、痛等乳房炎症状；乳房及其基部皮肤皱缩，乳房干瘪；乳头、乳房被咬伤
	乳汁	漏乳或挤奶时呈线状喷射且持续时间长	难以挤出或呈滴状滴出乳汁
	放奶时间	慢慢提高哼哼声的频率后放奶，初乳每次排乳 1 分钟以上，常乳放奶时间 10~20 秒	放奶时间短，或将乳头压在身体下
仔猪	健康状况	活泼健壮，被毛光亮，紧贴皮肤，抓猪时行动迅速、敏捷，被捉后挣扎有力，叫声洪亮	仔猪无精打采，连续几小时睡觉，不活动，腹泻，被毛杂乱竖立，前额皮肤脏污；行动缓慢，被捉后不叫或叫声嘶哑、低弱；仔猪面部带伤，死亡率高
	生长发育	3 日龄后开始上膘，同窝仔猪生长均匀	生长缓慢，消瘦，生长发育不良，脊骨和肋骨显现突出；头尖，尾尖；同窝仔猪生长不均匀或整窝仔猪生长迟缓，发育不良
	吃奶行为	拱奶时争先恐后，叫声响亮；吃奶各自吃固定的奶头，安静、不争不抢、臀部后蹲、耳朵竖起向后、嘴部运动快；吃奶后腹部圆滚，安静睡觉	拱奶时争斗频繁，乳头次序乱，吃奶时频繁更换乳头、拱乳头，尖声叫唤；吃奶后长时间忙乱，停留在母猪腹部，腹下陷；围绕栏圈寻找食物，拱母猪粪，喝母猪尿，模仿母猪吃母猪料，开食早
母仔关系	哺乳行为发动	母猪由低到高、由慢到快召唤仔猪，主动发动哺乳行为；仔猪吃饱后停止吃奶，主动终止哺乳行为	由仔猪拱母猪腹部、乳房，吮吸乳头，母猪被动进行哺乳；母猪趴卧将乳头压在身下或马上站起，并不时活动，终止哺乳、拒绝授乳
	放乳频率	放乳频率、排乳时间有规律	放奶频率正常，但放奶时间短或放乳频率不规律
	母仔亲密状况	哺乳前，母猪召唤仔猪；放乳前，母猪舒展侧卧，调整身体姿态，使下排乳头充分显露；仔猪尖叫时，母猪翻身站立、喷鼻、竖耳，处于戒备状态；压倒或踩到仔猪时，立即起身；仔猪活动到母猪头部时，母猪发出柔和的声音；仔猪听到母猪哼哼声时，积极赶到母猪腹部吃奶；仔猪紧贴着母猪下方或爬到母猪腹部侧上方熟睡	母猪对仔猪索奶行为表现易怒症状，用头部驱赶叫唤仔猪或由嘴将其拱到一边；对吸吮乳头仔猪通过起身、骚动加以摆脱；压倒、踩到仔猪时麻木不仁；仔猪急躁不安，围着母猪乱跑，不时尖叫，不停地拱动母猪腹部、乳房，咬住乳头不松口

（2）母猪奶水不足的情况

① 母猪奶水不足的表现。

仔猪头部黑色油斑。多因仔猪头部磨蹭母猪乳房导致的。

仔猪嘴部、面颊有咬噬的伤口。仔猪为了抢奶头而争斗，难免兄弟自相残杀，只为了填饱肚子。

多数仔猪膝关节有损伤。多因仔猪跪在地上吃奶时间长，争抢奶头摩擦，导致膝盖受伤，易继发感染细菌性病原体，关节肿，被毛粗乱。

母猪放奶已结束，仔猪还含着母猪奶头不放。因奶水太少，仔猪吃不饱所致。

母猪乳房上有乳圈。奶太少所致。

母猪藏奶。母猪奶水不足，不愿给仔猪吮吸，吮吸使母猪不适，又或者母猪母性不好，或者初产母猪第一次不熟悉如何带仔所致。

母猪乳房红肿发烫，无乳综合征。母猪在产床睡觉姿势俯卧，不侧卧，是因为母猪乳房发炎，怕仔猪吸乳而疼痛。

② 母猪奶水不足的应对措施。

提供一个安静舒适的产房环境。

饲喂质量好、新鲜适口的哺乳母猪料，绝不能饲喂发霉变质的饲料。

想方设法提高母猪的采食量。

提供足够清洁的饮水，注意饮水器的安装位置和饮水流速，保证母猪能顺利喝到足够的水。

做好产前、产后的药物保健，预防产后感染，有针对性地及时对产后出现的感染进行有效治疗。

催乳。对于乳房饱满而无乳排出者，用催产素 20～30 单位、10%葡萄糖 100 毫升，混合后静脉推注；或用催产素 20～30 单位、10%葡萄糖 500 毫升混合静脉滴注，每天 1～2 次；或皮下注射催产素 30～40 单位，每天 3～4 次，连用 2 天。此外，用热毛巾温敷和按摩乳房，并用手挤掉乳头塞。

对于乳房松弛而无乳排出者，可用苯甲酸雌二醇 10～20 毫克+黄体酮 5～10 毫克+催产素 20 单位，10%葡萄糖 500 毫升混合静脉滴注，每天 1 次，连用 3～5 天，有一定的疗效。

中药催乳也有很好的疗效。催乳中药重在健脾理气、活血通经，可用通乳散或通穿散。通乳散：王不留行、党参、熟地、金银花各 30 克，穿山甲、黄芪各 25 克，广木香、通草各 20 克。通穿散：猪蹄匣壳 4 对（焙干）、木通 25 克、穿山甲 20 克、王不留行 20 克。

5. 其他检查

（1）检查母猪采食量　由于母猪分娩过程是强烈的应激过程，分娩后母猪往往体质虚弱，容易感染各种细菌，引发各种疾病，这些极易造成母猪不吃料。在生产上如发生这种情况，要认真查找引起不吃料的原因，并采取相应的措施。

（2）检查母猪健康和精神状况　哺乳母猪在分娩时和泌乳期间处于高度应激状态，抵抗力相对较弱，应及时在饲料中添加必要的抗生素进行预防保健。建议从分娩前 7 天到断奶后 7 天这一段时间（含哺乳全期）添加抗生素预防保健，至少应在分娩前后 7 天或断奶前后 7 天添加。

（3）检查舍内环境　给母猪和仔猪提供一个舒适安静的环境是饲养哺乳母猪非常关键的一项工作。

（4）检查饮水器的供水情况　清洁充足的饮水对哺乳母猪的重要性甚至超过饲料，是提高母猪采食量，确保充足奶水和自身健康的重要条件。因此每天早、中、晚定时检查饮水器，及时修复损坏的饮水器，保证充足的供水。

第五章　仔猪的培育

第一节　哺乳仔猪的教槽与补饲

一、教槽与教槽料

（一）教槽与教槽料的本质

当前，关于哺乳仔猪是否需要教槽，怎么教槽等问题，各方有不同的观点。本书仅作简单介绍，供读者参考。

如果认为哺乳仔猪需要教槽，那么，引诱–适应–习惯–学会吃料–尽可能地多吃料，以锻炼乳仔猪的消化道，尽早适应固体和植物性饲料，避免断奶应激（腹泻、失重），这应该是哺乳期对仔猪进行教槽的目的。同时在哺乳期教槽还有一个作用，就是使用教槽料给没有奶水的仔猪提供营养，或产仔数多、母乳不足时提供营养。因此不可武断地认为哺乳仔猪不需要教槽，也不能片面地认为哺乳仔猪教槽料只为教槽而备。

教槽料首要关注适口性是否良好，其次才是营养的全面性。所以要在保证适口性的同时兼顾营养的全面性。

如果母猪奶水充足，用稻谷煮粥饲喂就可以达到教槽目的。如果感觉煮粥麻烦，可以用稻谷或碎米用1.2毫米筛片粉碎二次熟化，用热水一调就变成粥。可以选择两种方法饲喂：断奶前5天开始饲喂，在其中添加少量保育料，先稀后干，断奶后5天（第10天）过渡到正常吃保育料；或断奶开始饲喂，方法如前，10天过渡，就能很好地解决仔猪教槽问题。

也可以仔猪在3~5天饮水时，在料盘水里面放置少许饲料，添加白糖。仔猪喝水的同时也吃进去饲料，每天3次，固定时间，诱食效果较好。仔猪日采食量分配：自分娩第5天起，每日每头5克，第2周每头每天10克，第3周每头每天15~20克。如果母猪奶水不好，可以加足量以仔猪吃净为准。前期教槽时水中再添加奶粉效果就会更好，乳香对仔猪有很强的诱食性。

如果奶水不足，就要考虑选用教槽料。

（二）正确评价教槽料

评价产品时应有科学的方法与态度，片面的评价某一方面功能是不科学的。评价教槽料一般看使用后，乳猪采食量、生长速度是否持续增加，腹泻率是否降低。通常在猪种与软硬件管理技术具备的条件下，教槽料乳猪应表现喜欢吃、消化好（通过粪便的观察）、采食量大，尤其是教槽料结束过渡下一产品后的 1 周内。营养性腹泻率低于 20%；饲料转化率为 1.2 左右；日均增重 250 克以上；采食量日均为 300 克以上。猪场往往把解决猪场管理的问题交给饲料企业，而饲料企业为了满足这些原本并非自己份内的额外要求时，只能在饲料中加些违规的东西，以期能达到最大的利益，看起来猪场得到了一些现实利益，然而最终为高药物买单的还是猪场自己，所以对于养猪企业来说，日常生产中还要做好生产记录，分析数据，不断发现问题、解决问题，不断提高猪场生产水平。特别是猪场产房的补料方式和补料结果，断奶后和保育舍的取暖方式等。

二、教槽料在选择和使用中常见的问题

1. 追求片面功能

教槽料是近几年来快速推广发展的产品，也是毛利较高的产品，大小饲料企业都在推广，部分生产厂家迫于市场推广压力，往往会满足技术不好的猪场对教槽料片面功能的追求。生产中，有些用户在选择教槽料时从感观闻到的腥味、乳香味、甜味等浓与淡来评价乳猪料好坏；也有人从外观看乳猪料的细腻程度、膨松程度，甚至颗粒大小等来判断教槽料的好坏，也有人从腹泻多少、饲料颜色的变化等来评价。猪场如不解决管理中的根本问题，一味希望通过调整营养配方来满足部分功能的话，往往导致会顾此失彼。如有的教槽料靠高药物添加控制腹泻，往往腹泻控制了，但猪后期生长受到很大影响，同时动物疾病的药物敏感性也提高很多，为猪场发生疫病后的高死亡率埋下很大的隐患。更为严重的是有猪场发生疫病后找不到一个有效的抗生素使用。甚至有些企业违规使用原料来满足一些养猪者对教槽料片面认知需求。

2. 不教槽或教槽不成功

教槽料的主要意义是让乳猪较早地接触到植物性饲料，从而让猪的消化道发育更充分，消化酶的变化更适应于消化饲料而不是乳汁，起到一个从乳到料的过渡作用，这个过渡的过程最好是在断奶前进行，但是现在的一些猪场断奶前很少使用教槽料或教槽不成功，21 天断奶的采食量远不足 525 克，28 天断奶的采食量更是连起码的 1 000 克都达不到，这样就使从乳到料的过渡时间延续到断奶以后，让猪在高的断奶应激的过程中同时完成这一过渡，且时间之紧是让乳猪的适应过程和猪的生命竞赛（猪仅有两种选择，一种是被饿死，另一种是吃饲料，虽然明知消化道还不适应这些东西，但它更清楚，自己的命更重要）；如果提供给乳猪的条件，特别是温度条件不能让猪更舒服地完成这一过渡，是很难让猪长得很快而又不腹泻。而现在的养殖场只是靠教槽料就想做到这些是不现实的，而这些养殖场是饲料厂的上帝，这是上帝的要求，于是一些饲料厂就无视法纪而大量使用药物，虽然猪的生长不是太好，但是最起码可以不腹泻，这在表观上满足了上帝的需求。即在不改变现在管理和硬件的前提下，靠药物让猪在腹泻、管理、硬件等方面达到了低水平的平衡，但是这种平衡是低水平的，并且有很多副作用。

3. 药物在教槽料中大量使用带来的负面影响

首先药物带来的平衡是低水平的，是建立在低生长效果的基础上的，特别是其对小肠绒毛的破坏是大家公认的，由此而带来的是后期的生长较慢，全程的经济效益受损，而上帝的实际需求是高水平上的平衡。

其次是细菌的耐药性。药物保健就像是定时炸弹，表面上风平浪静，实质危机四伏。药物保健带来的负面影响，是把产房和保育舍变成了制造超级细菌的工厂。

三、教槽料的使用

教槽料怎样使用才能让仔猪在高生产水平上达到生长、环境、腹泻的平衡？

（一）教槽料的形态

液体饲料、粉料、破碎料、颗粒料各有其优缺点（表 5-1）。就颗粒大小而言，与大颗粒饲料（直径 3 毫米）相比，仔猪更容易采食小的颗粒饲料（直径2毫米）。从17日龄仔猪开始采食饲料以后，为了使采食量最大化，也要注意颗粒硬度：水分越低，硬度越大，仔猪越不愿意采食。因为仔猪的牙齿还没有完全发育好，更喜欢松软的小颗粒料。

表5-1 教槽料不同形态的优缺点比较

	液体饲料	粉料	破碎料	颗粒料
优点	早采食，主动采食，可将所有的仔猪引诱到料槽，所有的仔猪愿意吃	与颗粒料相比，诱导采食较早，即开口时间比较早	破碎料是由大颗粒破碎成的细颗粒（含部分粉料）。采食介于粉料和颗粒料之间。由于经过熟化甚至膨化处理，故比粉料消化更好，料肉比比粉料略高	水分适宜，松软的小颗粒料，比粉料和大颗粒破碎的饲料具有更高的采食量和料肉比
缺点	容易变质，招惹苍蝇，需要经常更换，以保持新鲜。劳动强度大	难达到很大的采食量，必须同时喝大量的水，浪费比较大（表面看猪喜欢采食，实际大部分浪费掉），容易扬尘	比颗粒料脏	容易吃得太多，造成消化不良。如果颗粒太硬，则采食量很小

（二）教槽料的用量

理想的教槽料采食量可以估算，见表5-2。

表5-2 理想教槽料采食量的估算　　　　　　　　（克）

日龄	采食量估算合计		小计	
10~14 天	约 50			
15~21 天	约 300	350	600	
22~24 天	约 250			1 000
25~27 天	约 400			

注：实际生产上能达到理想值的70%，即认为是达到标准。

5~14日龄：让仔猪闻其味道，以感受教槽料为目的，每天5~25克。

15~21日龄：少量多餐，每次喂料都会刺激仔猪的采食好奇，喂料次数越多，提高采食量的效果越好。每天由20克渐增到75克。

22~28日龄：真正采食教槽料的阶段，每日渐增用量到150克以上。

（三）教槽料的选择

1. 感官上的判断

目前在乳猪生产中使用的教槽料类型主要有颗粒、破碎、粉状和液态4种。在实际生产中最常见的教槽料是前三种。由于生产工艺的限制，颗粒料和破碎料做到最好，质量也只能处于中档料水平。到目前为止高端高档的教槽料产品还都是粉料。选择粉料的同时要看粉碎细度，粉碎的越细越好，更容易被小猪吸收利用。

2. 水溶性判断

极易溶于水，形成乳浊液的教槽料，适宜乳猪的消化和营养吸收，可提高饲料消化率，进而提高乳猪采食量。可以取相同重量的教槽料置于相同体积的水中，搅拌均匀，分层越不明显、沉淀越少的质量越好。

3. 适口性判断

适口性好的教槽料，乳猪喜欢吃，采食量大，才可能有良好的日增重指标。可以取同样重量的教槽料两种，分别放到同样的两个料槽里，然后同时放到同一个猪栏里，观察小猪的采食情况。小猪爱吃哪个，说明哪个教槽料的适口性就好。

4. 选药物含量低的饲料

猪场应选择药物含量较低的饲料，因为高药物的饲料等于是在猪场建造了一个超级细菌制造工厂。猪场表面上风平浪静，其实质是风起云涌，危机四伏。一旦发病将没有有效的抗生素可用，让猪场三五年的心血几天之内付之东流。

含药物较多的教槽料，一般哺乳仔猪腹泻发生率极低，特别是环境恶劣的情况下腹泻极少；个别或较多的猪出现粪球形大便，更有甚者粪球外观黑色，粪球内没有消化的饲料颗粒明显。猪明显消化不好也不会出现腹泻，除了药物其他任何正常饲料都不可能做到。

5. 生长速度和料肉比判断

综合评价仔猪断奶后10天内的日增重和料肉比，日增重250克以上，料肉比1.3以下效果应该非常不错，可以选用。

6. 毛色和精神状态判断

仔猪断奶后皮红毛亮，活泼好动，爱亲近人，这样的教槽料效果应该很好，可以选择使用。

（四）料槽的选择

料槽的选用对仔猪补饲效果和饲料浪费与否影响很大。料槽选择应随着仔猪身体的生长发育而改变，以既有利于引导仔猪采食，又不会造成饲料浪费，且保证有适宜的采食位置为原则。不宜自始至终使用一个型号的料槽。

（五）改善环境

改善猪场的硬件或软件措施，让猪生活得更舒服一些。

低抗生素的教槽料由于其抗生素较少，所以对环境的要求较高。应当在以下几个方面进行改善。

① 取暖方式：最好是热源在下面的取暖方式。

② 断奶后 2 周内猪舍温度应比断奶前高 2~3℃。

③ 产床、保温箱、保育床、电热板等硬件会让猪生活得更舒服一些，同时也会让猪更少地接触到粪便，更少地饮用尿水等。

④ 前期的教槽很重要，断奶前的仔猪一定要吃到一定的饲料。21 天断奶，断奶前的采食量最少是 500 克，28 天断奶，断奶前的采食量最少是 1 500 克。

⑤ 产房饲养员的责任心、技术水平、人员管理、人力是否足够等方面与教槽是否成功至关重要，而教槽是否成功将会影响猪断奶应激、断奶后腹泻、断奶后生长速度、全程经济效益甚至是猪的一生。

⑥ 注意天气对断奶仔猪的影响，及时调控，减少天气变化对乳猪的影响。

（六）教槽补饲的方法

1. 自由采食

在仔猪经常出没的地方，在地板上（地面平养）或平板料槽（漏粪地板）撒上一些教槽料，让仔猪拱食、玩耍，或模仿母猪采食。每天多次撒料诱食。当仔猪了解教槽料的味道后，将教槽料放在浅的料槽中，让仔猪随意采食。料槽应固定好，以防仔猪拱翻。料槽中的饲料要少添勤添，保证饲料新鲜，防止饲料浪费。如果每头仔猪在断奶前累计采食了 600 克以上的教槽料，断奶后过渡就比较顺利。

2. 强制诱食

将教槽料用水调制成糊状，用汤匙或直接用手挑起糊状料涂抹到仔猪口腔中，任其吞食，同时在地面上撒少许同样的教槽料。反复进行 2~3 天后仔猪就会逐渐学会吃料。

3. 母猪引导

地面平养的哺乳母猪，可以在干净的地板上撒少许分散的教槽料，让母猪引导仔猪采食。

4. 液体补料

将饲料泡成稀水料（水∶料=1∶2），添加少量奶粉或代乳料，用专用的补料盆固定在产床上让仔猪吮吸，诱导其采食，直到断奶过渡到保育期。或者从出生后第 5 天开始采用液体饲料，从第 16 天开始过渡到颗粒料。

5. 限制哺乳

在哺乳后期，将仔猪隔离，限制哺乳次数，人为减少其对母乳的依赖，强迫仔猪采食饲料。

四、乳猪腹泻问题

在生产中经常听到猪场抱怨饲料腹泻，其实腹泻的原因有多种，生产中对乳猪的腹泻要分析原因，不能片面强调教槽料或管理某一方面因素。应针对原因采取有效的综合管理措施，减少或避免腹泻的发生。

第二节 仔猪的饲养管理

一、仔猪的生理与代谢特点

通常将从出生到20千克体重的猪称为仔猪。仔猪阶段是猪的生长发育和养猪生产的重要阶段。仔猪具有不同于其他阶段猪的消化生理、养分代谢和体温调节特点，这些特点成为仔猪营养需要和饲养技术独特性的重要机制，也是仔猪营养性紊乱（包括腹泻）的基本原因。

（一）消化生理

仔猪消化器官在胚胎期虽已形成，但结构和机能却不完善，具体表现在下列几方面。

1. 胃肠重量轻、容积小

初生时胃的重量为4~8克，仅为成年猪胃重的1%左右。初生胃只能容纳乳汁25~40克。到20日龄时，胃重增长到35克左右，容积扩大3~4倍，约到50千克体重后，才接近成年胃的重量。肠道的变化规律类似，初生时小肠重仅 20 克左右，约为成年猪小肠重的 1.5%。大肠在哺乳期容积只有 30~40 毫升/千克体重，断奶后迅速增加到 90~100 毫升。

2. 酶系发育不完善

初生仔猪乳糖活性很高，分泌量在 2~3 周龄达到高峰，以后渐降，4~5 周龄降到低限。初生时其他碳水化合物分解酶活性很低。蔗糖酶、果糖酶和麦芽糖酶的活性到 1~2 周龄后开始增强，而淀粉酶活性在 3~4 周龄时才达高峰。因此，仔猪（特别是早期断奶仔猪）对非乳饲料的碳水化合物的利用率很差。在蛋白分解酶中，凝乳酶在初生时活性较高，1~2 周龄达到高峰，以后随日龄增加而下降。其他蛋白酶活性很低，如胃蛋白酶，初生时活性仅为成年猪的 1/4~1/3，8 周龄后数量和活性急剧增加。胰蛋白酶分泌量在 3~4 周龄时才迅速增加，到 10 周龄时总胰蛋白酶活性为初生时的 33.8 倍。蛋白分解酶的这一状况决定了早期断奶仔猪对植物饲料蛋白不能很好消化，日粮蛋白质只能以乳蛋白等动物蛋白为主。至于脂肪分解酶，其活性在初生时就比较高，同时胆汁分泌也较旺盛。在 3~4 周龄时脂肪酶和胆汁分泌迅速增高，一直保持到 6~7 周龄。因此仔猪对以乳化状态存在的母乳中的脂肪消化吸收率高，而对日粮中添加的长链脂肪利用较差。

3. 胃肠酸性低

初生仔猪胃酸分泌量低，且缺乏游离盐酸，一般从 20 天开始才有少量游离盐酸出现，以后随年龄增加。整个哺乳期胃液酸度变动于 0.05%~0.15%，且总酸度中近一半为结合酸，而成年猪结合酸的比例仅占 1/10。仔猪至少在 2~3 月龄时盐酸分泌才接近成年猪水平。胃酸低，不但削弱了胃液的杀菌抑菌作用，而且限制了胃肠消化酶的活性和消化道的运动机能，继而限制了对养分的消化吸收。

4. 胃肠运动机能微弱，胃排空速度快

初生仔猪胃运动微弱且无静止期，随日龄增加，胃运动逐渐呈运动与静止的节律性变化，到 2~3 月龄时接近成年猪。仔猪胃排空的特点是速度快，随年龄增长而渐慢。食物进入胃后完全排空的时间在 3~15 日龄时为 1.5 小时，1 月龄时为 3~5 小时，2 月龄为 16~19 小时。饲料种类和形态影响食物在消化道的通过速度。如 30 日龄猪饲喂人工乳残渣时，通过时间为 12 小时，而喂大豆蛋白时为 24 小时，使用颗粒料时为 25.3 小时，而粉料则为 47.8 小时。

（二）代谢特点

1. 生长发育快

仔猪初生体重一般约占成年时的 1%，以后随年龄增加，生长速度和养分沉积量迅速增加。

仔猪的绝对生长速度（克/日）随年龄增长而速度加快，而生长强度（体重的相对生长量）则随年龄增长而下降。如 39 日龄体重为初生重的 8 倍，而 65 日龄体重仅为 39 日龄的 2 倍。养分沉积的重要特点是脂肪沉积率在初生后前 3 周内迅速增加，从初生时的 1% 提高到 5 千克时的 12%，以后与蛋白质的沉积率相当。蛋白质的沉积率初生后增长不多，灰分的增长率更趋稳定。但无论是脂肪、蛋白质或是灰分，在体内沉积的绝对量均随年龄增长而急剧增加，表明仔猪生长快，物质代谢旺盛。

2. 养分代谢机制不完善

仔猪在养分代谢上存在明显的缺陷，表现如下。

① 磷酸化酶活性低，降低了糖元分解为葡萄糖的速度，但饥饿、注射儿茶酚胺可提高该酶活性。

② 糖异生能力差，限制了应激仔猪所需葡萄糖的供应。

③ 肝脏线粒体数量少，限制了碳水化合物和脂肪酸作为能源的利用。且由于 ATP 合成量少，很多生物合成过程受到抑制。

④ 仔猪体脂沉积少。出生时，只有 1%～2% 的体脂，且大部分是细胞膜成分，作为能源的血液游离脂肪酸量很低，初生时才 100 微克当量/100 毫升。因此，尽管仔猪的脂肪利用机制存在，但底物供应非常有限，限制了仔猪的能量来源。

⑤ 氨基酸代谢也可能存在缺陷。

上述说明，新生仔猪主要依靠贮存量相对较多的碳水化合物及母乳的摄入来获取能量。新生仔猪每千克体重含碳水化合物 23 克，其中 21 克在肌肉，其余在肝脏。按新鲜组织含量计，肝糖原浓度为 200 毫克/克，而肌糖原为 120 毫克/克。出生后首先动用肝糖原，然后动用肌糖原。随着仔猪年龄增长，或在环境刺激下，上述缺陷可逐渐得到补救。但对于弱仔猪，这些缺陷则会有致命的危险。

（三）免疫机能

初生仔猪没有先天免疫力，因在胚胎期，母体的抗体不能通过胎盘传给胎儿。生后仔猪只有靠食入母乳，特别是初乳而获得被动免疫。初乳中总蛋白含量高达 15 克/100 毫升，其中 70%~80% 为免疫球蛋白。免疫球蛋白中，80% 为 IgG、15% 为 IgA、5% 为 IgM。3 种球蛋白中，4% 的 IgA、大部分的 IgM 和全部的 IgG 来自母猪血清，其余部分由母猪乳腺合成。常乳也是仔猪获取抗体的重要途径。产后 7 天的乳中含免疫球蛋白 6.5 毫克/毫升，其中，IgA 占 60%、IgG 30%。初生仔猪肠道具有原样吸收这些免疫球蛋白的能力，而这种能力在 48 小时后逐渐消失。3 种免疫球蛋白功能各有特点。IgA 能抵抗酶的消化，并能在消化后黏附在小肠壁上 12 小时以上，起抑制大肠杆菌的作用；IgG 主要在血清中起杀菌的作用，可防止败血症；IgM 主要作用是抵抗革兰氏阴性细菌。

在 1~2 周龄前，仔猪几乎全靠母乳获取抗体，随年龄增长，从乳中获得的抗体量下降。仔猪主动免疫在 10 日龄以后开始形成，并随年龄而迅速增长。仔猪自身产生的免疫球蛋白中，以 IgM 为主，并有少量的 IgA。到 6 周龄以后主要靠自身合成抗体。在 2~6 周龄期间为被动免疫向主动免疫的过渡期。

（四）体温调节

初生仔猪体温调节机能发育不全，对寒冷的抵抗能力差，反映在以下两个方面。

1. 物理调节能力有限

仔猪对体温的物理调节主要靠皮毛，肌肉颤抖，竖毛运动和挤堆等方式进行。由于仔猪被毛稀疏，皮下脂肪很少，隔热能力差，且初生时活力不强，靠挤堆共暖的能力有限。因此，靠物理调节远不能维持体温恒定。

2. 化学调节效率很低

仔猪初生时虽然下丘脑、垂体前叶及肾上腺皮质等系统的机能已较完善，但大脑皮层发育不全，对各系统机能的协调能力差。因此，当物理调节不能维持体温时，虽然体内也能通过甲状腺素、肾上腺素等的分泌来提高物质代谢，主要是提高脂肪和碳水化合物的氧化来增加产热，但效率很低，6 日龄前特别突出。7~20 日龄期间逐渐得到改善，到 20 日龄后才接近完善。

由于上述原因，初生仔猪临界温度高达 35℃，如处在 13~24℃，体温在生后第 1 小时可降低 1.7~7℃，尤其是在生后 20 分钟，降低更快，0.5~1 小时后才开始回升，而全面恢复正常大约需 48 小时。生后绝食或长期处于低温环境下，体温下降很快。据报道，绝食 2~3 天，体温降到 34.4℃，初生仔猪裸露在 1℃环境中 2 小时可冻昏冻僵，甚至冻死。因此，加强哺乳仔猪和早期断奶仔猪的保温工作是降低仔猪死亡率的关键措施。

二、产房仔猪的管理

（一）断尾

仔猪断尾可以减少保育和生长阶段的咬尾事件。咬尾通常会在保育舍和育肥舍出现，造成猪只健康问题，被咬尾的猪只要承受痛苦，而且伤口会感染，降低了猪的饮食及抗病力，同时极易感染坏死杆菌、葡萄球菌、链球菌等，大大降低猪的生产性能和食用性。

仔猪断尾可以节省饲料，提高日增重，减少咬尾症，降低仔猪死亡率，而且能改善胴体品质。仔猪断尾操作的重点有以下几方面。

1. 选

断尾时造成的伤口很容易感染，小猪在吃足初乳后获得了免疫力从而能更好地对抗感染。因此，在产后 6 小时后才允许断尾，前提是保证仔猪吃到足够的初乳。另外，考虑到应激最小化问题，通常我们在仔猪 3 日龄与去势一同进行，也可在 1 日龄与剪牙、补铁、灌药一起进行。具体依本场实际工作安排进行。

2. 消

为了使感染的风险降到最小，断尾钳要锋利，无缺口。而且在使用前后要用热肥皂水清洗、浸泡，洗干净之后，接着断尾钳放进消毒液中浸泡消毒。每 2 头仔猪之间，用消毒液进行消毒。断尾钳不能用于剪牙或断脐带。

3. 抓

左手臂夹住仔猪，仔猪头朝向操作者背部。左手抓住一只后腿和尾巴进行固定（固定猪只方法不唯一）。

4. 断

断尾时的主要问题是断尾后尾巴长短不一。太短，靠近尾根会愈合得慢，而且感染概率大；太长，猪仍有可能咬尾。理想留尾长度：将尾巴剪成 25 毫米长。实际生产中断尾长度母猪尾巴刚好盖住外阴即可，公猪盖住睾丸的一半（此处仅为生产中一些经验，仅供参考，初学者以上面数据为准）。如使用电烙剪时，要充分加热，断尾时力度、速度适中。

5. 检

在断尾之后，流血通常会很快凝固。在断尾后 5 分钟检查流血是否停止很重要。如果继续流血，可使用止血带 15 分钟或使用电烙剪横切面止血；切记不要烫到他人。

6. 记

断完一窝仔猪，要在产仔卡上做好记录日期。

（二）称重、打耳号

仔猪出生擦干后应立即称量个体重或窝重，初生体重的大小不仅是衡量母猪繁殖力的重要指标，而且也是仔猪健康程度的重要标志，初生体重大的仔猪，生长发育快、哺育率高、育肥期短。种猪场必须称量初生仔猪的个体重，商品猪场可称量窝重（计算平均个体重）。

猪的编号就是猪的名字，在规模化种猪场要想识别不同的猪只，光靠观察很难做到。为了随时查找猪只的血缘关系并便于管理记录，必须要给每头猪进行编号，编号是在生后称量初生体重的同时进行。编号的方法很多，以剪耳法最简便易行。剪耳法是利用耳号钳在猪的耳朵上打号，每剪一个耳缺代表一个数字，把两个耳朵上所有的数字相加，即得出所要的编号。以猪的左右而言，一般多采用左大右小，上 1 下 3、公单母双（公仔猪打单号、母仔猪打双号）或公母统一连续排列的方法。即仔猪右耳，上部一个缺口代表 1，下部一个缺口代表 3，耳尖缺口代表 100，耳中圆孔代表 400。左耳，上部一个缺口代表 10，下部一个缺口代表 30，耳尖缺口代表 200，耳中圆孔代表 800（图 5-1）。

注意事项如下。

① 预防缺口感染发炎导致缺口粘连变形。

② 在没有打完耳缺之前，禁止小猪寄养，特别是无色品种间。

③ 一个猪场每个耳号都是唯一的。

④ 空距要大于间距：耳根部与耳尖部之间的缺口空距要适当大一些，至少要大于耳根处或耳尖处缺口的间距，以易于区分识别缺口属耳根或耳尖。而且还要求缺口深浅一致，不过深、过浅，清晰易认，缺口间距基本一致，稀疏均匀，排列整齐。

⑤ 应尽量避开血管，所有耳缺要适度剪到耳缘骨，不能过深，不能过浅。

图 5-1　猪的耳号编制规则

（三）剪犬齿

剪掉犬齿可防止小猪伤害母猪乳头或吮乳争抢时伤害同窝仔猪，通常用消毒的剪牙钳剪除犬齿。剪牙时应小心，牙齿应尽可能接近牙床表面剪断，切勿伤及牙床，牙床一旦受损，不仅妨碍小猪吮乳，而且受伤的牙床将成为潜在的感染点。

（四）补铁

传统养猪中圈舍内为土地面，仔猪在补料前母猪带领仔猪在拱食土壤的过程中可以获得一部分铁元素的补充，同时传统养猪中猪的品种较现在规模化猪场差得远，当然生长速度也跟规模化猪场有较大的差别，尽管如此，传统养猪过程中对铁的补充依然是多数养猪场的重要工作之一。

现代规模化猪场其封闭的管理模式不同于传统养猪，母猪不能获得带领仔猪自由生活的权力，且圈舍建筑以水泥地面为主，无法从土壤中获得机体生长所需的各项微量元素，所以只能依赖于外界的补充，即直接补充或来源于饲料。所以在当代规模化猪场日常仔猪管理中补铁显得更为重要。

1. 补铁时间的选择

新生仔猪容易发生缺铁性贫血的原因是初生仔猪体内铁贮不足。据研究发现，新生仔猪出生时体内含铁贮为 40~50 毫克。而哺乳仔猪在生长过程中每天需 7~16 毫克铁才能保证其较快的生长速度。而新生仔猪唯一的铁来源就是由母乳获进，而每头新生仔猪通过母乳每天仅能获得约 1 毫克铁。所以新生仔猪体内的铁贮仅够维持机体 3 天的需求量。要保证 3 天后不发生缺铁性贫血，应在 4 日龄内对新生仔猪进行补铁，否则就会出现缺铁性贫血症。导致仔猪精神不振、食欲减退、腹泻、生长缓慢，甚至生长较快的仔猪会因缺氧而突然死亡。

2. 补铁制剂的选择

（1）严把质量关　养殖场（户）在选择补铁制剂时要仔细认真。首先要选择正规企业所生产的产品，另外检查生产日期、有效期、包装等，以防使用不合格或过期产品导致不必要的损失。

（2）规格选择　目前使用的补铁制剂较多的是右旋糖酐铁注射液，规格有 50 毫克/毫升、100 毫克/毫升、150 毫克/毫升。右旋糖酐铁含量较高，且较好的生产工艺使得药剂溶液颗粒较小，对仔猪刺激性小，吸收快，抽取和注射极为方便。此外，额外增加的硒、钴以及复合维生素 B 等，能够一针多补，作用全面，更有利于铁元素的全面吸收，同时可促进机体造血机能的进一步完善，增加了铁元素在造血过程中的利用率。

（3）铁剂的贮存　包装瓶为棕色玻璃安瓿，因为右旋糖酐铁见光易分解成导致机体过敏的右旋糖酐和毒性极强的三价铁离子，所以在贮藏铁制剂时应存放于阴凉通风处，有条件者最好贮存于冰箱内冷藏，严禁注射后放于阳光下暴晒。

3. 补铁剂量的确定

新生仔猪补铁剂量掌握在 150～200 毫克，量小不能满足机体需求，量大则易产生较强的毒副作用。据报道，超剂量使用补铁制剂会引起铁过负荷，许多重要器官如淋巴结、脾脏、肝脏、肺及肾脏受损伤，使机体的免疫机能下降和生理机能障碍，易患细菌性和病毒性传染病。临床表现为仔猪出血性胃肠炎、腹泻、呕吐、休克及急性肝坏死等病症。在实际操作过程中若选择 50～100 毫克/毫升规格的补铁制剂，需注射 2～3 毫升，由于猪的体重较小，此剂量注射后极易使注射部位起包，且吸收不佳，达不到注射效果。而选择含铁量为 150 毫克/毫升的铁制剂时，仅需注射 1 毫升，注射剂量小，易于注射，且吸收迅速完全。建议在 3 日龄、7 日龄分别补一次。

4. 补铁时间的选择

在生产中多数养殖单位对一天当中补铁的时间没有严格限制，只是为了日常工作方便而来安排补铁工作，殊不知铁制剂不仅在体外经阳光暴晒或高温可使铁剂中的 Fe^{2+} 转变为有毒性的 Fe^{3+}，而且在体内如若经阳光暴晒或高温也可使 Fe^{2+} 转变为有毒性的 Fe^{3+}，所以在实际生产中有的猪场在注射完补铁制剂后，仔猪接受阳光直射或高温也可出现过敏或中毒事件的发生。建议在铁制剂的使用过程中，尤其对于半封闭猪场更要引起重视，在安排补铁工作时，在冬季还是选择气温较高的下午2点左右或上午10点左右，但在夏季时节需选择在下午5点以后，这样注射相对效果更好一些，同时可防止不必要的铁中毒或过敏事件的发生。

（五）尽早吃足初乳

母猪产后3天内分泌的乳汁，称初乳。初乳的营养成分与常乳不同，含有丰富的蛋白质、维生素和免疫抗体。初乳对仔猪有特殊的生理作用，能增加仔猪的抗病能力；还含有起轻泻作用的镁盐，可促进胎粪排出；初乳酸度高，有利于仔猪消化；初乳中所含各种营养成分极易被仔猪消化利用。因此，初乳是初生仔猪不可缺少、不可取代的食物。为此，要使初生仔猪吃到充足的初乳非常重要。仔猪出生后，及时训练仔猪捕捉母猪乳头的能力，尽量在3小时内给予第一次哺乳。若母猪分娩延长到2小时以上时，应不等分娩结束就要先将产下的仔猪放回母猪身边进行第一次哺乳。

（六）固定乳头

固定乳头是提高仔猪成活率的主要措施之一。全窝仔猪出生后，即可训练固定乳头，使仔猪在母猪授乳时，能全部及时吃到母乳。否则，有的仔猪因未争到乳头耽误了吃乳，几次吃不到乳而使身体衰弱，甚至饿死。固定乳头应以自选为主，适当调整，对号入座，控制强壮，照顾弱小为原则。一般是把弱小仔猪固定在母猪中前部乳头吃乳，强壮的固定在后面，这样可使同窝仔猪生长整齐、良好、无僵猪，也可避免仔猪为争夺咬破乳头。若母猪产仔数少于乳头数，可让仔猪吃食2个乳头的乳汁，这对保护母猪乳房很有益。若母猪产仔数多于乳头数时，可根据仔猪强弱，将其分为两组轮流哺乳，或寄养给其他母猪，或人工哺养。

（七）寄养或并窝

寄养和并窝就是将不同窝的仔猪合并起来，并给其中1头泌乳量较大的母猪哺养。

根据仔猪寄养的时期差异，大致有以下4个阶段。

出生后 12~24 小时；

出生后 5~7 天（落后仔猪第一阶段）；

出生后 10~14 天（落后仔猪第二阶段）；

断奶不达标仔猪寄养母猪。

针对以上 4 个阶段的差异，把寄养分为交叉寄养和奶妈猪寄养两种形式。

1. 交叉寄养

将多窝产期相近且喝过初乳的出生 12~24 小时的仔猪，根据仔猪的大小、毛色等，将仔猪调整到同窝相对均匀且与母猪的有效乳头数量相匹配的状态。

随后持续关注确保寄养的母猪接受寄养过来的仔猪，同时保证每一头仔猪都能获得充足的奶水，若有寄养后持续的观察中发现仍有仔猪出现"掉队"情况需要重新选择奶妈猪并寻找失败的原因。

要做好交叉寄养，需要注意以下几个问题。

（1）交叉寄养的原则　交叉寄养在出生后 12~24 小时内；选择寄养的几窝，分娩时间相近，一般是同一日内分娩的；交叉寄养后母猪所带的仔猪数不超过母猪的有效乳头数；为了促进 1 胎母猪乳腺的发育，让 1 胎母猪带较大的、与其有效乳头数相当的仔猪；若产仔数较少的分娩日，1 胎母猪要比平均带仔数多带；让母猪尽可能多地带自己的仔猪（寄养出去的仔猪数量不要超过本窝仔猪数的 30%）；尽量保证窝内仔猪的均匀度良好，但不能将仔猪按照体重、体格大小排序分群。

（2）交叉寄养需要注意的问题　场内应无传染性疾病暴发，如猪传染性胃肠炎、猪流行性腹泻等；蓝耳病阴性场或蓝耳病稳定场可以进行仔猪寄养；选择被寄养的仔猪时要认真仔细；清楚每一头母猪的有效乳头数；禁止把所有将要被寄养的仔猪集中到一起后再寄养；尽量充分利用每一头母猪的有效乳头（特别是一胎母猪）；在寄养之前仔猪必须吃足初乳。

2. 奶妈猪寄养

将生长落后的或者可能断奶不达标的或者超过母猪有效乳头数的仔猪寄养给一头体况好、奶水好、母性好的低胎次母猪，从而重新组建一窝。

在寄养后需要评估母猪的母性、母猪的泌乳力及母猪的采食量。同时寄养之后，定时地查看寄养效果，对寄养不成功的，需要及时换奶妈猪。

奶妈猪寄养要想做得成功，同样需要根据一定的原则注意一定的事项。

（1）奶妈猪寄养原则　奶妈猪寄养刚出生的仔猪时，仔猪必须在吃足初乳后寄养（出生后 12~24 小时内）；奶妈猪须在能够哺乳好自己仔猪的前提下，才能进行寄养；选用的奶妈猪必须性情温驯，泌乳能力强，体况好；奶妈猪最好选用低胎次（二胎或三胎的母猪）的哺乳母猪；奶妈猪要能够接受所寄养的仔猪；奶妈猪被寄养的仔猪数一定不能超过其之前所带的仔猪数。奶妈猪的整个哺乳期不要超过 30 天。

（2）奶妈猪寄养注意事项　选择的奶妈猪必须母性好、体况好、泌乳能力强，之前所带的仔猪长势好；在寄养个体非常小的仔猪之前，首先评估一下它们是否有寄养的价值；寄养时单元与单元之间的落后猪尽量不要混合寄养；寄养之后，奶妈猪的饲喂量要适当减量，以防止奶妈猪过量分泌奶水，仔猪吃不完，导致奶妈猪乳房问题或停止泌乳；有疾病的仔猪不能进行寄养，但应该注意营养不良和患病仔猪之间的区别；如果没有合适的二胎母猪作为奶妈猪，那么可以选择 3~5 胎次的母猪作为替代方案。

仔猪寄养时要注意以下几方面的问题。

① 母猪产期接近。实行寄养时母猪产期应尽量接近，最好不超过 3~4 天。后产的仔猪向先产的窝里寄养时，要挑体重大的寄养，而先产的仔猪向后产的窝里寄养时，则要挑体重小的寄养。以避免仔猪体重相差较大，影响体重小的仔猪发育。

② 被寄养的仔猪一定要吃初乳。仔猪吃到初乳才容易成活，如因特殊原因仔猪没吃到生母的初乳时，可吃养母的初乳。这必须将先产的仔猪向后产的窝里寄养，称为顺寄。

③ 寄养母猪必须是泌乳量高、性情温驯、哺育性能强的母猪，只有这样的母猪才能哺育好多头仔猪。

④ 使被寄养仔猪与养母仔猪有相同的气味。猪的嗅觉特别灵敏，母仔相认主要靠嗅觉来识别。多数母猪追咬别窝仔猪（严重的可将仔猪咬死），不给哺乳。为了使寄养顺利，可将被寄养的仔猪涂抹上养母猪奶或尿，也可将被寄养仔猪和养母所生仔猪合关在同一个仔猪箱内，经过一定时间后同时放到母猪身边，使母猪分不出被寄养仔猪的气味。

寄养时常发生寄养仔猪不认"奶妈"而拒绝吃奶的情况，当养母放奶时不但不靠近吃奶，而是向相反的方向跑，想冲出栏圈回到母亲处吃奶。遇到这种情况可利用饥饿和强制训练的办法进行训练，才能成功。

给哺乳仔猪并窝总是面临以下3个问题：母猪拒哺别人的仔猪，甚至追着咬；仔猪不认新妈妈，不会主动去吃奶；新出生的仔猪吃的是"长流奶"，可"后妈"供的是"定时奶"，吸一口吸不到奶，它们就会放弃奶头围着母猪边转边叫，影响母猪正常哺乳。

能否解决以上矛盾需要讲究技巧。只要做好以下5个关键点，这三大问题也就迎刃而解了。

① 并窝时，一定要保留一部分母猪的亲生子女，不要全部移走。

② 打算并窝之前，先将移过来的仔猪与原保留下来的仔猪关在一起，一般可借助于保温箱，让它们串串气味。然后取一些代哺乳母猪的乳汁，涂在新迁来仔猪的身上，尤其是头部。母猪辨别仔猪是否亲生，主要是靠奶水气味。将一窝仔猪突然放到另一窝仔猪群中时，母猪会先"亲亲"这个外来者的嘴巴，这就是在鉴定它嘴中是否有熟悉的奶味，然后辨别出是否亲生，决定是否攻击。

③ 放出小猪吃奶前2小时，先给母猪打几只缩宫素。这里缩宫素是起催奶的作用，利于母猪安静地放奶。

④ 放小猪吃奶时，先抓亲生的，待放乳时，再抓过继过来的。需要注意要一头一头地抓，等一头彻底吃上奶再抓第二头。窍门儿就是"以多带少，逐渐渗透"，多尝试几次，只要小猪吃住奶，母猪也就不会排斥了。最后几头顺奶时，直接把它们固定在奶头中间就可以了。

⑤ 顺奶时应选择傍晚到晚上的时段。因为这一段时间母猪较安静，可静卧很久，甚至整晚保持一个姿势，更方便顺奶。而白天则会在放完奶后立马翻身、藏起奶头，比较麻烦。

三、哺乳仔猪的管理

(一) 保温防压

1. 保温

初生仔猪体温调节能力差，对环境温度有较高要求。仔猪最适宜的环境温度：0~3日龄为29~35℃，3~7日龄为25~29℃，7~14日龄为24~28℃，14~21日龄为22~26℃，21~28日龄为21~25℃，28~35日龄为20~22℃。

仔猪受冻这一问题普遍出现在产房管理较差的猪场。仔猪受冻通常见于较冷冬季的第一个月。受影响的仔猪都是日龄小、体质虚弱、行动缓慢的仔猪，它们往往会挤成一团，且通常靠近母猪的乳房。如果产房有贼风，或者产房的地面寒冷、潮湿，仔猪很容易受冻着凉。受冻的仔猪可能侧卧，逐渐呆滞、昏迷而死亡。

仔猪从温暖的母猪子宫产出，直接进入寒冷、潮湿的产房环境，极不适应；且新生仔猪尚未具备产热保温的能力，自身储存的能量也很少。

当仔猪觉得寒冷时，喜欢朝母猪的休息处移动，试图在母猪身上取暖，而这样更容易被母猪压住。

母猪的产仔区应该拥有足够的建筑围护，不使用门、窗或窗帘，产仔栏中应有适合仔猪休息的区域和可活动的保温灯，地面应温暖、干燥，这对于冬天较冷的地区尤为重要。许多猪场用垫料或垫子给仔猪提供一个温暖、干燥的休息区。

鉴于此，产房必须提供充足的热量，室温应维持在20℃以上，并保持生活环境的明亮；仔猪生活的区域至少应加热至35℃以上，以便为其提供一个安全而又温暖的空间，使其在睡觉时远离母猪的休息区域。要采取特殊的保温措施为仔猪创造温暖的小气候环境。

（1）厚垫草保温　水泥地面上的热传导损失约15%，应在其上铺垫5~10厘米的干稻草，以防热的散失，但应注意训练仔猪养成定点排泄习惯，使垫草保持干燥。

（2）红外灯保温　将250瓦的红外灯悬挂在仔猪栏上方或保温箱内，通过调节灯的高度来调节仔猪床面的温度。此种设备简单，保温效果好。

（3）烟道保暖　在仔猪保育舍内，每两个相邻的猪床中间地下挖一个25~35厘米宽的烟道，上面铺砖，砖上抹草泥，在仔猪舍外面的坑内升火。也可以在仔猪出生，抹干身上的黏液后，放进带有稻草、麻袋等保温材料的箩筐、纸箱内，2~3天后再让仔猪到母猪身边采食母乳。此法设备简单、成本低、效果好。

（4）电热板加温　一般用作初生仔猪的暂时保温，其特点是保温效果好，清洁卫生，使用方便，但造价高。

2. 防压

据统计，压死仔猪一般占死亡总数的10%~30%，甚至更多，且多数发生在出生后7天内。

母猪踩压致仔猪死亡是由综合因素引起的。

（1）母猪行为因素　研究证明，仔猪被压死基本发生于母猪由走动变为躺卧和站立，或是由躺卧和站立变为走动的时候。圈养条件下母猪躺卧姿势的变换常导致仔猪被压死，绝大多数的仔猪压死发生在其出生后1天。

母猪具有良好的母性，母猪缓慢躺下是为了把躺卧区域内的仔猪赶走。群养在分娩舍的母猪在躺卧前如不驱赶仔猪，则仔猪被压死的概率显著增加。

大多数母猪对被压仔猪发出的叫声无反应。这一无反应行为可以解释为饲养在产仔限位栏的母猪适应了隔壁仔猪的叫声，因为不管它作不作出反应都不能让隔壁仔猪停止发出叫声。

仔猪压死率与母猪的体型密切相关。母猪的选育要求其窝产数高且所产仔猪生长速度快，这一选择要求不仅使仔猪个体大，也使得母猪体型变大。母猪体型变大，但所用的妊娠和产仔限位栏的尺寸并没有改变，这一不匹配使得母猪福利和生产能力下降，许多母猪因年龄和体型原因被淘汰。饲喂在妊娠限位栏的母猪比圈养或放养条件下母猪的运动量少，这使限位栏内的母猪心脏和肌肉功能降低，增加了母猪小心躺下的难度。

母猪的活动量也对仔猪死亡率有影响，仔猪受伤、被压死大多发生在母猪站立、躺卧、走动时。活跃的母猪比安静的母猪更易压死仔猪，分娩舍的母猪产后3天90%的时间都躺卧着。

母猪在限位栏躺、坐的位置变换频率是圈养的2倍。限位时，许多母猪会挤压肩部与四肢关联处的疼痛位置，这会增加母猪变换位置的频率。给产后4小时内的母猪注射止痛剂能减少产后3天母猪变换位置的频率。

（2）仔猪行为　与新生老鼠、小白鼠和兔子一样，新生仔猪习惯与同伴一起扎堆抵御伤害、保持热量和代谢能，这一行为增加了其被压死的可能。初生体重低的仔猪更多的时间是在母猪乳房旁积极地吸奶，这增加了其被压的可能。

如果说仔猪扎堆在母猪旁边是为取暖，那么提供取暖设施吸引仔猪远离母猪应该可以减少其被压死的可能。这些加热设施能够降低仔猪腹泻的发生，也可以保持仔猪整体健康。

虽然加热措施可以提高出生2天内仔猪的存活率，但增加保暖设施、采用不同的保暖方法、保暖设备处于不同的位置（正上方、前面、侧面）都不能进一步提高仔猪的存活率。不管加热设施的位置和环境温度如何，出生 3 天内的仔猪都喜欢躺在母猪的旁边。1 日龄的仔猪 60%～75%的时间都在吸奶或扎堆躺在母猪旁边，这就增加了仔猪的压死率。提高哺乳仔猪存活率，除考虑环境因素，包括环境温度等之外，调整新生仔猪的行为也是一个重要考虑因素。

新生仔猪被母猪的乳房强烈吸引。通过对仔猪听觉、嗅觉、视觉和触觉的测试发现，仔猪被母猪乳房的构造和热量所吸引、仔猪被母猪乳汁的气味所吸引，为了更接近母猪的乳房，仔猪位置随着母猪躺卧位置的变化而变化。出生 12 小时内的仔猪很快就被母猪粪便和乳房分泌物所吸引，仔猪能够分辨出母亲的气味，仔猪同时也被母猪的分娩分泌物和叫声吸引。母猪生产后，绝大多数仔猪能直接找到母猪乳房，这说明即使仔猪没有一点视觉，也能直接找到母猪乳房。

母猪乳房的温暖、气味和柔软度吸引着仔猪争先恐后地跑到母猪乳房旁边扎堆，体型越瘦小、身体越弱的仔猪越是喜欢挨着母猪的乳房，这就增加了其被压死的可能。在产仔限位栏中放入乳房模型（模拟母猪乳房的气味、柔软度和温度）比保温灯更能吸引仔猪离开母猪。

环境温度为 24℃时，仔猪与同伴扎堆取暖，当环境温度为 45℃时，仔猪更喜欢独自躺卧。视觉不能决定仔猪扎堆与否，触觉和嗅觉的吸引是造成出生 3 天内的仔猪被压死的主要因素。温度虽然没有纳入主要因素，但其在保暖和抵抗疾病方面有着重要作用。

（3）设备设施　哺乳仔猪 50%死亡发生在出生后 3 天内，绝大多数的压死发生在仔猪出生 48 小时内。仔猪初生体重、环境温度、设备设施及疾病等因素影响着压死的发生率。仔猪压死率与母猪福利好坏存在着很大关系。

给分娩圈制造一个约 8%的坡度可以减少仔猪死亡率。环境因素（地板类型）也影响着仔猪压死率，虽然地板类型和圈舍结构在开始的时候能够影响仔猪存活率，但最终的断奶活仔数是相同的。

给限位栏的哺乳母猪加上垫草再加一个顶，则母猪对仔猪的叫声更敏感，且仔猪死亡率有所下降。饲养在分娩圈的母猪分娩间隔更短，虽断奶活仔数相同但其体重增加，分娩圈母猪母性更好。

资料表明，饲养在产仔限位栏和分娩圈的仔猪死亡率没有明显差异。圈舍尺寸和形状的改变都不能降低仔猪压死率，这主要是因为出生 3 天内的仔猪往往被母猪的乳房所吸引，并长时间地躺在其旁边，3天后，保暖灯就会代替母猪乳房，躺卧区域的变化可以避免仔猪被压死。

（4）性别　虽然窝产公猪比窝产母猪数量稍多一点，但母猪的存活率却比公猪高。窝产仔猪数多的，公猪存活率更低，公猪更容易出现死胎、弱仔，被饿死和压死。

与母猪相比，阉割的公猪无论年龄多大，都会长时间躺卧而不站立，这会增加疾病感染率和死亡率。公猪大多数的死亡都是挤压和寒冷造成的。

公猪比母猪基本的皮质醇浓度高，这会导致公猪对有害刺激和疾病更为敏感。公猪对信息激素的敏感是导致其压死率较高的原因之一。母猪乳房的信息激素使得嗅觉灵敏的公猪长时间待在母猪周围，这就增加了其被压死的可能。

（5）遗传　产仔限位栏的应用使得经营者更关注母猪繁殖性能而不是母性行为，从而导致仔猪被压死。

因此，要采取有效的防压措施，以减少损失。防压措施有以下几方面。

（1）设母猪限位架　母猪产房内设有排列整齐的分娩栏，在栏的中间部分是母猪限位栏，供母猪分娩和哺育仔猪，两侧是仔猪吃奶、自由活动和吃补助饲料的地方。母猪限位架的两侧是用钢管制成的栏杆，用于栏隔仔猪，栏杆长为2.0~2.2米，宽为60~65厘米，高为90~100厘米，由于限位栏架限制了母猪大范围的运动和躺卧方式，使母猪不能"放偏"倒下，而只能先俯卧，然后伸出四肢侧卧，这样使仔猪有个躲避的机会，以免被母猪压死。

（2）保持环境安静　产房内防止突然的响动，防止闲杂人等进入，去掉仔猪的獠牙，固定好乳头，防止因仔猪乱抢乳头造成母猪烦躁不安、起卧不定，可减少压踩仔猪的机会。

（3）加强管理　饲养员对母猪和仔猪要进行耐心细微的饲养管理，保持母猪良好的泌乳性能，为仔猪设置仔猪保温箱，产后1~2天，可将仔猪关入箱内，定时放奶，可减少压死仔猪，2日龄后仔猪吃完奶便自动到保温箱中休息，减少与母猪的接触机会，即使在夏季除去取暖设备并打开顶盖，同样是仔猪休息的场所。

另外，产房要有人看管，夜间要值班，一旦发现仔猪被压，立即哄起母猪救出仔猪。

（二）教槽、诱食、补料

内容见本章第一节。

（三）预防腹泻

腹泻是哺乳仔猪最常发的疾病之一。影响仔猪腹泻的因素很多，包括病原微生物、营养、环境、管理等。哺乳期病原微生物感染是腹泻的重要原因之一。病原性腹泻的特点见表5-3。

表5-3　仔猪病原性腹泻及其特点

病原	腹泻种类	特点	预防措施
大肠杆菌	黄痢	早发、急性、高死亡，传染源为母猪	初乳+抗生素+清洁
	白痢	10~20日龄高发，应激诱导或加剧感染	抗生素+管理
梭菌	红痢（梭菌性肠炎）	早发、急性、高死亡，粪及肠壁红色	抗生素+管理
密螺旋体	痢疾	7~12周龄多发，主要病变在大肠	用药+管理
病毒	传染性胃肠炎（TGE）	各年龄发病，小猪死亡率高	抗生素防继发感染
球虫	球虫病	2周龄多发，粪便稀软，呈糊状或牙膏状，灰黄色	3~4日龄口服妥曲珠利

预防哺乳仔猪腹泻的主要预防措施是加强管理，改善饲养环境。产仔前彻底消毒产房，哺乳期保持圈舍干燥、空气清新、温暖，尤其要注意仔猪保温，保持饮水清洁。对大肠杆菌性腹泻，可在母猪产前21天注射仔猪大肠杆菌苗。一旦发生腹泻，应及时治疗。

哺乳仔猪可因补饲不当而导致营养性腹泻。补料要求新鲜、适口性好、可消化率高。少给勤添，及时清除余料。

（四）去势

公母猪是否去势和去势时间取决于猪的品种、仔猪用途和猪场的生产管理水平。我国地方猪种性成熟早，育肥用仔猪如不去势，到一定阶段后，随着生殖器官的发育成熟会有周期性的发情表现，影响食欲和生长速度。公猪若不去势，其肉的臊味较浓影响食用价值。因此，地方品种仔猪必须去势后进行育肥。二元或三元杂交猪，在较高饲养管理水平条件下，6 个月龄左右即可出栏，母猪可不去势直接进行育肥，但公猪仍需去势。引进品种，因其生长迅速，育肥期短，不必去势。

一般肥育用仔猪，要求公猪在 20 日龄、母猪在 30~40 日龄前去势。仔猪去势后，应给予特殊护理，防止创口感染。

（五）八字腿的矫正

仔猪八字腿又名"外足"，是由于肌纤维发育不全所直接导致。这个疾病本身并不致命，死亡都是与之相关的饥饿和母猪碾压造成的，因此这种病造成的死亡率也存在很大差异，具体取决于猪场为仔猪提供的管理和照料水平。在饲养操作与管理欠缺的情况下，患仔猪的死亡率可达 100%。

1. 表现形式

表现症状在出生时或出生后很短时间内出现，可表现为下列多种形式。

（1）星状　患仔猪前后腿均外翻呈八字，这样的患猪无法站立，只能通过爬行或扭动身体来移动。

（2）后腿外翻　这是最常见的一种形式。后肢向外前侧翻伸出，后肢站立有困难。多数情况下患猪会呈"犬坐"状，靠扭动后体来移动。这会造成明显的皮肤损伤，从而引起继发感染。

（3）前腿外翻　这种情况非常少见，唯一能够见到这种病例的情况是蓝耳病暴发的早期。患猪后肢正常，但前腿向外侧翻出，患猪移动时下颌会拖在地上。这种患猪哺乳会非常困难，死亡率很高。

2. 病因

八字腿是一种多因素的疾病，最少见的两种形式前腿外翻和"星状"八字腿，通常与母猪妊娠后期的疾病感染有关，疾病可能影响了神经和肌肉的发育。例如，在急性 PRRS 暴发的情况下就会出现这两种形式的八字腿。

然而，后腿外翻这种最常见的八字腿的原因却不是那么单一。总的来说，下列情况出现频率会较高。

① 有的猪场为了降低成本，没有采购优质饲料（玉米、豆粕、麦麸等），加上目前市面上的脱霉产品都不能彻底脱毒（个别猪场主没有认识到这点），因此很容易造成母猪霉菌毒素蓄积，甚至中毒，直接导致仔猪八字腿严重。这类情况出生的仔母猪多表现为外阴红肿，且多发生于个体较大的仔猪。

② 生产中的数据统计表明，长白猪和长大二元的仔猪发病率高于三杂猪，且存在一定的遗传性。

③ 能导致仔猪先天性震颤的疫病都可能引起八字腿，特别是圆环病毒感染、猪瘟等。

④ 母猪妊娠期的疫苗注射（特别是后期）或某些副作用较大的抗生素保健（如磺胺、土霉素等），高温嘈杂，发生热性病等应激也可加重八字腿的发生。近亲繁殖则可直接造成八字腿等其他畸形猪出生。

⑤ 饲料营养方面，国内普遍认为妊娠母猪饲料中硒、蛋氨酸、维生素 E 和胆碱不足是产生八字腿的重要原因。

⑥ 母猪体况过肥或过差，特别是过肥影响更大。

⑦ 接产时仔猪身上的黏液未擦干净，若放入光滑垫板的保温箱中地板就更滑，新生仔猪可能因站立困难后腿韧带被拉长而造成八字腿。

3. 预防

针对上述病因，采取相应的措施便可有效控制或减少仔猪八字腿。

首先必须保证饲料质量，尽量选用优质产品，加强饲料库房建设和保管，防止饲料到场后变质。猪场主应该树立一流饲料生产一流产品的思维。因有些饲料肉眼根本无法判断其是否霉变，所以母猪妊娠料应全程添加脱霉剂，霉变饲料绝对不能用于种猪。做好相应疫病控制，保障猪群健康；加强饲养管理，控制母猪体况适当；减少不良应激；初生仔猪的接产和护理相当重要，一定要尽量擦干仔猪身上的黏液，若保温地板比较光滑，可以垫上洁净干燥的毛巾或麻袋，防止仔猪滑成八字腿。

一句话，就是要求生产中所采取的每项决策和行动都要有利于猪。

4. 治疗

前腿外翻和"星状"外翻八字腿的猪存活率非常低，尽早实施安乐死可能是最佳的方案。

对于后腿外翻的情况，只要能提供良好的护理并假以时日，患猪能够恢复得很好。有一套简便有效的治疗方案，成活率可达 65% 以上。首先通过人工单独护理保证其初乳的摄入，吃奶困难的可人工挤奶 20 毫升喂给，吃足初乳后，先把两后腿用胶带绑到正常腿距固定（采用绝缘胶带效果还可以，但注意一定要在胶带对皮肤造成损伤之前将其取下，不可以用线绳或草绳拴捆），然后用细绳一端系牢仔猪尾巴，另一端打活结拴在产床钢管上，目的是强行让仔猪后肢站立着地，防止其坐下。这样就防止了被母猪压死，同时加快了猪只的康复。母猪喂奶时及时将活结打开，护理其吃奶，一般2天左右便可成功。

（六）预防接种

仔猪应在30日龄前后进行猪瘟、猪丹毒、猪肺疫和仔猪副伤寒疫苗的预防接种。预防注射应避免在断奶前后1周内进行，以减少应激，保证仔猪快速增重和成活。猪常用疫苗的特点及使用方法见表5-4。

表5-4 猪常用疫苗及使用方法

疫（菌）苗	预防的疾病	接种对象方法和说明	免疫期
猪瘟兔化弱毒苗	猪瘟	按瓶签注明的剂量加水稀释，各种大小猪只均肌内注射或皮下注射1毫升，4天后产生免疫，哺乳仔猪在断奶后再注射一次	1.5年
猪肺疫弱毒菌苗	猪肺疫	不论猪只大小，一律口服1.5亿个菌，按猪数计算需要菌苗量，用清水稀释后拌入饲料，注意让每只猪吃完定量料，口服21天后产生免疫力	3个月
猪肺疫氢氧化铝菌苗	猪肺疫	不论大小猪只，一律皮下注射5毫升，接种14天后产生免疫力	9个月
猪丹毒弱毒菌苗	猪丹毒	不论大小猪只，按瓶签稀释剂稀释，一律皮下注射1毫升。注射7天后产生免疫力	9个月
猪丹毒氢氧化铝甲醛苗	猪丹毒	凡体重10千克以上的断奶仔猪，皮下注射5毫升，10千克以下的仔猪或未断奶仔猪，皮下注射3毫升；间隔45天后，再注射3毫升。注射后21天产生免疫力	0.5年
仔猪副伤寒弱毒菌苗	仔猪副伤寒	按瓶签注明稀释液稀释后，对1月龄以上健康哺乳仔猪或断奶仔猪，一律耳后薄层肌内注射1毫升	9个月
无毒炭疽芽孢苗	炭疽	皮下注射0.5毫升，注射后14天产生免疫力	1年
布氏杆菌猪型2号弱毒苗	布鲁氏菌病	臀部肌内注射1毫升，仔猪、孕猪不能注射，因系活菌苗，用后的注射器、针头煮沸消毒	1年
口蹄疫灭活疫苗	口蹄疫	耳根后颈部皮下注射5毫升，注射14天后产生免疫力。本品只能用于预防同型病毒的传染	2个月

四、断奶仔猪饲养管理

(一) 断奶时间

仔猪断奶的适宜时间应根据仔猪的生理特点、母猪的泌乳量、养猪场（户）的饲养管理条件和养猪者的管理水平而定。从仔猪消化道酶系统发育的情况来看，仔猪在 4~5 周龄时可采食到所需干物质一半的饲料，消化谷物类饲料的各种酶活力也大大上升，并超过乳糖酶，此时断奶仔猪受挫折较小，也较容易适应。母猪的泌乳量在分娩 3~4 周后开始下降，仔猪的生长曲线与母猪的泌乳曲线之间形成剪刀差，表明母乳在 3~4 周已不能满足仔猪的生长需要，因此，早期断奶就显得特别重要。如果条件允许可在 2~3 周龄断奶。

(二) 早期断奶的优越性与条件

1. 早期断奶可能带来的好处

① 双月龄时仔猪个体发育均匀。

② 减少母体挤压造成的损失，特别是带仔多的母猪，早期断奶可护理得更好。

③ 可完全控制营养，给予最好的全价饲粮，弥补母奶之不足，以利小猪更快更好地生长发育。

④ 较好地控制传染病和寄生虫(减少从母猪感染的机会)，也可减少腹泻，并且可补充母猪奶中铁的不足。

⑤ 节约一些母猪饲料，即母猪维持和饲料经母猪转化成奶，再从奶转化为仔猪体成分两次转化的损失。

⑥ 母猪少失重，如果不再利用可很快育肥出售。

⑦ 母猪可更快地再配种、怀孕。

⑧ 使母猪产仔在全年分布更均匀，有助于市场销售量和价格的稳定，即减少淡旺季的差异。

2. 早期断奶的条件

仔猪早期消化机能尚未健全，断奶过早势必造成仔猪采食量下降、消化不良、饲料利用率低、抗病和免疫能力差、腹泻、生长停滞和体况较差等所谓的"仔猪早期断奶应激综合征"。因此，早期断奶需要具备一定的前提条件，包括：第一，需要一个适口性好、消化率高的全价饲粮（诱食料和开食料）；第二，需要精心的管理，并要懂得怎样管理；第三，需要比较好的设施和环境卫生条件。

（三）断奶方法

仔猪断奶方法有多种，各有优缺点，应根据具体情况，灵活运用。

1. 一次性断奶法

在仔猪预定断奶日期当天，将母猪与仔猪立即分开。该方法对母仔猪均有不利影响。一方面，仔猪受食物和环境的突然改变易产生惊恐不安、消化不良、腹泻、体重下降等；另一方面又易使泌乳充足的母猪乳房肿胀，甚至诱发乳房炎。但该法简单，工作量小。为减少母猪乳房炎的发生，应于断奶前3~5天减少母猪的饲料和饮水的供给量，以降低泌乳量，同时加强对母仔猪的护理。

2. 逐渐断奶法

在仔猪预定断奶日期前5~7天，把母猪赶到另外的圈舍或运动场与仔猪隔开，然后每天定时放回原圈，逐日递减哺乳次数。此方法可避免仔猪和母猪遭受突然断奶应激，适于泌乳较旺的母猪，尽管工作量大，但对母仔均有益。

3. 分批断奶法

根据仔猪的发育情况、用途，分批陆续断奶。将发育好、食欲强或拟作肥育用的仔猪先断奶，而发育差或拟作种用的后断奶。此法的缺点是断奶时间长，优点是可兼顾弱小仔猪和拟留作种用的仔猪，以适当延长其哺乳期，促进生长发育。

（四）断奶仔猪的营养与饲喂技术

断奶后的营养调控对于减少腹泻、改善仔猪的生产性能起到至关重要的作用。

1. 合理地配制断奶饲粮

要求饲料原料新鲜，使用一定量的乳制品、喷雾干燥猪血浆或鱼粉等优质动物蛋白质饲料。适当降低饲粮蛋白质水平、保证氨基酸平衡，添加外源酶制剂、酸化剂、高铜（250毫克/千克）和抗生素等添加剂。按体重阶段配制饲粮（表5-5）。

表5-5　仔猪阶段饲粮配制方案

项目	阶段1（断奶至7千克）高浓度养分饲粮	阶段2（7~11千克）乳清、玉米-豆饼型	阶段3（11~23千克）谷实-豆饼饲粮
粗蛋白质（%）	20~22		
赖氨酸（%）	1.5~1.6	18~20	
添加脂肪（%）	4~6	1.25	
乳清粉（%）	15~25	3~5	
脱脂奶粉（%）	10~25	10~20	18
鱼粉（%）	0~3	3~5	1.10
铜（毫克/千克）	190~260	190~260	190~260
维生素E（毫克/千克）	40	40	40
硒（毫克/千克）	0.3	0.3	0.3

2. 早期断奶仔猪的饲喂技术

基本原则是控制饲料供给量，增加饲喂次数，避免突然换料。在断奶早期，每次供料量为自由采食量的60%~80%，每天饲喂5~7次。变换饲料时应有5~7天的适应期。饲料形态以小颗粒或液态为好。

（五）断奶仔猪的管理

断奶后1~2天仔猪很不安定，经常嘶叫并寻找母猪，夜间更甚。为减轻仔猪断奶后因失掉母仔共居环境而引起的不安，应将母猪调出另圈饲养，仔猪保留在原圈。

保证充足的清洁饮水。断奶仔猪采食大量饲料后，常会感到口渴，如供水不足而饮污水则引起下痢。

提供足够的圈栏面积。若猪只在高床保育栏中饲喂到8周龄左右（20千克体重），那么在转入仔猪舍时应给每头猪提供至少0.4米^{2}的躺卧面积。

断奶仔猪的保温十分重要。表5-6表明了断奶仔猪所需的圈舍温度。做好日常记录。日常记录非常简单且意义重大，可以计算出每批猪的日增重、料肉比、饲料成本、用水量、能源消耗、医药费用等。这些信息有助于更进一步地提高断奶仔猪的生产性能。

表 5-6 保育舍的温度

体重（千克）	日龄（天）	温度（℃）
5	17	29
7	25	26
9	32	24
12	39	22
15	46	21
19	53	21
23	60	21

（六）断奶仔猪常出现的问题及原因

断奶仔猪的管理，特别是断奶后的第 1 周，是仔猪管理环节的"重中之重"，因为断奶是仔猪出生后的最大应激因素。仔猪断奶后的饲养管理技术直接关系到仔猪的生长发育，搞不好会造成仔猪生长发育迟缓、仔猪腹泻，甚至诱发疾病，造成高死淘率等严重后果。

1. 断奶仔猪常出现的问题

（1）断奶后生长受阻 断奶后仔猪的生长速度立即下降。由于断奶应激，仔猪在断奶后的几天内食欲较差，采食量不够，造成仔猪体重不仅不增加，反而下降。往往需 1 周时间，仔猪体重才会重新增加。断奶后第 1 周仔猪的生长发育状况会对其一生的生长性能有重要影响。据报道，断奶期仔猪体重每增加 0.5 千克，则达到上市体重标准所需天数会减少 2~3 天。但是如断奶后一周出现 0.5~1 千克的负增重，我们将付出的代价是 15~20 天的延长出栏时间。

（2）仔猪腹泻 断奶仔猪通常会发生腹泻，表现为食欲减退、饮欲增加、排黄绿稀粪。腹泻开始时尾部震颤，但直肠温度正常，耳部发绀。死后解剖可见全身脱水，小肠胀满。

（3）诱发副猪嗜血杆菌病死亡 多发生于断奶后的第 2 周，发病率一般在 10%~15%，严重时死亡率可达 50%。表现为发热，食欲下降，皮肤发红或苍白，被毛粗乱，腹式呼吸，行走缓慢或不愿站立，腕关节、跗关节肿大，生长不良，直至衰竭而死亡。

2. 断奶仔猪出现以上问题的原因

（1）仔猪生理特点 仔猪整个消化道发育最快的阶段是在 20~70 日

龄，说明3周龄以后因消化道快速生长发育，仔猪胃内酸环境和小肠内各种消化酶的浓度有较大的变化。母乳中的乳糖在仔猪胃中转化成乳酸，保证胃酸度较大，即pH较小。仔猪一经断奶，胃内pH则明显提高。仔猪消化道内酶的分泌量一般较低，但随消化道的发育和食物的刺激而发生重大变化。如果提前给乳猪补充饲料，而且设法尽可能多采食开口料，可刺激胃肠道发育，促进胃酸和消化酶分泌功能，对饲料消化能力增强，减少断奶后的消化不良引起的腹泻，大大提高断奶后的抗病力。

（2）仔猪的免疫状态　新生仔猪从初乳中获得母源抗体，在1日龄时母源抗体达最高峰，然后抗体浓度逐渐降低。第2~4周母源抗体浓度较低，而自身免疫也不完善，如果在此期间断奶，仔猪容易发病。研究发现，肠道黏膜下集结全身60%~70%免疫细胞，是最大的"免疫器官"。因此，吃母乳时，尽可能多地补饲开口料刺激消化功能，减少断奶时肠黏膜损伤，即可提高断奶猪免疫功能。

（3）微生物区系变化　哺乳仔猪消化道的微生物是乳酸菌占优势，它可减轻胃肠中营养物质的破坏、减少毒素产生、提高胃肠黏膜的保护作用、有力地防止因病原菌造成的消化紊乱与腹泻。乳酸菌最宜在酸性环境中生长繁殖。断奶后，食物结构发生变化，胃内pH值升高，乳酸菌逐渐减少，大肠杆菌逐渐增多（pH为6~8时环境中生长），原微生物区系受到破坏，导致疾病发生。

（4）应激反应　仔猪断奶后，因离开母猪，在精神和生理上会产生一种应激，加之离开原来的生活环境，对新环境不适应，如舍温低、湿度大、有贼风，以及房舍消毒不彻底，导致仔猪发生条件性腹泻。

（5）营养问题　也许是唯一的问题。大多数猪场饲养管理人员重视认识程度不够深刻，在仔猪至关重要的过渡期（断奶后，仔猪立刻由母乳喂养转变为吃饲料，没办法很好地进行消化吸收固体饲料的过程）没有给予正确合理的营养。

在日粮配方设计方面，使日粮的消化吸收尽可能在仔猪消化系统中进行，特别是早期断奶仔猪，不能为降低成本，用质量不高的乳猪饲料，减少生长受阻现象。

3. 管理措施

（1）提前补饲，设法做到补料量最大化　造成仔猪断奶应激的根本原因，就是仔猪断奶时对饲料的消化功能弱，之后几天内摄入营养物质少，造成营养负平衡。因此，通过提前补饲，刺激胃酸-消化酶分泌功能，适应消化植物性营养。断奶后即可采食、消化吸收饲料营养，不会出现营养负平衡。研究表明，小肠微绒毛长度与断奶后采食量成正比，高采食量利于保育猪肠道尽快发育完善，降低断奶应激，提高抗病力，加快保育期长势，实现"多活、均匀、快长"。28日龄乳猪，断奶前累计补料量至少400克/头。遵循少给勤添，保持饲料新鲜为原则。刚开始补饲和刚断奶几天内，可用温开水将饲料调制成粥状，利于仔猪采食。

（2）选择高质量的开口保育饲料　首要考虑条件是采食量高、易消化和营养性腹泻少。解决仔猪消化不良引起的腹泻要从饲料的易消化性和添加促消化制剂着手，而不是通过添加大量抗生素掩盖等。这样利于猪肠道尽早发育，微生态区系形成，完善消化功能，增强肠黏膜的免疫功能，提高断奶猪的抗病力和保育期成活率。应用适合仔猪消化生理特点的饲料原料（如乳清粉、优质鱼粉、发酵豆粕等），采用先进生产设备工艺制成酥软、易消化的高品质开口料。更易使10日龄左右哺乳仔猪提前吃料，多吃料，促使消化道发育，可尽早完善消化和免疫功能。

（3）饮水中添加有机酸化剂　仔猪消化道酸碱度（pH值）对日粮蛋白质消化十分重要。大量研究表明，在3~4周龄断奶仔猪玉米-豆粕型日粮中添加有机酸，可明显提高仔猪的日增重和饲料的转化率。另外，酸化剂还可杀死饮水管线中的病原菌，减轻断奶仔猪腹泻，提高断奶仔猪成活率和健康程度，提高养殖效益。已知有机酸中效果确切的有柠檬酸、富马酸（延胡索酸）和丙酸。一定选择含酸量高、缓冲性好，不腐蚀皮肤黏膜的复合性酸化剂。

（4）添加高品质的发酵饲料　发酵饲料因其发酵产酸、产消化酶，含有大量益生菌，进入肠道抑制有害菌繁殖，促进饲料消化，尽早建立肠道微生物群系。加之含有酸香气味，诱食性好，乳仔猪采食量大，协同促进仔猪肠道发育尽早成熟，提高仔猪的成活率和生长率，加快后期长势。综合作用，提升乳仔猪肠道健康水平，获得最佳消化吸收功能和生长潜能，解决制约目前养猪效益提升的关键环节。但是市场上的发酵饲料，良莠不齐，养殖场可以自己选择活力强的复合益生菌发酵剂，运用自家饲料制作发酵饲料，实用高效。

（5）其他管理措施　① 母去仔留。断奶仔猪对环境变化的应变能力很差，尤其是温度变化。仔猪断奶后，将母猪赶走，让仔猪继续待在原圈，可以减少应激程度。

② 适宜的舍温。刚断奶仔猪对低温非常敏感。一般仔猪体重越小，要求的断奶环境温度越高，并且越要稳定。据报道，断奶后第 1 周，日温差若超过 2℃，仔猪就会发生腹泻和生长不良的现象。

③ 干燥的地面。应该保持仔猪舍清洁干燥。潮湿的地面不但使动物被毛紧贴于体表，而且破坏了被毛的隔热层，使体温散失增加。原本热量不足的仔猪更易着凉和体温下降。

④ 避免贼风。研究表明，暴露在贼风条件下的仔猪，生长速度减慢 6%，饲料消化增加 16%。

第六章　生长育肥猪的饲养管理

第一节　生长育肥猪的生理特点与营养需要

一、生长育肥猪的生理特点

（一）不同体重阶段的生理特点

从猪的体重看，生长育肥猪的生长过程可分为生长期和育肥期两个阶段。

1. 生长期的生理特点

体重20~60千克为生长期。此阶段猪的机体各组织、器官的生长发育功能不很完善，尤其是刚刚20千克体重的猪，其消化系统的功能较弱，消化液中某些有效成分不能满足猪的需要，影响了营养物质的吸收和利用，并且此时猪只胃的容积较小，神经系统和机体对外界环境的抵抗力也正处于逐步完善阶段。这个阶段主要是骨骼和肌肉的生长，而脂肪的增长比较缓慢。

2. 育肥期的生理特点

体重60千克至出栏为育肥期。此阶段猪的各器官、系统的功能都逐渐完善，尤其是消化系统有了很大发展，对各种饲料的消化吸收能力都有很大改善；神经系统和机体对外界的抵抗力也逐步提高，逐渐能够快速适应周围温度、湿度等环境因素的变化。此阶段猪的脂肪组织生长旺盛，肌肉和骨骼的生长较为缓慢。

（二）不同生长阶段的增重规律及组织生长特点

猪在生长发育过程中，各阶段的增重及组织的生长是不同的，也是有规律的。

1. 体重的增长规律

在正常的饲料条件、饲养管理条件下，猪体的每月绝对增重，是随着年龄的增长而增长，而每月的相对增重（当月增重÷月初增重×100），是随着年龄的增长而下降，到了成年则稳定在一定的水平。就是说，小猪的生长速度比大猪快，一般猪在100千克前，猪的日增重由少到多，而在100千克以后，猪的日增重由多到少，至成年时停止生长。也就是说，猪的绝对增长呈现慢—快—慢的增长趋势，而相对生长率则以幼年时最高，然后逐渐下降。

2. 猪体内组织的增长规律

猪体骨骼、肌肉、脂肪、皮肤的生长强度也是不平衡的。一般骨骼是最先发育，也是最先停止的。骨骼是先向纵行方向长（即向长度长），后向横行方向长。肌肉继骨骼的生长之后而生长。脂肪在幼年沉积很少，而后期加强，直至成年。如初生仔猪体内脂肪含量只有2.5%，到体重100千克时含量高达30%左右。脂肪先长网油，再长板油。小肠生长强度随年龄增长而下降，大肠则随着年龄的增长而提高，胃则随年龄的增长而提高。总的来说，育肥期20~60千克为骨骼发育的高峰期，60~90千克为肌肉发育高峰期，100千克以后为脂肪发育的高峰期。所以，一般杂交商品猪应在90~110千克屠宰为适宜。

3. 猪体内化学成分的变化规律

猪体内蛋白质在20~100千克这个主要生长阶段沉积，实际变化不大，每日沉积蛋白质80~120克；水分则随年龄的增长而减少；矿物质从小到大一直保持比较稳定的水平。如体重10千克时，猪体组织内水分含量为73%左右，蛋白质含量为17%；到体重100千克时，猪体组织内水分含量只有49%，蛋白质含量只有12%。

二、生长育肥猪的营养需要

生长育肥猪的经济效益主要是通过生长速度、饲料利用率和瘦肉率来体现的，因此，要根据生长育肥猪的营养需要配制合理的日粮，以最大限度地提高瘦肉率和肉料比。

动物为量而食，一般情况下，猪日采食能量越多，日增重越快，饲料利用率越高，沉积脂肪也越多。但此时瘦肉率降低，胴体品质变差。蛋白质的需要更为复杂，为了获得最佳的育肥效果，不仅要满足蛋白质量的需求，还要考虑必需氨基酸之间的平衡和利用率。能量高使胴体品质降低，而适宜的蛋白质能够改善猪胴体品质，这就要求日粮具有适宜的能量蛋白比。由于猪是单胃杂食动物，对饲料粗纤维的利用率很有限，研究表明，在一定条件下，随饲料粗纤维水平的提高，能量摄入量减少，增重速度和饲料利用率降低。

因此猪日粮粗纤维不宜过高，育肥期应低于 8%。矿物质和维生素是猪正常生长和发育不可缺少的营养物质，长期过量或不足，将导致代谢紊乱，轻者增重减慢，严重的发生缺乏症或死亡。生长期为满足肌肉和骨骼的快速增长，要求能量、蛋白质、钙和磷的水平较高，饲粮含消化能 13.0~13.5 兆焦/千克，粗蛋白质水平为 15%~16%，赖氨酸 0.55%~0.65%，蛋氨酸+胱氨酸 0.37%~0.42%，钙 0.50%~0.55%，磷 0.40%~0.45%。育肥期要控制能量，减少脂肪沉积，饲粮含消化能 12.2~12.9 兆焦/千克，粗蛋白质水平为 13%~15%，赖氨酸 0.5%，钙 0.45%，磷 0.35%~0.4%，蛋氨酸+胱氨酸 0.28%。

第二节　生长育肥猪的饲养

育肥猪是获得养猪生产最好经济效益的关键时期。育肥猪生产性能的发挥直接决定着一个猪场的盈利多少，所以搞好育肥猪阶段的管理，也就是猪场管理的锦上添花。

提高育肥猪的生产力，除了要选择优良的瘦生长育肥猪品种和杂交组合、提高仔猪初生重和断奶重、适宜的饲粮营养以外，还要重点关注以下饲养技术措施。

一、选择适当的育肥方式

1. 一贯育肥法

就是从 25~100 千克均给予丰富营养，中期不减料，使之充分生长，以获得较高的日增重，要求在 4 个月龄体重达到 90~100 千克。

饲养方法：将生长育肥猪整个饲养期分成两个阶段，即前期 25~60 千克，后期 60~100 千克；或分成三个阶段，即前期 25~35 千克，中期 35~60 千克，后期 60~100 千克。各期采用不同营养水平和饲喂技术，但整个饲养期始终采用较高的营养水平，而在后期采用限量饲喂或降低日粮能量浓度方法，可达到增重速度快、饲养期短、生长育肥猪等级高、出栏率高和经济效益好的目的。

① 育肥小猪一定是选择二元品种或三元品种杂交仔猪，要求发育正常，70 日龄转群体重达到 25 千克以上，身体健康、无病。

② 育肥开始前 7~10 天，按品种、体重、强弱分栏，并阉割、驱虫、防疫。

③ 正式育肥期 3~4 个月，要求日增重达 1.2~1.4 千克。

④ 日粮营养水平，要求前期（25~60 千克），每千克饲粮含粗蛋白质 15%~16%，消化能 13.0~13.5 兆焦/千克，后期（60~100 千克），粗蛋白质 13%~15%，消化能 12.2~12.9 兆焦/千克，同时注意饲料多种搭配和氨基酸、矿物质、维生素的补充。

⑤ 每天喂 2~3 餐，自由采食，前期每天喂料 1.2~2.0 千克，后期 2.1~3.0 千克。精料采用干湿喂，青料生喂，自由饮水，保持猪栏干燥、清洁，夏天要防暑、降温、驱蚊，冬天要关好门窗保暖，保持猪舍安静。

2. 前攻后限育肥法

过去养肉猪，多在出栏前 1~2 个月进行加料猛攻，结果使猪生产大量脂肪。这种育肥不能满足当今人们对瘦肉的需要。必须采用前攻后限的育肥法，以增加瘦肉生产。前攻后限的饲喂方法：仔猪在 60 千克前，采用高能量、高蛋白日粮，每千克混合料粗蛋白质 15%~17%，消化能 13.0~13.5 兆焦，日喂 2~3 餐，每餐自由采食，以饱为度，尽量发挥小猪早期生长快的优势，要求日增重达 1~1.2 千克。在 60~100 千克阶段，采用中能量、中蛋白，每千克饲料含粗蛋白质 13%~14%，消化能 2.2~12.9 兆焦，日喂二餐，采用限量饲喂，每天只吃 80% 的营养量，以减少脂肪沉积，要求日增重 0.6~0.7 千克。为了不使猪挨饿，在饲料中可增加粗料比例，使猪既能吃饱，又不会过肥。

3. 生长育肥猪原窝饲养

猪是群居动物，来源不同的猪并群时，往往出现剧烈的咬斗，相互攻击，强行争食，分群躺卧，各据一方，这一行为严重影响了猪群生产性能的发挥，个体间增重差异可达 13%。而原窝猪在哺乳期就已经形成的群居秩序，生长育肥猪期仍保持不变，这对生长育肥猪生产极为有利。但在同窝猪整齐度稍差的情况下，难免出现些弱猪或体重轻的猪，可把来源、体重、体质、性格和吃食等方面相近似的猪合群饲养，同一群猪个体间体重差异不能过大，在小猪（前期）阶段群体内体重差异不宜超过 2~3 千克，分群后要保持群体的相对稳定。

二、选择适当的喂法及餐数

1. 饲喂的方式

通常育肥的饲养方式，有"自由采食"和"定餐喂料"两种方式。这两种饲养方式各有优缺点。自由采食大家知道，省时省工，给料充足，猪的发育也比较整齐。但是缺点是容易导致猪的"厌食"；该方法还很容易造成饲料的浪费，因为料充足，猪经常到处拱，造成浪费比较大；也容易造成霉变，因为以前添加的饲料如果没有清理干净，很容易在料槽底存积发生霉变。自由采食另一个缺点是：猪只不是同时采食，也不是同时睡觉，所以很难观察猪群的异常变化；也容易使部分饲养员养成懒惰的作风，把料槽填满后根本不进猪栏，不去观察猪群。

定餐喂料的优点：可以提高猪的采食量，促进生长，缩短出栏时间。笔者做过详细的试验，同批次进行自由采食的猪和定餐喂料的猪相比，如果定餐喂料做得好，可以提前 7~10 天上市。定餐喂料的过程中，更易于观察猪群的健康状况。定餐喂料的缺点：每天要分 3~4 餐喂料，加大了饲养员的工作量。另外，对饲养员的素质要求高了，每餐喂料要做到准确，难以控制；如果饲养员素质不高，责任心不强，很容易造成饲料浪费或者喂料不足的情况。喂料的原则：保证猪只充分喂养。充分喂养，就是让猪每餐吃饱、睡好，猪能吃多少就给它吃多少。

到底一头育肥猪一天要喂多少？先告诉大家一个简单的估算方法，一般每天喂料量是猪体重的 3%~5%。比如，20 千克的猪，按 5% 计算，那么一天大概要喂 1 千克料。以后每一个星期，在此基础上增加 150 克，这样慢慢添加，那么到了大猪 80 千克后，每天饲料的用量，就按其体重的 3% 计算。当然这个估计方法也不是绝对的，要根据天气、猪群的健康状况来定。

三餐喂料量是不一样的，提倡"早晚多，中午少"。一般晚餐占全天耗料量的 40%，早餐占 35%，中餐占 25%。因为晚上的时间比较长，采食的时间也长；早晨，由于猪经过一晚上的消化后，肠胃已经排空，采食量也增加了；中午时间比较短，且此时的饲喂以调节为主，如早上喂料多了，中午就少喂一点。相反，早上喂少了，中午就喂多一点。

2. 改熟料喂为生喂

青饲料、谷实类饲料、糠麸类饲料，含有维生素和有助于猪消化的酶，这些饲料煮熟后，破坏了维生素和酶，引起蛋白质变性，降低了赖氨酸的利用率。有人总结了 26 个系统试验的结果，谷实饲料由于煮熟过程的耗损和营养物质的破坏，利用率比生喂降低了 10%。同时熟喂还增加设备、增加投资、增加劳动强度、耗损燃料。所以一定要改熟喂为生喂。

3. 改稀喂为干湿喂

有些人以为稀喂料，可以节约饲料。其实并非如此。猪长得快不快，不是以猪肚子胀不胀为标准的，而是以猪吃了多少饲料，又主要是这些饲料中含有多少蛋白质、多少能量及其他们利用率为标准的。

稀料喂猪缺点很多。第一，水分多，营养干物质少，特别是煮熟的饲料再加水，干物质更少，影响猪对营养的采食量，造成营养的缺乏，必然长得慢。第二，水不等于饲料，因它缺乏营养干物质，如在日粮中多加水，喝到肚子里，时间不久，几泡尿就排出体外，猪就感到很饿，但又吃不到东西，会造成情绪不安、跳栏、撬墙。第三，影响饲料营养的消化率。饲料的消化，依赖口腔、胃、肠、胰分泌的各种蛋白酶、淀粉酶、脂肪酶等酶系统，把营养物质消化、吸收。喂的饲料太稀，猪来不及咀嚼，连水带料进入胃、肠，影响消化，也影响胃、肠消化酶的活性，酶与饲料没有充分接触，即使接触，由于水把消化液冲淡，猪对饲料的利用率必然降低。第四，喂料过稀，易造成肚大下垂，屠宰率必然下降。

采用干湿喂是改善饲料饲养效果的重要措施，应先喂干湿料，后喂青料，自由饮水。这样既可增加猪对营养物质的采食量，又可减少因排尿、排粪多造成的能量损耗。

4. 喂料要注意"先远后近"的原则，以提高猪的整齐度

生产中有这样一个现象，在靠近猪栏进门和饲料间的猪栏里，猪都长得很快，越到后面猪栏猪越小。造成这种现象主要是由于喂料不充足。所以要求饲养员喂料，不是从前往后喂，而是要从后面往前面喂。因为，有些饲养员推一车料，从前往后喂，看到料快完了，就慢慢减少喂料量，最后就没有了，他也懒得再加料了。如果从远往近喂的话，最后离饲料间近，饲养员补料也方便了，所以整齐度也提高了。

5. 保证猪抢食

养肥猪就要让它多吃，吃得越多长得越快。怎么让猪多吃？得让它去

抢。如果每餐料供应都很充裕，猪就不会去抢了。所以，平时要求饲养员，每个星期尽量让猪把槽里的料吃尽吃空两次。比如，星期一本来这一栋栏这餐应该喂四包饲料的，就只给喂三包，让猪只有一种饥饿感，到下一餐时，因为有些猪没吃饱，要抢料，采食量提高了；抢了几天以后，因喂料正常，"抢"的意识又淡化了。那么，到了星期四的中午，又进行控料一次，这样一来，这些猪又抢料。这样始终让猪处于一种"抢料"的状况，提高采食量和生长速度，进而即可提前出栏，增加效益。

三、用料管理

育肥猪在不同阶段的营养要求不一样。某些猪场的育肥猪饲料始终只有一种料。

1. 要减少换料应激

饲料的种类和精、粗、青比例要保持相对稳定，不可变动太大，转群以后要进行换料。在变换饲料时，要逐渐进行，使猪有个适应和习惯的过程，这样有利于提高猪的食欲以及饲料的消化利用率。为了减少因换料给仔猪造成的应激，转入生长育肥舍后由保育料换生长料时应该过渡，实行"三天换料"或"五天换料"的方法。实行"三天换料"时，第一天，保育猪料和育肥料按 2∶1 配比饲喂；第二天，保育猪和育肥料按 1∶1；第三天保育猪料和育肥料按 1∶2。这样三天就过渡了。"五天换料"时，在转入生长育肥舍后第一天继续饲喂保育料，第二天开始过渡饲喂生长料，生长料∶保育料为 3∶7；第三天，生长料∶保育料为 5∶5，第四天，生长料∶保育料为 7∶3，第五天开始全部饲喂生长料。

2. 要减少饲料的无形浪费

有人认为，饲料多喂是浪费，那就少给。其实，少给料同样也是一种浪费。因为，少给料以后，猪饥饿不安，到处游荡，消耗体能。这个"体能"从哪儿来？从饲料中来，要通过饲料的转化。这样，饲料的利用率就无形中降低了，料肉比就高了。另外猪饥饿嚎叫，也是消耗能量，也要通过饲料来转化，所以我们喂料要做到投料均匀，不能多，也不能少。

四、合理饮水

水是调节体温、饲料营养的消化吸收和剩余物排泄过程不可缺少的物质，水质不良会带入许多病原体，因此既要保证水量充足，又要保证水质。实际生产中，切忌以稀料代替饮水，否则会造成不必要的饲料浪费。

生长育肥猪的饮水量随体重、环境温度、日粮性质和采食量等而变化。一般在冬季，生长育肥猪饮水量约为采食风干饲料量的2~3倍或体重的10%左右；春秋季约为4倍或16%；夏季约为5倍或23%。饮水的设备以自动饮水器最佳。

第三节　生长育肥猪的管理

一、做好入栏前的准备工作

有的饲养员可能经验不足，猪一卖完以后，马上进行冲栏、消毒，这当然不错，但是方法不对。猪群走完以后，首先要把猪栏进行浸泡，用水将猪栏地板、围栏打潮，每次间隔1~2个小时，把粪便软化，再进行冲洗，这样冲洗就快了，可节省时间，提高效率。还有的饲养员冲完栏以后，立即就进行消毒，这个方法不对。按正常的程序，是浸泡-冲洗干净-干燥-消毒-再干燥-再消毒，这样会达到很好的效果。

育肥猪入栏前，要做好各项准备工作，包括对猪栏进行修补、计划和人员安排等。比如育肥猪每栋计划进多少，哪个饲养员来饲养，这些都要提前做好安排，包括明天要转猪，天气是晴天还是雨天，都要有所了解。对设备、水电路进行检查，饮水器是否漏水？有没有堵塞？冬天入栏前猪舍内保暖怎样？都要考虑。

猪群入栏以后，首要的工作就是要进行合理的分群，要把公母猪进行分群，大小强弱要进行分群，为什么要进行分群？目的就是提高猪群的整齐度，保证"全进全出"。实际上，公母分群时间不应是在育肥阶段，在保育阶段已经完成。

1. 清洗

首先将空出的猪舍或圈栏彻底清扫干净，确保冲洗到边到头，到顶到底，任何部位无粪迹、无污垢等。

2. 检修

检查饮水器是否被堵塞；围栏、料槽有无损坏；电灯、温度计是否完好，及时修理。

3. 消毒

对于多数消毒剂来说，如果不先将欲消毒表面清洗干净，消毒剂是无法起到消毒效果的。一般来说粪便通常会使消毒剂丧失活性，从而保护其中的细菌和病毒不被消毒剂杀死；消毒剂需要与病原亲密接触并有足够时间才有效果。

先用 2%~3% 的火碱水喷洒、冲洗，刷洗墙壁、料槽、地面、门窗。消毒 1~2 个小时后，再用清水冲洗干净。舍内干燥后，再用其他消毒剂，如戊二醛、碘制剂等消毒液消毒 1 次。

4. 调温

将温度控制在 20℃ 左右。夏季准备好风扇、湿帘等，采取相应的降温措施；冬季采用双层吊顶，北窗用塑料薄膜封好，生炉子、通暖气等方法升温，温度要大于 18℃。

二、转栏与分群调群

在仔猪 11 周龄始由保育舍转入生长育肥舍，可以采取大栏饲养，每圈 18 头左右。圈长 7.8 米，宽 2.2 米，栏高 1 米，每圈使用面积 17 米^2，每头生长育肥猪占用 0.85 米^2。为了提高仔猪的均匀整齐度，保证"全进全出"工艺流程的顺利运作，从仔猪转入开始根据其公母、体重、体质等进行合理组群，每栏中的仔猪体重要均匀，同时做到公母分开饲养。注意观察，以减少仔猪争斗现象的发生，对于个别病弱猪只要进行单独饲养特殊护理。

要根据猪的品种、性别、体重和吃食情况进行合理分群，以保证猪的生长发育均匀。分群时，一般应遵守"留弱不留强，拆多不拆少，夜并昼不并"的原则。分群后经过一段时间饲养，要随时进行调整分群。

刚转入猪与出栏猪使用同样的空间，会使猪舍利用率降低，而且猪在生长过程中出现的大小不均在出栏时体现出来。采用不同阶段猪舍养猪数量不同，既合理利用了猪舍空间，又使每批猪出栏时体重接近。保育转育肥一个栏可放 18~20 头；换中料时，将栏内体重相对较小的两头挑出重新组群；换大料时，再将每栏挑出一头体重小的猪，重新组群。挑出来的猪要精心照顾，有利于做到全进全出。每天巡栏时发现病僵、脱肛、咬尾时，及时调出，放入隔离栏；有疑似传染病的，及时隔离或扑杀。

三、调教

1. 限量饲喂要防止强夺弱食

当调入生长育肥猪时，要注意所有猪都能均匀采食，除了要有足够长度的料槽外，对喜争食的猪要勤赶，使不敢采食的猪能得到采食，帮助建立群居秩序，分开排列，同时采食。

2. 采食、睡觉、排便"三定位"，保持猪栏干燥清洁

从仔猪转入之日起就应加强卫生定位工作。此项工作一般在仔猪转入1~3天内完成（越早越好），训练猪群吃料、睡觉、排便的"三定位"。

通常运用守候、勤赶、积粪、垫草等方法单独或几种同时使用进行调教。例如，当小生长育肥猪调入新猪栏时，已消毒好的猪床铺上少量垫草，料槽放入饲料，并在指定排便处堆放少量粪便，然后将小生育肥猪赶入新猪栏。发现有的猪不在指定地点排便，应将其散拉的粪便铲到粪堆上，并结合守候和勤赶，这样，很快就会养成"三定位"的习惯，这样不仅能够保持猪圈清洁卫生，又有利于垫土积肥，减轻饲养员的劳动强度。猪圈应每天打扫，猪体要经常刷拭，这样既能减少猪病，又有利于提高猪的日增重和饲料利用率。做好调教工作，关键在于抓得早，抓得勤。

四、去势、防疫和驱虫

1. 去势

我国猪种性成熟早，一般多在生后35日龄左右、体重5~7千克时进行去势。近年来提倡仔猪生后早期（7日龄左右）去势，以利术后恢复。目前我国集约化养猪生产多数母猪不去势，公猪采用早期去势，这是有利生长育肥猪生产的措施。国外瘦肉型猪性成熟晚，幼母猪一般不去势生产生长育肥猪，但公猪因含有雄性激素，有难闻的膻气味，影响肉的品质，通常是将公猪去势用作生长育肥猪生产。

2. 防疫

预防猪瘟、猪丹毒、猪肺疫、仔猪副伤寒和病毒性痢疾等传染病，必须制定科学的免疫程序进行预防接种。

3. 驱虫

生长育肥猪的寄生虫主要有蛔虫、姜片吸虫、疥螨和虱子等体内外寄

生虫，通常在 90 日龄进行第一次驱虫，必要时在 135 日龄左右时再进行第二次驱虫。服用驱虫药后，应注意观察，当出现副作用时要及时解救。驱虫后排出的粪便，要及时清除并堆制发酵，以杀死虫卵防再度感染。

五、防止育肥猪过度运动和惊恐

生长猪在育肥过程中，应防止过度的运动，特别是激烈地争斗或追赶，过度运动不仅消耗体内能量，更严重的是容易使猪患上一种应激综合征，突然出现痉挛、四肢僵硬，严重时会造成猪只死亡。

六、巡栏

坚持每天两次巡栏。主要检查棚内温度、湿度、通风情况，细致观察每头猪只的各项活动，及时发现异常猪只。当猪安静时，听呼吸有无异常，如喘、咳等；全部哄起时，听咳嗽判断有无深部咳嗽的现象；猪只采食时，有无异常，如呕吐、采食量下降等；粪便有无异常，如下痢或便秘。育肥舍采用自由采食的方法，无法确定猪只是否停食，可根据每头猪的精神状态判断猪只健康状况。

七、环境管理

1. 保温与通风

温度可能会引起很多管理者的关注。育肥阶段的最适温度在 20～25℃，那么每低于最适温度 1℃，100 千克体重的猪每天要多消耗 30 克饲料。这也是冬季料肉比高的原因。如果温度高于 25℃，就会散热困难，"体增热"增加，就会耗能，因呼吸、循环、排泄这些相应地都要增加，料肉比就要升高。所以经过寒冷的冬天和炎热的夏天，育肥猪的出栏时间就会推迟。平时还要做好高-低温之间的平稳过渡，舍内温度不要忽高忽低。温度骤变，很容易造成猪的应激。所以，一个合格的标准化猪场的场长，每天应关注天气的变化。

猪舍要保持干燥，就需要进行强制通风。为什么？现在大部分猪场没有强制通风，靠自然通风，但自然通风往往不能达到通风换气的要求，所以我们必须进行强制通风。据观察，90%以上的猪场，通风换气工作没做好。到底通风起什么作用？通风，不仅可以降低舍内的湿度、降温，还可以改善空气质量，提高舍内空气的含氧量，促进生猪生长。为什么到了秋天、冬天，猪场呼吸道病就来了？主要是通风换气没做好，这是猪场发生呼吸道病的重要原因之一。

集约化高密度饲养的生长育肥猪一年四季都需通风换气，通风可以排出猪舍中多余的水气，降低舍内湿度，防止围护结构内表面结露，同时可排出空气中的尘埃、微生物、有毒有害气体（如氨气、硫化氢、二氧化碳等），改善猪舍空气的卫生状况。

在冬季通风和保温是一对矛盾，有条件的企业可用在满足温度供应的情况下，根据猪舍的湿度要求控制通风量；为了降低成本，应该在保证猪舍环境温度基本得以满足的情况下采取通风措施，但在冬季一定要防止"贼风"的出现。猪舍内气流以 0.1~0.2 米/秒为宜，最大不要超过 0.25 米/秒。

2. 防寒与防暑

温度过低会增加育肥猪的维持消耗和采食量，拖长育肥期，影响增重，浪费了饲料，降低经济效益；反之，过高则育肥猪食欲下降，采食量减少，增重速度和饲料转换效率降低，使经济效益下降。育肥猪最适宜的温度为 16~21℃。为了提高育肥猪的肥育效果，要做好防寒保温和防暑降温工作。

在夏季，尤其是气温过高、湿度又大时，必须采取防暑降温措施。打开通气口和门窗，在猪舍地面喷洒凉水，给育肥猪淋浴、冲凉降温。在运动场内搭遮阳凉棚，并供给充足清凉的饮水。必要时，用机械排风降温。

在冬季必须采取防寒保温措施。入冬前要维修好猪舍，使之更加严密。采取"卧满圈、挤着睡"，到舍外排放粪尿的高密度饲养方法是行之有效的。此外，在寒冷冬夜，于人睡觉之前，给育肥猪加喂一遍"夜食"，是增强育肥猪抗寒力，促进生长的好办法。若是简易敞圈，可罩上塑料大棚，夜间再放下草帘子，可以大大提高舍内（尤其是夜间）的温度。这样，可以减轻育肥猪不必要的热能消耗和损失，增强肥育效果，增加经济效益。

3. 饲养密度

尽可能保证密度不要过大，也不能过小，保证每一栏 10~16 头比较合理。超过了 18 头以上，猪群大小很容易分离；密度过小，不但栏舍的利用率下降，而且会影响采食量。

另外，每栋猪舍要留有空栏，主要为以后的第二次、第三次分群做好准备，要把病、残、弱的隔离开。比如进 300 头猪，不要所有的栏都装满猪，每栋最起码要留 5~6 个空栏。如果计划一栏猪正常情况下养 13 头，那么入栏时可以多放 2~3 头，养 16 头。过 1~2 周，把大小差异明显的猪挑出来，重新分栏。这样保证出栏整齐度高，栏舍利用率也高。

猪群入栏，最重要的一点就要进行调教，即通常讲的"三点定位"。"采食区""休息区""排泄区"要定位，保证猪群养成良好的习惯；只要把猪群调教好了，饲养员的劳动量就减轻了，猪舍的环境卫生也好了。三点定位的关键是"排泄区"定位，猪群入栏后将猪赶到外面活动栏里去，让猪排粪排尿，经一天定位基本能成功；如果栏舍没有活动栏，我们就把猪压在靠近窗户的那一边，粪便不要及时清除。

有的栏舍有门开向走道，如果不调教，往往猪一下地，很容易在门的地方排泄。这是由于保育猪在保育床上时，习惯在金属围栏边排泄，所以调教时要把育肥舍的栏门"守住"，不能让猪在这个地方排泄。转群第一天，要求饲养员对栏舍要不停地清扫粪便，并将粪便扫到靠近窗边的墙角，这样可以引导猪群固定在靠窗墙角排泄。

4. 湿度

湿度对猪的影响主要是通过影响机体的体热调节来影响猪的生产力和健康，是与温度、气流、辐射等因素共同作用的结果。在适宜的湿度下，湿度对猪的生产力和健康影响不大。空气湿度过高使空气中带菌微粒沉降率提高，从而降低了咳嗽和肺炎的发病率，但是高湿度有利于病原微生物和寄生虫的滋生。容易患疥癣、湿疹等疾患，另外高湿常使饲料发霉垫草发霉，造成损失。猪舍内空气湿度过低，易引起皮肤和外露黏膜干裂，降低其防卫能力，使呼吸道及皮肤病发病率升高。因此建议猪舍的相对湿度以 60%~70% 为宜。

5. 光照

很多人认为，育肥猪不需要光照。到了冬天，有的猪场为了省钱，舍不得用透明薄膜钉窗户，窗户用五颜六色的塑料袋封着，这样很容易造成猪舍阴暗，舍内阴暗，会致猪乱排粪便，阴暗与潮湿往往是关联在一起的。

适宜的太阳光能加强机体组织的代谢过程，提高猪的抗病能力。然而过强的光照会引起猪的兴奋，减少休息时间，增加甲状腺的分泌，提高代谢率，影响增重和饲料转化率。育肥猪舍内的光照可暗淡些，只要便于猪采食和饲养管理工作即可，使猪得到充分休息。

6. 噪声

猪舍的噪声来自外界传入、舍内机械和猪只争斗等方面。噪声会使猪的活动量增加而影响增重，还会引起猪的惊恐，降低食欲。因此，要尽量避免突发性的噪声，噪声强度以不超过85分贝为宜。而优美动听的音乐可以兴奋神经，刺激食欲，提高代谢机能，就像人听音乐心情舒畅一样。有条件的猪场可以适当地放些轻音乐，对猪的生长是有利的。

7. 适时出栏

育肥猪饲喂到一定日龄和体重，就要适时出栏。中小型猪场一般在第22周154天后出栏，体重在100千克左右。每批肥猪出栏后，完善台账，做好总结、分析。

第四节　生长育肥猪免疫与保健

一、实行全进全出

所谓全进全出，从字面理解就是全部一起转入或转出。具体来讲，全进全出是指生猪从出生开始到出售整个生产过程中，养殖者通过预先的设计，按照母猪的生理阶段及商品猪群不同生长时期，将其分为空怀、妊娠、产仔哺乳、保育、生长、育肥等几个阶段，并把在同一时间处于同一繁殖阶段或生长发育阶段的猪群，按流水式的生产工艺，将其全部从一种猪舍转至另一种猪舍，各阶段的猪群在相应的猪舍经过该阶段的饲养时间后，按工艺流程统一全部一起转到下一个阶段的猪舍。同一猪舍单元或猪舍只饲养同一批次的猪，实行同批同时进、同时出的管理制度。每个流程结束后，猪舍（或猪舍单元）进行全封闭，彻底地清洗消毒，待空置净化后，按规定时间再开始转入下一批猪群。在我国生产实践中，多采用"单元式"全进全出为主。全进全出饲养工艺需要强调的是：同一批猪同时转进或转出，中途可以淘汰，但绝对不能交叉，也不能有一头停留；再一个就是要求定时，每周转群必须确定到每周的那一天，上午或下午都要确定，且原则上不变，定时转栏。全进全出不但是现代化养猪的饲养工艺，也是必须遵循的一个原则。

1. 全进全出的优点

全进全出是生猪规模场疫病控制的有效手段；有效地提高劳动生产效率；有效地提高养猪生产水平；有效地提高养猪经济效益；有效地提高猪场产品的规格、质量。

2. 全进全出饲养工艺的种猪和猪舍配置要求

（1）全进全出饲养工艺的种猪配置　猪场应该按照生产规模配置种猪。种公猪的配置一般按照人工授精的要求配置，在大型或超大型猪场，可以设置生猪人工授精站，专门提供精液。各个生产线只须按照每日配种需要量随时领取精液配种。但必要时可以配备 1~2 头试情公猪或给个别疑难母猪配种。

（2）全进全出饲养工艺的猪舍配置　全进全出饲养工艺能否成功取决于两个关键点：一是猪场需要配备保证该工艺流转相适应的足够的圈栏及猪舍。猪场应该按照生产规模和生产工艺确定修建配备所需要的各类猪栏与圈舍数量。二是在生产过程中采用与全进全出相适应的饲养、管理技术。

3. 全进全出猪只各阶段操作技术要点

（1）母猪空怀、配种阶段　母猪空怀、配种是工厂化养猪生产环节的第一个阶段，按照猪场生产规模相配套的生产流水线工艺流程作业设计要求，首先要采用同期发情控制等先进技术保证实现每周每个设计单元的配种窝数。这就需要在生产中要长期保持有足够的空怀待配母猪数等待配种。要对所有的空怀待配母猪随时进行健康检查，对子宫炎、肢蹄病、寄生虫等疫病进行及时治疗处理或淘汰更替；对体瘦的母猪加大营养量，让其在短期内恢复体况；对超过断奶后 1 周未发情的母猪仔细查找原因，并采取转栏、并栏、公猪刺激以及药物处理等措施促进发情，保障及早配种。要实现高的情期受胎率和窝产仔数，须从待配母猪的强化饲养、发情观察鉴定、掌握好适时配种时间、严格人工授精技术操作规程、采用情期内两次输精等每一个操作环节和技术措施来做好。由于配种后 21 天内怀孕早期母猪还在配种舍内，对孕早期母猪的饲养管理要注意：一是对已经配好的母猪须立刻减料，二是要保持环境安静，三是大栏的最好转入限位栏。母猪配种 21 天后转入配种舍。

（2）母猪妊娠阶段　此阶段在管理操作上相对简单。一般采用限位栏饲养。投料上总体实行限量饲喂。日粮保证卫生质量。并做好个体体况营养调节。此阶段管理操作的核心是实行阶段饲养：在妊娠中期（22~86天）实行严格限量饲喂，每日每头投料1.8~2千克；在妊娠后期（87~107天）实行敞开充足投料，每日每头投料4~5千克，并调整提高配方营养。但要注意初产母猪要适当控制喂量，防止因胎儿太大出生时难产。妊娠母猪在临产前一周转入产仔舍。

（3）母猪产仔、哺乳阶段　产房的管理操作主要注意以下环节。一是观察掌握母猪临产时间，随时给母猪接产。做好初生仔猪的常规处理与产仔记录。二是做好产后母猪的护理。及时清除胎衣，防治产科疾病；搞好产后母猪喂料控制与调节，保证产后母猪尽早恢复食欲，增加营养投料，确保奶水充足。三是搞好初生仔猪护理。保温、防压、防冻是关键环节；仔猪黄白痢防治是重点，需认真做好的工作；仔猪早开食，搞好哺乳仔猪补饲是养好仔猪的关键。提高哺乳仔猪成活率和断奶重是此阶段的最终目的和任务。哺乳期一般为3~4周，断奶后，母猪转入配种舍，断奶仔猪需原圈留养3~7天后转入保育舍。留栏仔猪防应激处理：一是重新保温；二是调整控制好喂料量；三是饮水中加入抗应激药；四是搞好对断奶腹泻的防治。

（4）仔猪保育阶段　仔猪断奶原圈留养3~7天后转入保育舍。转栏时需对仔猪称重、调群等处理。调群原则上两窝合并，再个别调整。断奶仔猪采用小单元圈栏饲养。仔猪保育阶段重点做好以下操作：一是搞好舍内环境调控，创造适宜的温度、湿度和空气等环境条件；二是控制并搞好饲料的过渡；三是继续搞好断奶腹泻的防治；四是按照免疫程序做好疫苗注射。仔猪保育期一般为5~7周，结束后原则上原圈转入生长舍，只做个别猪只调整。

（5）生长猪阶段　生长猪的代谢机能旺盛，采食量大增，此阶段需搞好优质饲料充足供应，自由采食，多吃快长。调节好猪舍温度、湿度等适宜的内环境条件，确保生长猪健康快速生长。生长猪到18周龄、体重达到50~60千克原圈转入育肥舍。

（6）育肥猪阶段　育肥猪阶段的管理主要是搞好投料饲喂，自由采食，体重达100千克后适当限量投料。管理上做好定时除粪、清洗，保持圈舍清洁卫生。重点搞好防暑降温等猪舍适宜环境控制。待体重达120千克左右时出栏。为了保障商品猪产品质量安全，对育肥猪不使用任何抗生素等违禁添加剂和药物。对个别生病猪只进行离栏治疗，延期出栏。

4. 主要配套技术

（1）同期发情　生产中控制母猪同期发情主要通过控制母猪断奶时间来实现，母猪的断奶时间有较大的变动范围，仔猪的断奶日龄可在3~5周龄，这样就可能使一组产仔相差1~2周的母猪在相同时间内断奶。母猪断奶后一般3~7天相继发情。此外，通过激素处理也可达到母猪同期发情的目的。

（2）人工授精　人工授精技术是现代化养猪必不可少的一个生产操作技术，它的应用可以说是养猪繁殖生产上的一次革命。它不仅大大地减轻母猪集中发情带来的配种工作量，还大大节省种公猪饲养量、减少疾病传播、提高了情期受胎率。目前猪场都采用鲜精液输精。经人工采集的精液，根据精子密度确定稀释倍数，经稀释后的精液进行人工授精配种。精液输精配种要求：计量80~100毫升，总精子数在25亿左右，稀释后的精子活力大于60%，畸形精子率小于20%。

（3）超声波早期妊娠诊断　已配母猪经过一个发情期（21天）后不再发情，可基本判定为该母猪已经妊娠。但引起母猪配种后不发情的原因较多，不发情并不能肯定就是怀孕。检查母猪妊娠的方法很多，目前理想的方法是超声波仪进行早期快速妊娠诊断。通过超声仪扫描得到的图像结果判断是否妊娠。

（4）仔猪早期断奶技术　该技术是提高母猪繁殖生产力的关键技术措施。一方面，哺乳母猪通过早断奶，减轻了母猪哺乳生理负担，缩短了母猪繁殖生产周期，提高了母猪年产胎次；另一方面，仔猪通过早期断奶，减少了仔猪对母奶的依存，促进了仔猪提早吃料，提高了饲料利用效率；仔猪早断奶早吃料，生长发育整齐健壮，提高了今后育肥性能；仔猪早断奶，减少了母体传播疾病给仔猪的机会，有效控制疾病传播。

（5）单元圈舍彻底清洗消毒　全进全出的一个主要优点在于能对单元猪舍进行彻底的清洗消毒，能有效地切断病菌在猪群不同批次间的传播，有效减少疫病的发生。一个单元猪群转出后，所空出来的猪栏（猪舍）就可以进行全方位的、彻底的清洗干净后采用不同方式的消毒、再消毒以及空置、净化的处理过程。圈舍的消毒要注意消毒药物种类的经常更换，以保证消毒效果。

二、防疫和用药

育肥阶段需要接种的疫苗不多，只在 60~80 日龄接种一次口蹄疫疫苗。自繁自养猪应在哺乳、保育阶段接种疫苗，特别是猪瘟、伪狂犬病和猪丹毒、猪肺疫、猪副伤寒等疫苗。

从保育舍转到育肥舍是一次比较严重的应激，会降低猪的采食量和抵抗力。在转群后 1 周左右即可见部分猪发生全身细菌感染，出现败血症，或者在 12 周龄以后呼吸道疾病发病率提高。实际上，无论是呼吸道疾病还是肠炎，都可以从保育后期一直延续到生长育肥阶段，只是从保育舍转群后有加重的趋势。

在育肥阶段可定期投入下列药物，每吨饲料中添加 80% 支原净 125 克、10% 强力霉素 1.5 千克和饮水中每 500 千克加入 10% 氟苯尼考 120 克、10% 阿莫西林 100 克，可有效控制转群后感染引起的败血症或育肥猪的呼吸道疾病，还可预防甚至治疗肠炎和腹泻。

无论是呼吸道疾病还是肠炎、腹泻都会引起育肥猪生长缓慢和饲料转化率降低，造成育肥猪的生长不均，出栏时间不一，难以做到全进全出，最终影响经济效益。

外购仔猪，购回后应依次做完猪瘟、丹毒肺疫、副伤寒、口蹄疫和蓝耳病等疫苗。如果已经发生了呼吸道疾病或急性出血性肠炎，则最好通过饮水给药。因为发病后猪的采食量会降低，而饮水量降低不明显，所以通过饮水给药比通过饲料给药效果好。如果是在病猪栏，可通过饮水给药，也可通过注射给药。

三、安全猪肉生产中的养殖控制及绿色饲料添加剂

随着人民生活水平的日益提高，特别是我国加入世界贸易组织后，猪肉产品的安全性问题也随之成为世人关注的热点。可以说，食品安全是人类文明和经济发展的必然，它不仅关系到消费者健康，也关系到国际食品贸易的基本要求。

安全猪肉是要从猪肉生产的源头抓起，贯穿于种猪、饲料、饲养、防疫、屠宰加工、运输、储藏以及销售的全过程的有效控制。从而保障猪肉的安全性。

（一）猪肉产品安全问题不容忽视

使用抗生素、维生素、激素、重金属微量元素等药物，虽然对猪有促进生长、提高肉产量、低抗疾病、增强机体免疫力的作用。然而，由于科学知识的缺乏或经济利益的驱使，养猪业中大剂量长时间滥用药物的现象普遍存在。滥用药物的直接后果是导致药物在猪肉中的残留，摄入人体后，影响人们的健康。

1. 药物添加剂对猪肉产品的污染及危害

饲料药物添加剂是猪肉里药物残留的主要来源。特别是禁用药品，如类固醇激素（乙烯雌酚）、镇静剂（氯丙嗪、利血平、睡梦美）、β-促生长剂（杆菌肽锌）、β-兴奋剂（瘦肉精）、抗生素类（四环素、氯霉素、青霉素、磺胺等），给人们身体健康带来极大危害。如氯霉素能引起入骨髓造血机能的损伤；磺胺类能破坏人的造血系统、诱发人的甲状腺癌；乙烯雌酚，能引起女性早熟和男性的女性化；引起过敏反应的有青霉素、四环素、磺胺等，轻者出现皮肤瘙痒和荨麻疹，重者发生休克，甚至死亡。另外，长期滥用抗生素，还可导致细菌耐药性的增加，致使人患病时，用这些抗生素疗效不佳。

2. 超量使用微量元素，对猪肉品质的影响及对环境造成的危害

在"猪吃了就睡，拉黑粪，皮肤红"才是好饲料的误导下，养殖户竞相向饲料中添加铜制剂，使浓度高达250毫克/千克或更高，特别是在育肥阶段也大剂量使用后果更严重。众多研究证明，育肥猪饲料中含有4毫克/千克的铜，就能满足生长需要。当铜含量达到250毫克/千克时，使猪脂肪变软，发病率可高达80%。有资料显示，四川是我国猪肉生产大省，按四川饲料产量估计，每年需要的硫酸铜约180吨，而实际使用量高达3 000~4 000吨。有2 700~3 500吨排泄到环境中，造成环境污染，破坏土壤质地和微生物结构，影响农作物产量和养分含量。而且，直接影响动物健康和畜产品的食用安全。饲料中铜的含量高时，锌、铁等元素的添加量也相应增加，同样会产生类似铜的环境污染和食后中毒后果。

3. 有机砷制剂对环境的污染

有机砷制剂阿散酸用作生长促进剂，广泛用于养殖业，可使肉猪皮肤发红。若大量使用可导致环境砷污染，危害人类健康。有人推测，若猪饲料中使用90毫克/千克浓度的阿散酸，约20年后人将难以在养猪场周围生存。

此外，饲料中天然有毒有害物质、饲料的生物污染、工业"三废"、农药等，都是导致猪肉安全问题的因素。

（二）严格控制影响猪肉品质的不安全因素

1. 猪源的选择

为保障安全猪肉的生产，无论是农户或专业户以及养猪工厂，要选择合格的瘦肉型猪种。目前，一般采用杜洛克、大白、长白猪为主。祖代为纯种，父母代为二元杂交的长大或大长猪，商品代为杜长或杜大长三元杂交或四元杂交猪，以便在品种特性上，保证饲料的转化率及优良肉质。

2. 饲料的安全性

安全饲料等于安全猪肉。生猪的生产离不开饲料，因此，把好饲料关是直接关系到猪肉是否被污染的关键。

（1）饲料原料和全价饲料　在饲料工业快速发展的今天，全价饲料的应用得到了普及。然而，有不少养猪场和养猪专业户为了降低饲料成本，均是自己配制饲料。因此，在配制过程中一定要注意以下问题。① 原料要来源于无公害区域和种植基地。② 防止饲料的生物污染，如细菌、霉菌、病毒的污染。③ 配方要合理，比如棉粕用量过多，易造成棉酚中毒。④ 加工要适当，比如加工豆粕时偏生，蛋白酶抑制剂未能大量破坏，则引起仔猪腹泻；加工过度，发生美拉德反应，而降低赖氨酸的消化率。⑤ 从外地购入成品饲料，要对生产厂家进行考察，最好使用已取得绿色食品标志厂家生产的产品。

（2）严格控制微量元素添加剂　微量元素添加剂无论是自配或购自专门的生产厂，均要按猪的各生长阶段的需要量添加，不能随意加大剂量。如铜制剂，明文规定仔猪饲料中铜的最大添加量应小于 200 毫克/千克。

3. 严格执行国家有关法律法规

严禁使用违禁药物，控制抗生素作饲料添加剂的使用，不超剂量使用兽药，这是猪肉安全生产的最关键环节。为此，国家近年来颁布了《饲料和饲料添加剂管理条例》《饲料药物添加剂使用规范》《兽药管理条例》《中华人民共和国食品卫生法》《饲料中盐酸克伦特罗的测定》一系列法规和管理办法。明文禁止使用β-兴奋剂、镇静剂、激素类、砷制剂、高铜、高锌等，作为生长肥育猪饲料添加剂。坚决杜绝把原料药直接拌料，把加药饲料贯通于猪的整个饲养过程；或在购回的成品饲料中，自行再添加药物，以及随意加大兽药剂量，不按疗程给药，使用药物成分不详的制剂（有的复方制剂中有不为药典规定的隐性成分）。这些都是造成猪肉不安全的因素。

严格落实农业农村部第 194 号中规定，自 2020 年 7 月 1 日起，饲料生产企业停止生产含有促生长类药物饲料添加剂（中药类除外）的商品饲料。

（三）安全猪肉生产与新型饲料添加剂

加速推广应用新型饲料添加剂十分重要。尤其是加入 WTO 后，更应加大推广力度。目前，我国在以下新型饲料添加剂研制方面，已取得了长足的进展。

1. 微生态制剂

微生态制剂也称益生素，亦称促生素、竞生素、生菌素、活菌剂等，是用动物体内正常的有益微生物，经特殊工艺制成的活菌制剂。其特点是：无毒无害且来源于自然，也不进入体内代谢过程，无残留无污染，是地道的绿色饲料添加剂。有资料显示，作为促生长剂使用，可使生长育肥猪增重提高 15%，饲料利用率提高 10.3%。

2. 甘露糖-寡聚糖

甘露糖-寡聚糖也称低聚糖，是一种非消化性食物成分。进入体内不被机体吸收，只能被肠道有益菌利用，促进有益菌群增殖，刺激肠道免疫细胞，提高免疫球蛋白 A 的生成。所以，饲料工业称为化学益生素或益生元。据资料报道，在仔猪日粮中添加低聚糖日增重提高 8.7%，饲料报酬提高 5.4%。低聚糖类还可作为抗生素用于添加剂的替代品。具有用量少、无毒害、无残留、稳定性强、配伍性好的特点。

3. 酸化剂

有机酸类的柠檬酸、延胡索酸，可提高幼龄猪胃液的酸性，促进乳酸菌等耐酸菌的大量繁殖，而抵抗致病菌的侵入。因此，可降低猪病理性腹泻，提高断奶仔猪的增重和饲料转化率。

4. 中草药制剂

中草药添加剂具有营养、增强免疫、激素样、维生素、抗应激、抗微生物和促进生长等多种功能。可用于个体治疗、群体防治。有报道，在育肥猪日粮中添加 0.16% 的干辣椒粉可增重 14.5%，饲料消耗降低 12.65%。

生产安全猪肉，养殖阶段是重要的一环，核心是饲料的安全性问题。

使用"绿色"饲料或天然饲料作添加剂，不会引起猪异常的生理过程和潜在的亚临床表现，还有利于猪正常生长，提高生产效益。用"绿色"饲料生产安全猪肉及产品，将保障人们的身体健康和出口创汇。

（四）安全猪肉生产要点

1. 安全猪肉生产饲料添加剂管理方法

① 不得使用违禁药物，如盐酸克伦特罗、沙丁胺醇、乙烯雌酚等。

② 饲料中禁止使用除中药外所有促生长类药物饲料添加剂。

③ 不得使用高铜、高铁、高锌、有机砷、喹乙醇及镇静剂等。

2. 安全猪肉生产药品使用管理方法

① 药品采购计划由兽医师、场长签字后，实行专人采购。禁用假冒伪劣兽药、麻醉药、兴奋药、化学保定药、骨骼肌松弛药、未经国家畜牧兽医部门批准采用基因工程方法生产的兽药和未经农业农村部批准或已淘汰的兽药。做好药品的入库、领用、用药记录。

② 严格按休药期用药。

③ 设立肥育猪用药专柜，只使用休药期短的药品。

3. 安全猪肉生产疾病控制方法

（1）隔离　猪场生产实行封闭式管理，饲养管理人员作息在猪场范围内；做好运送饲料车辆、出猪车辆消毒工作；做好引入种猪的隔离检疫工作。

（2）消毒　猪场每周五对舍外环境进行1次例行消毒，每周一、周四对舍内进行消毒。

（3）全进全出　通过扩建、改建，做到产仔舍、保育舍全进全出，对肥猪舍也有意识整栋猪舍空栏消毒，对产仔舍、保育舍空栏清洗干净后进行熏蒸消毒。

（4）免疫　除做好一般的猪瘟、乙型脑炎、细小病毒、链球菌、副伤寒等免疫工作外，加强做好大肠杆菌病、伪狂犬病、蓝耳病、喘气病、胸膜肺炎、传染性胃肠炎等疾病的免疫工作。

4. 安全猪肉生产环境质量控制方法

粪尿处理。在猪场下风向建一贮粪池，人工收集猪粪入池，卖给周边农户，用于养鱼以及作蔬菜、花木、水稻的有机肥料。其他猪粪尿流入沉淀池，经三级沉淀，厌氧及耗氧发酵氧化分解后，再排入水库用于养鱼，以及灌溉农田等。

第七章 猪场生物安全与废弃物处理

第一节 猪场的生物安全措施

一、猪病传播的主要途径与控制

（一）猪病传播的主要途径

猪病传播途径分为垂直传播和水平传播。

1. 垂直传播

是母亲传给子代的传播方式，是纵向传播。

（1）经胎盘传播　是指产前被感染的怀孕猪，通过胎盘将其体内的病原体传给胎儿的传播方式。比如猪瘟、细小病毒病、乙脑、伪狂犬病等，都可以经胎盘传播。

（2）经产道传播　是指存在于怀孕动物阴道和子宫颈口的病原体，在分娩的过程中，造成新生胎儿感染的现象。比如大肠杆菌病、链球菌病、葡萄球菌病等。

2. 水平传播

是指动物群体之间或动物个体之间的横向传播，包括直接接触传播和间接接触传播。

（1）直接接触传播　指在没有外界因素参与下，通过传染源和易感动物直接接触传播的方式，这种传播方式较少，当猪发病或携带病原体时，可通过交配、舔咬的方式传染给对方。如公猪患细小病毒时，可通过交配把细小病毒传染给母猪。猪患口蹄疫时，病猪的水疱液中含有大量的口蹄疫病毒，如果别的猪舔或拱到病猪的水疱时，该猪就会染上口蹄疫。

（2）间接接触传播　指病原体必须在外界因素的参与下，通过传播媒介侵入易感动物的方式。

① 空气传播。主要是病猪在咳嗽或打喷嚏时，把病原体和分泌物从呼吸道中喷射出来，形成飞沫，在空气中飘移，当易感动物直接接触到带有病原体的飞沫而发病，这种传播方式是空气传播。另外，当飞沫的水分蒸发后，就形成了由细菌、病毒以及飞沫中的干物质组成的飞沫核，易感动物接触到飞沫核而被感染，这种传播方式也叫空气传播。还有一种情况就是，患病动物的分泌物、排泄物和动物尸体的分解物在空气中形成尘埃，这些尘埃悬浮在空气中，或随空气飘移，当易感动物接触到这些尘埃而被感染，这种传播方式也叫空气传播。所有的呼吸道疾病均可通过飞沫传播，而只有少数病能通过尘埃传播，如结核病、炭疽病、丹毒等。

② 经土壤传播。随患病动物的分泌物、排泄物或动物尸体中的病原体进入土壤，从而土壤被污染，而易感动物如果接触被污染的土壤，就可能会被感染。如炭疽杆菌病、破伤风、猪丹毒都可通过土壤传播，但由于现在绝大多数都采用水泥地面进行圈养，所以现在这种传播方式非常少见。

③ 经饲料和饮水传播。易感动物接触了被污染的饲料和饮水而被感染的传播方式。如猪瘟、口蹄疫、传染性胃肠炎等多种传染病均可通过这种方式传播。

④ 经活的媒介传播。活的媒介包括人类、蚊、蝇、野生动物、鼠等。日本乙型脑炎的传播，主要就是经活的媒介传播，如蚊、蝇叮咬患病的动物后，再去叮咬易感动物，就会使易感动物发病。老鼠可将伪狂犬病毒传播给易感动物，人虽不能得猪瘟，但可将猪瘟病毒机械性地传播给易感动物。

⑤ 经物品传播。如果医疗器械或其他物品被污染，而易感动物接触到了这些被污染的物品，也能被感染。比如注射针头，先给患病猪注射，未经消毒再给易感猪注射，易感猪就极易被感染。

由上述可知，传染病的传播途径较多，也比较复杂，每种传染病都有自己的传播途径。有的传染病有一种传播途径，如皮肤霉菌病，只能通过破损的皮肤伤口感染。但大多数病有多种传播途径，比如猪瘟，既可垂直传播，又可水平传播；在水平传播中，既可直接接触传播，又可经空气、饲料、饮水或媒介动物传播。所以，只有了解并掌握了传染病的传播途径，才能在传染病的防治工作中有目的地切断传染源与易感猪的联系，使传染病不再发生或流行。

（二）猪病的综合控制措施

1. 从源头做起，不让疾病进场

（1）做好检疫和隔离工作　无论是购买种猪或者仔猪，都要请兽医检疫人员进行检疫。购买种猪时更应如此，若有必要还要抽血化验。购买仔猪也应该到正规的规模大的猪场选购，或者在邻居饲养户那里选购。若在市场购买仔猪，建议在一家或者两家买齐，这样猪的整齐度高，建立畜群关系容易，运输应激小，打斗几率低，所携带的正常菌群比较近似，避免交叉感染，体质恢复快。新购回的生猪要隔离观察一段时间（3～4周）再与原来的猪合群。新猪进场的第1周应在饲料中添加一些常用的抗生素，以减免环境应激所引起的疾病。停药3天以后应按防疫程序进行疫苗接种，从市场上购回的猪无论其原来防疫如何，建议全部重新进行免疫注射。隔离期间要观察动物的食欲、粪便和体温，看有无咳嗽、气喘、流泪等症状，再经过体表消毒，才可正式入场投产或与其他猪混群。

（2）建立严格的入门消毒制度　采取科学的消毒方法，避免病原微生物进入猪场，杀灭养猪环境中的病原体，减少疾病的发生，保证猪群健康。农村中小规模养殖往往忽视消毒的作用，有些甚至没有消毒的概念。人、料、物入门的消毒尤为重要，为了防止饲养管理人员、外来人员及车辆进入所带来的病原体和污物对猪场构成威胁，猪场大门口应设置广而深的消毒池和洗手消毒盆，进出的人员及外出回来的车辆要经过消毒方可进场。

2. 加强管理，驱除发病诱因

（1）供给优质全价的饲料，保证猪只的正常营养需要，提高猪的健康素质　无论生猪行情如何，都要保证猪的营养需要，不要轻易改变饲料厂提供的营养配方，在营养不足或者某种营养成分缺乏的情况下，猪对疾病的抵抗力会下降，从而发生一些本不该发生的疾病。越来越多的研究表明，肽制品可提高动物机体的免疫能力和生产性能，增强抗病能力和抗应激能力。可在饲料内添加0.2%的生物活性肽，能有效地克服仔猪断奶应激，提高机体的免疫力。同时要时刻保证有足够的清洁饮水。

（2）控制合适的温度，减少猪舍中的有害气体　根据气候的变化，做好猪舍小气候环境的控制。加强猪舍通风对流，保持舍内空气的新鲜度，降低氨气、硫化氢气体的浓度，从而减少对呼吸道的刺激，减少呼吸道疾病的发生。同时，注意控制好舍内的温度，做到夏天防暑降温、冬天防寒保温，尽量使早晚温差不要太大。分娩舍和保育舍要求猪舍内小环境保温，大环境通风。

（3）合理分群，调整饲养密度　猪群不宜太大，每个猪栏内饲养猪的头数尽量不要超过 15 头，否则猪休息不好，打斗次数增加。尽量减少猪群转栏和混群的次数，每混群一次都要重新建立畜群关系，既消耗饲料又增加应激，转栏和混群的次数越多，疾病的发病率越高。同时尽量减少其他一些应激因素，使猪群生活在一个舒适、安静、干燥、卫生、洁净的环境。猪栏内不要过于拥挤，饲养密度与猪病的发生率密切相关，保持合理的饲养密度可有效地控制猪病，提高猪群的生长速度和饲料利用率，比用药物预防更为有效。

3. 科学免疫和用药，提高抗病力

免疫预防是人工给动物接种某种疫苗，使动物对该病产生特殊的抵抗力。注射疫苗一定要按照科学的免疫程序，并且使用有效的疫苗，猪场和养殖户可以与当地的兽医及防治部门或科研部门的专家合作，根据季节、周围环境、猪场现状、饲养水平等实际情况制定适合本场本家的免疫程序，没有一个万能的免疫程序能够用于所有猪场。生产中有时会遇到注射过疫苗的猪群中仍有传染病的发生，出现了免疫失败。引起免疫失败的原因包括：疫苗方面，如疫苗不合格，血清型不合，过期或保存、配制不当；动物方面，如生长发育不良，患有免疫抑制性疾病，母源抗体或残留抗体干扰，传染病潜伏期，未产生保护前感染强毒；人为因素，如程序不对、方法不当、剂量不足等。在给猪免疫注射链球菌病弱毒苗的同时，如果前后几天使用了抗生素，就会引起对该病的免疫失败。

药物预防（药物保健）是对疫苗预防的补充和应急措施，生产中收到了良好的效果。例如，秋季气候变冷时，在饲料中添加抗呼吸道病药物，冬季寒冷拥挤潮湿时添加抗腹泻病药物，母猪分娩前后使用抗产褥热和乳腺炎药物，新生仔猪、新购仔猪、断奶仔猪和转群分栏猪使用药物预防，都能收到非常理想的效果。应用药物预防一定要根据预防的目的，根据疗效高、副作用小、安全、价廉、来源可靠等原则选用药物，不使用假冒伪劣药品和过期药品，以免耽误病情造成大的损失，用药还要注意配伍禁忌和遵守停药规定。无论饮水或拌料，要求浓度均匀一致，饮水用药前应停水 2~4 小时，用药剂量要足够，但是不要盲目加量，注意保证疗程，一般药物预防用药在 5~7 天，用药期间应密切注意畜禽的状态，注意有无不良反应或中毒迹象，发现异常及时处理。

4. 早期诊断，为治愈创造机会

由于猪病早期症状不明显，需要认真细致地观察，要对饲养人员的工作时间作出科学的分配，养种猪和小猪的人员应分配20%的时间做投料和清扫工作，用80%的时间来观察猪群，以及时发现异常。对猪病的诊断包括流行病学调查、临床症状分析、病理解剖学和病理组织学诊断、免疫学诊断、治疗效果实验、化验室病原学和血清学诊断等。可以根据周围疫病情况和免疫预防情况怀疑或者排除某些疾病，缩小疑似范围。

二、猪场内部生物安全措施

1. 引种

初次引种，在选择供应单位时，尽量做到种源引种供应单位的单一性；同时需考察种猪健康水平，必须要求供应商提供血清检测报告及其健康史。要让本场兽医与对方兽医沟通讨论，商定一套适宜的隔离与本土驯化计划，确定隔离期、检测与免疫接种需要。

2. 隔离舍

（1）规划设计　在猪场设计中，隔离区最好坐落在生产区的边界之外。隔离舍与大群之间的理想距离是4.8千米，至少也要达到400米。从布局上应考虑主流风向和表水径流，确保不会将污染从隔离设施带到大群。

（2）隔离舍管理　场区内基础设施设备和建设要符合管理要求，生产工作须科学化、养殖记录要规范化，区内的猪群要有可追溯标识。按照全进全出模式运营，所有引进种猪应与大群隔离不少于8周，其中头4周完全隔离，在第4周时由兽医对猪进行采血检测，检测结果出来之前任何动物都不得从隔离舍转出。

3. 生产流程

各单位应采用全进全出生产系统，以降低饲养环境中的病原水平。当猪场病原水平高的时候，这种系统能够降低发病风险，还能防止疾病从高日龄猪只传给小日龄猪只，从而改进猪场的健康状态和生长速率。

4. 猪舍布局

根据猪场规模大小，可分为两点式、三点式或多点式布局。大规模的猪场（如超过2 400头母猪的猪场）可根据管理要求设计两点式或三点式，每个区域布局可根据主风向把保育区放在上方向，其他饲养区域可布局在下风向。

5. 封闭猪群与扩繁

封闭猪群是生物安全的关键要点之一，可以将外来疾病入侵的风险降至最低，保障舍外环境对猪只的影响，有利于舍内小环境的调节，给猪只提供舒适的环境要求，有助于猪群内部健康状态的稳定。

6. 环境控制

当前多数猪场均系密闭性猪舍，因此猪舍内部的环境对猪群的健康和生物安全有着重要影响，在猪舍的环境系统设计上，猪舍环境控制系统是一个整体，应当根据猪只的生活习性和对环境的要求综合考虑栏体设计、地板设计、空间设计、排污设计、房舍结构等一系列因素。从而确保猪舍空气的良好，给不同阶段的猪群提供最适宜的温度。

7. 供料方式

料塔是生物安全中最容易忽视的地方。因此在猪场供料方式设计上尽可能将料塔设计在场外靠近猪舍的地方，饲料运输车不进入猪场。同时须定期清空、清扫料塔，确保料塔保持密闭、干燥。建议有条件的猪场可以采用集中供料的输料模式，从供料环节减少生物安全隐患。

8. 消毒

生物安全措施应着重考虑设施和设备的卫生。应当系统地对猪场进行消毒，包括：猪群内正在使用设备的清洗消毒、场内使用车辆的清洗消毒和人员进出猪舍的消毒等。方式包括：喷雾消毒、清洗（人员需要洗澡），再用合适的、高效的消毒剂按照标签说明进行消毒。

9. 人员

尽管最容易传播疾病的方式是猪只的转群，但通过猪场人员造成的疾病引入的风险也很常见。要想降低经人员引入疾病的风险，必须对猪场员工进行系统生物安全的培训并严格要求，从人员角度最大限度确保生物安全。

10. 出猪台设施

在猪场的生物安全体系中，出猪台设施是仅次于场址的重要的生物安全设施，也是直接与外界接触交叉的敏感区域。因此，建造出猪台时需划分明确的出猪台净区和脏区；出猪台的设计应保证冲洗污水不能回流猪舍；建造防鸟网和防鼠措施；保证出猪台每次使用后能够及时彻底冲洗消毒；出猪台应设计在猪场下风向或距离生产区更远的区域。

三、猪场外部生物安全措施

1. 外来访客进出

建立访客预约及登记制度，确保访客理解并遵守猪场的生物安全守则；设置工作人员和访客的进出口及通道标识，避免交叉、重叠；访客需按规定沐浴消毒再经过 48 小时隔离后才能进入场区及猪舍，除非必须，访客不应进入猪栏、转猪走道，或触摸猪只；访客个人物品不得带入猪舍，所带的测量记录仪等应经过彻底清洗和消毒，猪场应适当备置这类物品，尽量避免使用其他猪场用过的设备；为投递人员设置投递点，避免设在场内人员穿行的区域，确保邮件、养猪设备、饲料、药品、精液等外来物品的安全。

2. 车辆进出

来访车辆尽可能不进入场区边界，可在场外设停车场；绝不允许载猪车辆进场；只允许本场车辆和机械进入场区，在入口设置消毒池，进场车辆需严格消毒，尤其注意清除带有蓝耳病等疫病风险的粪便；制定最严厉政策，任何猪只一旦越过了某个特定边界，如只要踏上了卡车车厢，就不能再返回猪场；确定猪场的"污道"（拖车、饲料、运输车辆、掉落家畜捡拾车、粪车）和"净道"（猪场和员工的车辆），"污道"应远离猪舍；确保料车不一次为两家猪场送料，最好采用现代化的自动饲喂系统，实现场外供料；确保运猪卡车到场前经清洗消毒，并充分干燥。任何情况下参与装猪的卡车司机都不得进入猪舍；除非绝对必须，否则猪场人员不应进入运猪车或接触车厢挡板，尤其是卡车有与屠宰场的接触史。

3. 猪场服装及雨靴管理

场区边界处提供靴子消毒池，消毒前应先清除所有可见的粪污，要注意，雨水的稀释、错误的浓度以及消毒池久不更换都会影响消毒液的效果；为不同的猪舍配备颜色不同的靴子和服装，避免猪舍间交叉使用，用后应清洗消毒，一次性物件用完应弃置；场内员工不得进入装猪卡车，装猪人员重新进场之前必须彻底清洗消毒靴子，并更换全套服装。

4. 野生动物控制

确保猪场围墙和建筑完好安全，防止野猪等动物进入；清理猪舍内外杂物，一经发现鼠迹马上解决；做好场内外清洁，减少苍蝇蚊虫的滋生；

清除猪舍周围的鸟巢，确保猪场设有防鸟装置，料槽加盖，及时清扫洒落饲料；让猫狗等宠物远离猪场；工作人员家中如有猪以外的动物，到场工作时要求必须保障个人卫生，如家里有养猪，进场前不应接触，否则就相当于造访了另一家猪场，24小时内不得接触场内猪只。

5. 病死猪处置

列出一套清晰的处理转移死猪的例行规程；死猪、胎衣及流产物应立即、正确、合法地处置，死猪应当焚烧或深埋，死猪处理地点应被视为高危地区；最理想的无害化处理车的收集地点应位于场外，或在远离猪舍的地方，收集点的猪场方入口和收集者入口之间应有清晰分界，使用后需清洗消毒。

6. 空气净化

除了在猪场选址及规划设计时考虑周边地理及生态环境，还可以设计安装空气过滤系统，尤其是公猪站、母猪场等对生物安全要求严格的核心种猪场。外界空气通过多重空气过滤装置，能过滤掉99.5%以上的0.3微米微粒，能有效阻止猪蓝耳病、猪瘟、伪狂犬病、口蹄疫、喘气病等病原微生物感染，确保公猪站内公猪的健康，降低保育猪、育肥猪的死亡率，提升猪场效益。

第二节　猪场的有效消毒

一、消毒剂的分类

1. 高效消毒剂

指可杀灭所有微生物，包括各种细菌繁殖体、细菌芽孢、真菌、结核杆菌、囊膜和非囊膜病毒等，也称灭菌剂，如过氧化物、戊二醛等及有机汞类。

2. 中效杀毒剂

除不能杀死细菌芽孢外，可杀死细菌繁殖体、真菌和病毒等其他微生物，如碘制剂、乙醇类。

3. 低效杀毒剂

可杀死部分细菌繁殖体、真菌和囊膜病毒，不能杀灭结核菌、细菌芽孢和非囊膜病毒，如季铵盐类等阳离子表面活性剂——新洁尔灭、百毒杀等。

　　理想的消毒剂应具备抗微生物谱广、活性强，渗透力强，有杀灭细菌和病毒的双重能力，消毒作用迅速、有效时间长，刺激性和腐蚀性小，对人畜安全绿色环保，而且使用方便，可饮水、拌料、浸泡、喷雾、熏蒸、冲洗等。

二、影响猪场消毒效果的因素

　　① 养殖户对消毒效果持怀疑态度，认为病原微生物看不见、摸不着，对消毒无信心。

　　② 认为接种疫苗就安全了，不按规定消毒。

　　③ 药品可保健治疗，看得见效果，对消毒剂投入量大不舍得投资，要么只买价格低的，也不管消毒剂质量怎么样。

　　④ 重视带畜禽消毒、忽视饮水及地面环境消毒。

　　⑤ 消毒剂选择使用不当，致使消毒效果不佳。

　　有些消毒药品要现配现用，配好的消毒液不宜久贮；有些消毒药品在久贮后使用时要先测定有效含量，然后根据测定结果进行配制。

　　⑥ 消毒不彻底、不规范、不持久。据调查，目前我国70%~80%的养殖场属于无效消毒状态。

三、消毒流程和方式

（一）生活区消毒

1. 人员消毒——关键控制点

　　（1）体表消毒　一切需进入养殖场的人员（来宾、工作人员等）必须走专用消毒通道。在大门人员出入口通道应设置汽化喷雾消毒装置，在人员进入通道前先进行汽化喷雾，使通道内充满消毒剂汽雾，人员进入后全身黏附一层薄薄的消毒剂气溶胶，能有效地阻断外来人员携带的各种病原微生物。可用碘酸消毒液1∶500稀释或百毒杀1∶800稀释，猪场常备3种消毒剂1~2个月轮换1次。

　　（2）鞋底消毒　人员通道地面应做成浅池型，池中垫入有弹性的室外型塑料地毯，并加入碘酸消毒液1∶500稀释或戊二醛消毒液1∶300稀释，每天适量添加，每周更换1次。两种消毒剂1~2个月互换1次。

（3）人手消毒　可用百毒杀消毒液1∶300稀释（即每升水添加菌敌3毫升）涂擦手部即可，无须用水冲洗。

2. 大门消毒池——外来病源的重要控制点

消毒池的长度为进出车辆车轮2个周长以上，消毒池上方最好建顶棚，防止日晒雨淋，并且应该设置喷雾消毒装置。可用碘酸消毒液1∶800稀释或戊二醛消毒液1∶300稀释，每天添加1~2盖消毒剂，7天更换1次，1~2个月互换1次。

3. 车辆（包括客车、饲料运输车、装猪车等）消毒

所有进入养殖场（非生产区或生产区）的车辆必须严格消毒，特别是车辆的挡泥板和底盘必须充分喷透、驾驶室等必须严格消毒。可用碘酸消毒液1∶800稀释或百毒杀消毒液1∶300稀释，每天添加，7天更换1次。1~2个月互换1次（与大门消毒池所用的消毒剂一致）。

4. 办公及生活区环境消毒

正常情况下，办公室、宿舍、厨房、冰箱等必须每周消毒1次，卫生间、食堂餐厅等必须每周消毒2次。疫情暴发期间每天必须1~2次。可用百毒杀消毒夜1∶1 000稀释或戊二醛1∶1 200稀释，1~2个月互换1次。

（二）生产区消毒

员工和访客进入生产区必须要更衣消毒沐浴，或更换一次性的工作服，换胶鞋后通过脚踏消毒池（消毒桶）才能进入生产区。

1. 更衣沐浴

喷雾消毒室，可用百毒杀消毒液1∶1 800稀释或戊二醛1∶1 200稀释，每天适量添加，每周更换1次，1~2个月互换1次。

2. 脚踏消毒池（消毒桶）

工作人员应穿上生产区的胶鞋或其他专用鞋，通过脚踏消毒池（消毒桶）进入生产区。可用碘酸消毒液1∶800稀释或百毒杀1∶300稀释，每天适量添加，每周更换1次，两种消毒剂1~2个月互换1次。

3. 生产区入口消毒池

可用百毒杀消毒液1∶800稀释或碘酸消毒液1∶300稀释，每天适量添加，每周更换1次，两种消毒剂1~2个月互换1次。

4. 生产区道路、空地、运动场等

应做好厂区环境卫生工作，经常使用高压水清洗，每周用碘酸消毒液1∶1 200对厂区环境进行1~2次消毒。

5. 排污沟消毒

定期将排污沟中污物、杂物等清除通顺干净，并用高压水枪冲洗，每周至少用碘酸消毒液 1 : 300 消毒 1 次，对蚊蝇繁殖有抑制作用。

6. 赶猪通道、装猪台消毒

有条件应将种猪台和肉猪台分开，每次使用前后都必须消毒，以防止交叉感染。可用碘酸消毒液 1 : 800 稀释或戊二醛消毒液 1 : 1 000稀释，1~2 个月互换 1 次。

7. 产房消毒

（1）产前处理　用百毒杀 1 : 200 或碘酸 1 : 150 稀释作为洗涤消毒剂，全身抹洗后擦干。

（2）产后保护性处理　产后必须清洁消毒，特别是人工助产，必须严格进行保护性处理，以保证母猪生殖系统健康。母猪分娩后，24 小时以内，先用生理盐水冲洗子宫，2 小时后可将滞留胎衣剥离排出，然后用宫炎清 100 毫升灌入子宫。

（3）仔猪断脐及保温处理　仔猪一出生断脐后，迅速用毛巾等将胎衣简单擦拭抹去后，马上用干燥粉（仔猪专用保温干爽粉——除湿保温、消毒爽身）彻底擦拭抹干，尤其是脐带部位。可使仔猪迅速干燥，保持体温，减少体能损失；能更快、更多地吃到初乳。可再将仔猪脐带在聚维酮碘（人用）中浸泡一下，双重保护。

（4）断尾、剪牙、去势等　手术创口直接用聚维酮碘反复涂抹几下即可。

（5）产房环境消毒　产前在产房内放置缓释消毒盆，即在塑料盆中加 2~3 盖的碘酸或百毒杀，再加适量的水稀释，每 10~20 米² 放置一个缓释消毒盆。

8. 仔猪出生后消毒

仔猪出生 10 天后，可用碘酸 1 : 500 或百毒杀 1 : 500 喷雾消毒，夏天可直接对仔猪喷雾消毒，冬天气温较低时，向上喷雾，水雾（滴）要细，慢慢下降，仔猪不会感到冷。每天 1 次，用量 15~30 毫升/米²。同时猪只通过吸入聚维酮碘细雾，直接作用于肺泡，可有效控制和改善仔猪呼吸道疾病。

9. 保育室消毒

保育舍进猪前一天，对高床、地面、保温垫板充分喷洒，可杀菌消毒、驱赶蚊蝇、防止擦伤等，同时让仔猪保育室跟产房的气味一致，降低断奶仔猪对变更环境的应激。干燥后再进猪。可用碘酸1:500或百毒杀1:500或戊二醛1:1 000稀释，用量100毫升/米²。

10. 后备、怀孕母猪室及公猪室的消毒

无论是后备、怀孕母猪以及公猪的生活环境都必须保持卫生、干燥，并严格消毒；这样不但可以降低各种传染病的感染概率，同时可以减少生殖系统被病原微生物感染致病，导致不孕、流产、死胎、少精、死精等疾病的发生。可用戊二醛1:1 000稀释，3天1次。暴发疾病时，戊二醛1:800稀释，每天消毒1次。

公猪采精时，用手抓阴茎易擦伤或残留精液腐败，使阴茎感染。在采精完毕时，一手抓住阴茎先不放，另一手涂上碘酸1:150，慢慢放开抓阴茎的手，使其均匀涂抹在阴茎上，保护阴茎。

11. 育肥猪舍（中、大）消毒

用专用汽化喷雾消毒机喷雾消毒，喷雾水滴直径80~100微米，使消毒剂水滴慢慢下降时与空气粉尘充分接触，杀灭粉尘中的病原微生物。日常隔天消毒1次，可用碘酸消毒液1:1 200稀释或戊二醛1:1 500稀释，一周二次；暴发疾病时，碘酸消毒液1:800稀释，每天消毒1次。

12. 病猪（病猪隔离室）的消毒

每个生产区应有单独的病猪隔离室，一旦发现某一或某几个猪只出现异常，应隔离观察治疗，以免传染给其他健康猪只。

每天用戊二醛1:800或百毒杀1:300稀释，如发生呼吸道疾病，可用碘酸1:300汽化喷雾消毒，10分钟后再开窗通风，让猪只充分吸入活性碘，直接作用于肺泡，能有效控制和杀灭肺泡里的病原微生物，使呼吸道疾病得到有效的控制和减缓。如发生肠道疾病，如细菌性或病毒性腹泻，在饮用水中按0.8千克/吨水添加碘酸，疗效确切。

13. 饮用水消毒

无论水质本身或二次污染，猪饮用污染的水会引起很多疾病的发生。进行饮用水消毒是为了杀灭和控制饮用水中致病微生物的浓度。但过量或有毒害的消毒剂通过饮水进入胃肠后，可能影响正常菌群的平衡或造成健康问题，影响饲料的消化吸收，因而日常饮用水消毒剂要注意消毒剂品种及加入比例。季胺化合物不适用于饮用水消毒。猪饮水应清洁无毒，无病原菌，符合人的饮用水标准，生产中要使用干净的自来水或深井水。应该将饮用水和冲洗用水分开，饮用水必须消毒，而冲洗水一般无须消毒，成本低，同时可以很方便在饮用水中添加各种保健和治疗药物。饮用水消毒，百毒杀 1：2 000 饮水消毒，暴发疾病时加大用量（日常用量加倍），特别是发生肠道疾病，如病毒性腹泻等，饮水中以 0.8 千克/吨水添加碘酸，连续 3 天，可有效控制病情。

14. 饲喂工具、运载工具及其他器具的消毒

频繁出入猪舍的各种器具、推车，如小猪周转箱（车）等，必须经过严格的消毒。各种饲喂工具每天必须刷洗干净，用水枪冲洗后，再用 1：800 碘酸消毒液、1：500 百毒杀洗刷浸泡消毒，方可使用。

15. 药物、饲料等物料外表面（包装）消毒

对于不能喷雾消毒的药物饲料等物料的表面采用百毒杀 1：800 倍或戊二醛 1：1 500 密闭熏蒸消毒，物料使用前除去外包装。

16. 皮炎湿疹消毒

猪只无论大小，体表出现细菌、霉菌性的皮炎、湿疹等，可用碘酸 1：300 稀释每天喷猪体表两次，连续 3 天以上；或直接用棉签蘸碘酸原液涂抹患处，直至治愈。

17. 手术（伤口）消毒

在进行手术前，手术创面可用碘酸 1：200 直接涂抹两次以上进行灭菌；兽医工作人员用碘酸 1：200 倍的稀释液反复搓抹 1 分钟以上，进行灭菌；伤口或溃疡可先用碘酸 1：200 倍的稀释液冲洗干净，再用原液直接涂抹即可。

18. 医疗器械消毒

术后使用过的各种医疗器械，可先用碘酸 1：150 稀释液浸泡刷洗后，再放入百毒杀 1：300 浸泡半天以上，取出用洁净水冲洗晾干备用。同一器械要连续用于不同猪只时，如专用栓剂推进器，紧急消毒方法是：先用洁净水冲洗一下，再浸泡在碘酸 1：100 稀释液 2~3 分钟，即可使用。

19. 病死猪、活疫苗空瓶等处理消毒

病死猪最好在专用焚化炉中焚烧处理，也可深埋，用生石灰和烧碱拌撒深埋。每次使用后的活疫苗空瓶应集中放入有盖塑料桶中灭菌处理，防止病毒扩散，可用消毒剂碘酸 1：100 稀释溶液、百毒杀 1：100 稀释液。

（三）空栏空舍终端消毒程序

一般在某种传染性疫病平息后或猪舍空栏后，需要对环境及每间猪舍

进行终末消毒，其措施如下。

1. 打扫

猪粪和垃圾的污染程度高，又是感染的主要来源，所以必须彻底清除。

① 猪舍若有猪，应将猪赶出，并搬出饲料及饮水设备、猪圈隔板等，并对其进行清洗；② 用刷、刀或机械刮粪器清除所消毒区域内的所有粪便和被污染的垫料及剩余的饲料；③ 清除的粪便和污染垫料可经深埋、焚烧或其他无害化处理。

2. 清洁

任何打扫过程都不能除尽所有具有感染性的污染物，因而在打扫后要使用具有去污和杀菌作用的消毒剂对墙壁和地板进行清洗去污，为此目的可选1∶1 500碘酸或1∶1 500戊二醛药液，用压力喷洗机进行喷洗，用量大约每平方米面积1升消毒药液。冲洗先从舍顶棚开始，然后沿墙壁一直喷洒到地板，同时要注意清洗死角和脏物积聚的地方。

3. 饮水系统及设备的清洁与消毒

所有的供水系统一般都存在微生物污染，特别是贮水箱或池等是尘埃和脏物容易堆积的地方，对其进行清洁消毒就能清除微生物的存在。

（1）排水系统　在排水系统的总管道处卸开贮水箱，并从贮水箱的最远端将水排净，清除贮水箱内积聚的脏物，重新加满水，并按水中终浓度5~8毫升/升要求，按每吨水加入20~50毫升百毒杀/碘酸冲洗排水管道，保持30分钟后排出，再重新注满新鲜用水。对非排水系统和水质差、被污染的供水系统，也可参照排水系统处理。

（2）可移动的设备　将移出的设备，如喂料及饮水设备、猪圈隔板等可能被病原微生物污染，可采取如下措施进行清洗：将设备浸泡在水池中并擦洗，或用1∶2 000碘酸消毒液喷洗消毒，将处理过的设备放在不受污染的地方。

4. 消毒

清洗后，其病原微生物，特别是病毒类的污染程度可能仍然很高，足以对敏感青年猪群或刚引进猪群构成严重威胁，所以必须进行彻底消毒，以杀灭各种病原微生物，视消毒对象不同可选用消毒威、碘酸、烧碱、过氧乙酸等消毒剂，这些消毒剂既可以杀灭细菌又可以杀灭病毒，还可以杀灭细菌芽孢，属于广谱、高效、低毒性（除烧碱外）、低残留的消毒剂。

用 1∶500 百毒杀消毒液或 1∶300 碘酸溶液进行全面的喷洒消毒和对非金属制品（用具）的浸泡消毒（维持时间 25~30 分钟），喷洒消毒时每平方米表面（如地面、墙壁等）用配好的消毒药液 300 毫升。

喷洒时特别要注意那些容易残留污物的地方，如角落、裂隙、接缝和易渗透的表面，其喷洒顺序先猪舍顶棚，并沿墙壁冲到地面。待清洗的表面干燥后，再引入猪群。

5. 空间喷雾消毒

猪舍的空间（空气）消毒对现代集约化养殖场来说也是非常重要的，特别对降低呼吸道疾病的效果很显著。用 1∶1 200 戊二醛或 1∶800 百毒杀进行空气喷洒消毒，每平方米用 500 毫升配好的消毒剂药液，间隔 2 天 1 次，共进行 2 次。

第三节　猪场的卫生防疫

一、加强猪场卫生管理

猪群疫病主要是病原微生物传播造成的，而病原微生物理想的栖息场所是猪舍，也就是说病原微生物生存于养猪生产的各个角落，如空地、舍内、空气等场所。给猪群提供一个良好的环境和有效的消毒措施，是降低猪只生长环境中的病原微生物数量，控制疫病发生、传播的重要措施。

猪场的卫生管理，除了要加强有效消毒外，必须搞好猪群的卫生。

① 每天及时打扫圈舍卫生，清理生产垃圾，保持舍内外卫生干净整洁，所用物品摆放有序。

② 保持舍内干燥清洁，每天必须进圈内打扫清理猪的粪便，尽量做到猪、粪分离，若是干清粪的猪舍，每天上、下午及时将猪粪清理出来堆积到指定地方；若是水冲粪的猪舍，每天上、下午及时将猪粪打扫到地沟里以清水冲走，保持猪体、圈舍干净。

③ 每周转运一批猪，空圈后要清洗、消毒，种猪上床或调圈，要把空圈先冲洗后用广谱消毒药消毒，产房每断奶一批、育成每育肥一批、育肥每出栏一批，先清扫冲洗，再用消毒药消毒。

④ 注意通风换气，冬季做到保温，舍内空气良好，冬季可用风机通风 5~10 分钟（各段根据具体情况通风）。夏季通风防暑降温，排出有害气体。

⑤ 生产垃圾，即使用过的药盒、瓶、疫苗瓶、消毒瓶、一次性输精瓶用后立即焚烧或妥善放在一处，适时统一销毁处理。料袋能利用的返回饲料厂，不能利用的焚烧掉。

⑥ 舍内的整体环境卫生包括顶棚、门窗、走廊等平时不易打扫的地方，每次空舍后彻底打扫 1 次，不能空舍的每个月或每季度彻底打扫 1 次。舍外环境卫生每个月清理 1 次。

⑦ 四季灭鼠，夏季灭蚊蝇。

二、发生传染病时的紧急处置

1. 隔离诊断

当发生疫病或死猪时，要查明原因，做出初步判断。如确认是传染病或疑似传染病时，应严格封锁，将病猪隔离，专人饲养。将疫情报告当地兽医主管部门，通知邻近养猪户和猪场，以便采取相应措施。

2. 隔离观察和治疗

对病猪和可疑猪只，分别隔离观察和治疗。对同群猪尚未见发病的，应注意观察，根据疾病种类用相应的疫（菌）苗进行紧急预防注射，控制传染病的发生。

3. 封锁疫区，搞好消毒

当确定为传染病时，根据情况，划定疫区进行封锁。封锁是为了控制疫病的继续扩大蔓延，以便迅速消灭疫病。疫区禁止车马、人来往出入，做好消毒工作。为了消灭传染源，对不能治的病猪全部淘汰，可在兽医监督下，加工处理。病死猪尸体、粪便和污染的垫草等，在指定地点烧毁或深埋。

4. 解除封锁

病猪全部治愈或最后一头病猪死亡以后，经一定的时间不再发现病猪，再做一次彻底消毒后方可解除封锁。

三、猪场驱虫、杀虫与灭鼠

（一）养猪场的驱虫

1. 选择驱虫药的原则

正规厂家生产的，广谱、高效、低毒、安全、适口性好、使用剂量小、使用方便、便于保存、猪体内残留量低、价格低廉。

2. 养猪场寄生虫病控制程序

种公猪每年春、秋各驱虫 1 次；后备母猪配种前 15 天驱虫 1 次；妊娠母猪产仔后断奶时驱虫 1 次；哺乳仔猪断奶后驱虫 1 次；保育仔猪转群进入育肥舍时驱虫 1 次；育肥中期（出栏前 2 个月）驱虫 1 次；引进猪只在隔离检疫 30 天期限内驱虫 1 次；所有的母猪与种公猪在配种前 2 周要进行 1 次体外驱虫。

3. 驱虫注意事项

① 养猪场要根据猪群寄生虫病发生的情况及当地动物寄生虫病的流行状况，有针对性地制订周密可行的驱虫计划，有步骤地进行驱虫。

② 实施驱虫之前要认真对猪群进行虫卵检查，弄清本猪场猪体内外寄生虫种类与严重程度，以便有效地选择最佳的驱虫药物，安排适宜的驱虫时间实施驱虫，以达到最佳的驱虫效果。

③ 驱虫用药时，要严格按照选用驱虫药的使用说明书所规定的剂量、给药方法及注意事项等进行，不得随意改变药物的用量和使用方法，否则易引发意外事故的发生。

④ 驱虫后要注意观察猪群状态，对出现严重反应的猪只要立即查明原因，并及时进行解救。

⑤ 猪场使用驱虫药要轮换使用不同的品种，不要长期只使用 1~2 种驱虫药，防止产生耐药虫株。目前在一些猪场已出现了耐药性虫株，甚至存在交叉耐药现象。这都与猪场长期和反复地使用 1~2 种驱虫药，使用剂量小或浓度低有关。

⑥ 驱虫后猪只排出的粪便与虫体要集中妥善处理，防止扩散病原。因为粪便中带有寄生虫虫卵和幼虫，在外界适宜的条件下可发育成感染性幼虫，通过污染饲料、饮水与环境，易造成猪群重复感染。因此，粪便及污物要进行厌氧消化和堆积发酵，利用生物热杀灭虫卵和幼虫。同时要加强对猪舍内外环境的消毒与杀虫，消灭中间宿主，改变寄生虫中间宿主隐匿和滋生的条件，使没有进入中间宿主的幼虫无法完成其发育而达到消灭寄生虫的目的。

⑦ 抗寄生虫药物对人体有一定的危害性，因此，使用驱虫药时，要避免药物与人体直接接触，采取防护措施，以免对人体刺激、过敏及中毒等事故的发生。有些驱虫药还会污染环境，因此，接触药物的容器及用具

一定要妥善处理，避免造成污染环境，后患无穷。

⑧ 猪只上市屠宰前 30 天停止使用驱虫药，以免猪体产生药物残留，严重影响公共卫生安全和人类的健康。

(二) 养猪场的杀虫

1. 有害昆虫的危害性

许多节肢动物（如蚊、蝇、蜱、虻、蠓、螨、虱、蚤等吸血昆虫）都是动物疫病及人畜共患病的传播媒介。选用高效、安全、使用方便、经济和环境污染小的杀虫药杀灭吸血昆虫，对养猪生产及保障公共环境卫生的安全均具有重要的意义。

2. 养猪场的杀虫技术措施

（1）加强对环境的消毒　养猪场要加强对猪场内外环境的消毒，以彻底地杀灭各种吸血昆虫。猪群实行分群隔离饲养，"全进全出"的制度；正常生产时每周消毒 1 次，发生疫情时每天消毒 1 次，直至解除封锁；猪舍外环境每月消毒 1 次，发生疫情时每周消毒 1 次，直至解除封锁；猪舍外环境每月清扫大消毒 1 次；人员、通道、进出门随时消毒。

（2）控制好昆虫滋生的场所　猪舍每天要彻底清扫干净，及时除去粪尿、垃圾、饲料残屑及污物等，保持猪舍清洁卫生、地面干燥、通风良好、冬暖夏凉。猪舍外环境要彻底铲除杂草，填平积水坑洼，保持排水与排污系统的畅通。严格管理好粪污，无害化处理。使有害昆虫失去繁衍滋生的场所，以达到消灭吸血昆虫的目的。

（3）使用药物杀灭昆虫

蝇必净：250 克药物加水 2.5 升混匀后用于喷洒猪舍、地面、墙壁、门窗、栏圈及排粪污沟等，每周 1 次，对人体和猪只无毒副作用。可杀灭蚊、蝇、蜱、蠓、虱子、蚤等吸血昆虫。

蚊蝇净：10 克（1 瓶）药物溶于 500 毫升水中喷洒猪舍、地面、墙壁、门窗、栏圈及排粪污沟等，对人体和猪只无毒副作用。可杀灭蚊、蝇、蜱、蠓、虱、蚤等吸血昆虫。

蝇毒磷：白色晶状粉末，含量为 20%，常用浓度为 0.05%，用于喷洒，对蚊、蝇、蜱、螨、虱、蚤等有良好的杀灭作用。休药期为 28 天。毒性小，安全性高。

力高峰（拜耳）：用 0.15%浓度溶液喷洒（猪体也可以），可杀灭吸血昆虫与体外寄生虫等。安全、广谱，效果好，使用方便。

拜虫杀（拜耳）：原药液兑水 50 倍用于喷洒，可杀灭吸血昆虫与体外寄生虫等。安全、广谱，效果好，使用方便。

（4）使用工具杀灭昆虫　猪场也可使用电子灭蚊灯、捕捉拍打及黏附等方法杀灭吸血昆虫，既经济又实用。

（三）养猪场的灭鼠

1. 鼠类的危害性

（1）鼠类传播疫病，对人体和动物的健康造成严重的威胁。

（2）鼠类常年吃掉大量的粮食　我国鼠的数量超过 30 亿只，每年吃掉的粮食为 250 万吨，超过我国每年进口粮食的总量，经济损失达 100 多亿元。猪舍和围墙的墙基、地面、门窗等方面都应力求坚固，发现有洞要及时堵塞。猪舍及周围地区要整洁，挖毁室外的巢穴，填埋、堵塞鼠洞，使老鼠失去栖身之处，破坏其生存环境，可达到驱杀之目的。

2. 灭鼠方法

（1）利用各种工具以不同的方式扑杀鼠类　如关、夹、压、扣、套、翻（草堆）、堵（洞）、挖（洞）、灌（洞）等。

（2）药物灭鼠　取敌鼠钠盐 5 克，加沸水 2 升搅匀，再加 10 千克杂粮粉，浸泡至毒水全部吸收后，加适量的植物油拌匀，晾干后备用。也可取 2.5% 药物母粉 1 份、植物油 2 份、面粉 97 份，加适量水制成每粒 1 克的面丸，投放毒饵灭鼠。也可用立克命（拜耳）直接撒施，灭鼠彻底。0.005% 鼠克命膏剂，每 30 厘米距离投放 1 包，不发霉，可长期使用。

3. 养猪场灭鼠注意事项

① 选择高效敏感，对人和猪无毒副作用，对环境无污染的、廉价、使用方便的灭鼠药物用于灭鼠。使用药物之前要熟悉药物的性质和作用特点，以及对人和动物的毒性和中毒的解救措施，以便发生事故时急用。

② 掌握好药物安全有效的使用剂量和浓度，以及最佳的使用方法，以便充分发挥灭鼠药物的作用，又能避免造成人和动物发生中毒。

③ 药物灭鼠后要及时收集鼠尸，集中统一处理，防止猪只误食后发生二次中毒。

④ 用于灭鼠的药物要定期轮换使用，长期使用单一的灭鼠药物易产生耐药性，结果造成火鼠失败。

⑤ 灭鼠药要从国家指定药店购买，不要从个人手中购药，以免购进伪、劣、假药，否则贻误灭鼠工作的开展。

第四节　猪病免疫与药物防控

一、猪场常用疫苗及应用方法

（一）猪瘟兔化弱毒冻干苗

皮下或肌内注射，每次每头 1 毫升，注射后 4 天产生免疫力，免疫期保护为 1~1.5 年。为了克服母源抗体干扰，断奶仔猪可注射 3 或 4 头份。此疫苗在-15℃条件下可以保存 1 年，0~8℃条件下可以保存 6 个月，10~25℃条件下可以保存 10 天。

（二）猪丹毒疫苗

1. 猪丹毒冻干苗

皮下或肌内注射，每次每头 1 毫升，注射后 7 天产生免疫力，免疫期保护为 6 个月。此疫苗在-15℃条件下可以保存 1 年，0~8℃条件下可以保存 9 个月，25~30℃条件下可以保存 10 天。

2. 猪丹毒氢氧化铝灭活苗

皮下或肌内注射，10 千克以上的猪每次每头 5 毫升，10 千克以下的猪每次每头 3 毫升，注射后 21 天产生免疫力，免疫保护期为 6 个月。此疫苗在 2~15℃条件下可以保存 1.5 年，28℃以下可以保存 1 年。

（三）猪瘟、猪丹毒二联冻干苗

肌内注射，每头每次 1 毫升，免疫保护期为 6 个月。此疫苗在-15℃条件下可以保存 1 年，2~8℃条件下可以保存 6 个月，20~25℃条件下可以保存 10 天。

（四）猪肺疫菌苗

1. 猪肺疫氢氧化铝灭活苗

皮下或肌内注射，每头每次 5 毫升，注射后 14 天产生免疫力，免疫保护期为 6 个月。此疫苗在 2~15℃条件下可以保存 1~1.5 年。

2. 口服猪肺疫弱毒菌苗

不论大小猪一般口服 3 亿个菌，按猪数计算好需要菌苗剂量，用清水稀释后拌入饲料，注意要让每一头猪都能吃上一定的料，口服 7 天后产生免疫力。免疫期为 6 个月。

（五）仔猪副伤寒弱毒冻干苗

皮下或肌内注射，每头每次 1 毫升，断乳后注射能产生较强免疫保护力。此疫苗-15℃条件下可以保存 1 年，在 2~8℃条件下可以保存 9 个月，在 28℃条件下可以保存 9~12 天。

（六）猪瘟、猪丹毒、猪肺疫三联活苗

肌内注射，每头每次 1 毫升，按瓶签标明用 20%氢氧化铝胶生理盐水稀释，注射后 14~21 天产生免疫力，猪瘟的免疫保护期为 1 年，猪丹毒、猪肺疫的免疫保护期均为 6 个月。未断奶猪注射后隔两个月再注射疫苗 1 次。此疫苗在-15℃条件下可以保存 1 年，0~8℃条件下可以保存 6 个月，10~25℃条件下可以保存 10 天。

（七）猪喘气病疫苗

1. 猪喘气病弱毒冻干疫苗

用生理盐水注射液稀释，对怀孕 2 月龄内的母猪在右侧胸腔倒数第 6 肋骨与肩胛骨后缘 3.5~5 厘米外进针，刺透胸壁即行注射，每头 5 毫升。注射前后皆要严格消毒，每头猪一个针头。

2. 猪霉形体肺炎（喘气病）灭活菌苗

仔猪于 1~2 周龄首免，2 周后第二次免疫，每次 2 毫升，肌内注射。接种后 3 天即可产生良好的保护作用，并可持续 7 个月之久。

（八）猪萎缩性鼻炎疫苗

1. 猪萎缩性鼻炎三联灭活菌苗

本菌苗含猪支气管败血波德氏杆菌、巴氏杆菌 A 型和产毒素 5 型及巴氏杆菌 A 型、D 型类毒素。对猪萎缩性鼻炎提供完整的保护。每头猪每次肌内注射 2 毫升。母猪产前 4 周接种 1 次，2 周后再接种 1 次，种公猪每年接种 1 次。母猪已接种者，仔猪于断奶前接种 1 次；母猪未接种者，仔猪于 7~10 日龄接种 1 次。如现场污染严重，应在首免后 2~3 周加强免疫 1 次。

2. 猪传染性萎缩性鼻炎油佐剂二联灭活疫苗

颈部皮下注射。母猪于产前 4 周注射 2 毫升，新进未经免疫接种的后备母猪应立即接种 1 毫升。仔猪生后 1 周龄注射 0.2 毫升（未免母猪所生），4 周龄时注射 0.5 毫升，8 周龄时注射 0.5 毫升。种公猪每年 2 次，每次 2 毫升。

（九）猪细小病毒疫苗

1. 猪细小病毒灭活氢氧化铝疫苗

使用时充分摇匀。母猪、后备母猪于配种前2~8周，颈部肌内注射2毫升；公猪于8月龄时注射。注苗后14天产生免疫力，免疫期为1年。此疫苗在4~8℃冷暗处保存，有效期为1年，严防冻结。

2. 猪细小病毒病灭活疫苗

母猪配种前2~3周接种1次；种公猪6~7月龄接种1次，以后每年只须接种1次。每次剂量2毫升，肌内注射。

3. 猪细小病毒灭活苗佐剂苗

阳性猪群断奶后的猪，配种前的后备母猪和不同月龄的种公猪均可使用，对经产母猪无须免疫。阴性猪群，初产和经产母猪都须免疫，配种前2~3周免疫，种公猪应每半年免疫1次。以上每次每头肌内注射5毫升，免疫2次，间隔14天，免疫后4~7天产生抗体，免疫保护期为7个月。

（十）伪狂犬病毒疫苗

1. 伪狂犬病毒弱毒疫苗

乳猪第一次注射0.5毫升，断奶后再注射1毫升；3月龄以上架子猪1毫升；成年猪和妊娠母猪（产前1个月）2毫升，注射后6天产生免疫力，免疫保护期为1年。

2. 猪伪狂犬病灭活菌苗、猪伪狂犬病基因缺失灭活菌苗和猪伪狂犬病缺失弱毒菌苗

后两种基因缺失灭活苗，用于扑灭计划。这3种苗均为肌内注射，程序是：小母猪配种前3~6周注射2毫升，公猪为每年注射2毫升，肥猪约在10周龄注射2毫升或4周后再注射2毫升。

（十一）兽用乙型脑炎疫苗

为地鼠肾细胞培养减毒苗。在疫区于流行期前1~2个月免疫，5月龄以上至2岁的后备公母猪都可皮下或肌内注射0.1毫升，免疫后1个月产生坚强的免疫力。

二、免疫程序的制定与实施

（一）猪场制定免疫程序的原则

免疫是防疫的重要一环，免疫程序是否合理关系到免疫成败，从而影

响生产成绩。猪场要制定科学的免疫程序，要遵循以下基本原则。

1. 目标原则

在制定免疫程序时，首先要明确接种疫苗要达到的目标。

（1）通过免疫母猪保护胎儿　如接种细小病毒和乙型脑炎疫苗是为了全程保护怀孕期胎儿，在母猪配种前4周接种为宜，后备猪到7.5~8月龄配种，在6月龄接种为宜。考虑到后备猪是首次免疫该2种疫苗，所以4周后需要再加强接种1次。如果接种过早，个别后备母猪9~10月龄才发情配种，由于抗体水平下降，导致怀孕中后期得不到抗体保护而发病，所以到了9月龄后才发情配种的后备母猪需加强接种1次。

（2）通过母源抗体保护仔猪　给母猪接种病毒性腹泻苗主要是为了通过母猪的母源抗体保护哺乳仔猪，所以流行性腹泻–传染性胃肠炎疫苗在产前跟胎免疫为好，同时为了获得高水平的母源抗体，一般间隔4周后再加强接种1次。有的猪场哺乳仔猪链球菌发病率较高，也可在母猪产前3~5周接种链球菌疫苗。

（3）同时保护母仔　伪狂犬病、猪瘟、蓝耳病、圆环病毒病、口蹄疫等疫病，可以考虑种猪实行普免，普免的免疫密度比跟胎免疫要加大，才能使母猪群各个阶段都有较高的抗体保护，如每年普免3~4次。如果某种疫病在哺乳仔猪发病率高，可以改为产前免疫；如果应用的疫苗安全性差、应激大，最好安排在产后空胎时接种或者考虑换安全性好的疫苗。用于普免的疫苗要求疫苗具有毒株毒力小、应激小、对怀孕胎儿安全的特性，毒株毒力较强的疫苗（如高致病性蓝耳病疫苗）进行普免就要十分谨慎。

（4）保护仔猪直到育肥猪上市　一般在仔猪的母源抗体合格率降到65%~70%时进行首免，如果1次免疫不能保护至肥猪上市，一般间隔4周后加强免疫1次，如给仔猪首免猪瘟、伪狂犬病、蓝耳病、圆环病毒病等疫苗，4周后需要加强免疫。

（5）保护未发病的同群猪　在猪群发病初期加大剂量紧急接种疫苗，通过快速产生免疫保护达到控制疫病。用于紧急接种的疫苗应具有毒株毒力小、产生免疫保护快、毒株同源性高的特性，如猪场发生猪瘟或伪狂犬病时通常采取疫苗紧急接种的办法，能使疫病得到很好控制，但蓝耳病疫苗因其产生免疫保护迟缓、毒株毒力较高，一般不适宜用于紧急接种。

2. 地域性与个性相结合原则（毒株同源性原则）

根据自己猪场实际情况，因地制宜，制定适合本场的免疫程序，不要去照搬，需要通过病原和流行病学调查，确定本地区和本场流行的疾病类型，选择同源性高的毒株或有交叉保护性的毒株疫苗进行免疫，如发生地方性猪丹毒可接种猪丹毒疫苗，有的地方发生 A 型口蹄疫，可选择 A 型口蹄疫疫苗。

3. 强制性原则

把国家强制要求的口蹄疫、猪瘟、高致病性蓝耳病 3 个烈性传染病的疫苗免疫好。因为这些疫病一旦暴发，不仅会对本场造成重大的损失，还会对邻近的其他牧场和公共卫生造成极大影响。

4. 病毒性疫苗优先的原则

目前猪病比较复杂，需要防控的疫病种类很多，在制定免疫程序时，需要考虑病毒疫苗优先免疫。可以根据引发疫病的微生物种类、原发病、危害严重性，对疫苗进行分类，依次接种。

（1）基础免疫　猪瘟、伪狂犬病、口蹄疫，这 3 个疫病关系到猪场生死存亡，所以放在最优先接种。

（2）关键免疫　蓝耳病和圆环病毒病会引起免疫抑制，从而导致继发或混合感染，甚至会影响其他疫苗的免疫效果，因此这 2 种疫苗的免疫很关键。

（3）重点免疫　为了保护胎儿，母猪配种前重点免疫乙脑和细小病毒疫苗；为了保护初生仔猪，母猪产前重点免疫病毒性腹泻疫苗；为了保护育肥猪，仔猪重点免疫支原体疫苗。

（4）选择性免疫　如传染性萎缩性鼻炎、链球菌病、副猪嗜血杆菌病、猪丹毒、猪肺疫及大肠杆菌病等细菌病，这些疾病如果危害较小可通过适当抗生素预防和环境控制解决，如果对猪场危害大可考虑接种疫苗。如产床粗糙，常引起哺乳仔猪关节损伤导致链球菌病发生，母猪产前可免疫链球菌苗；如产房排污困难、湿度大，常发生黄白痢，母猪产前可免疫大肠杆菌苗。

5. 经济性原则

一些慢性消耗性疾病，如圆环病毒病、肺炎支原体和萎缩性鼻炎等疫病会导致生长慢，饲料转化率低，增加了饲养成本，降低了猪场收益。众多的试验表明，圆环病毒感染的猪场接种疫苗组与空白对照组相比，疫苗组能提高日增重46~128克、提早出栏 7~22 天、降低料重比 0.13~0.34，降低死淘率 3%~11% 不等。在选择疫苗品牌时，主要依据疫苗接种试验的经济指标（如母猪年生产力、料重比、性价比）以评估疫苗优劣。

6. 季节原则

蚊虫大量繁殖的夏季易发乙脑，寒冷的冬春易发口蹄疫和病毒性腹泻。可在这些疫病多发月份来临前 4 周接种相应的疫苗，如北方 3—4 月接种乙脑；9—10 月接种口蹄疫和病毒性腹泻苗，同时因南方每年 2—4 月是雨水多、空气湿冷，饲料易霉变的季节，所以每年 1—2 月需要加强接种口蹄疫和病毒性腹泻疫苗。

7. 阶段性原则

根据本场的临床症状、病理变化、抗体转阳时间和抗原检测来分析本场的发病规律，在本病易感染阶段提前 4 周免疫相关疫苗，或在野毒抗体转阳提前 4 周免疫相关疫苗。怀孕母猪易感染乙脑和细小病毒，导致流产、死胎、木乃伊，母猪配种前免疫该 2 种疫苗；蓝耳病常引起怀孕后期（90 天后）出现流产、死胎，在怀孕 60 天接种比较适宜；初生仔猪易发生病毒性腹泻造成大量死亡，母猪产前重点免疫病毒性腹泻疫苗；断奶后 7~8 周龄的保育仔猪易发生圆环病毒病，哺乳仔猪 3 周龄接种圆环病毒疫苗；育肥猪易发生支原体肺炎，仔猪重点免疫支原体疫苗。

8. 避免干扰原则

（1）避免母源抗体干扰　在制定免疫程序时，过早注射疫苗，疫苗抗原会被母源抗体中和而导致免疫失败，过迟免疫又会出现免疫空档，因此需要对母源抗体进行检测，建议母源抗体合格率下降到 65%~70% 时进行首免。目前很多猪场母猪普免猪瘟疫苗 3 次/年，仔猪到 3~4 周龄时猪瘟母源抗体水平保护率达 85% 以上，如果这时接种猪瘟疫苗，就会因母源抗体干扰而导致保育猪 6~8 周龄抗体水平差而发病。目前，很多猪场普免伪狂犬病疫苗 3~4 次/年，仔猪 7~8 周龄伪狂犬病母源抗体水平保护率高达 85% 以上，但很多猪场 7~8 周龄接种伪狂犬病疫苗而导致免疫失败，这是目前伪狂犬病发病比较严重的一个主要原因。

（2）避免疫苗之间干扰　接种 2 种疫苗要间隔 1 周以上，除已批准的二联苗外，如蓝耳-猪瘟的二联苗，在接种蓝耳病弱毒疫苗后建议间隔 2 周以上才能接种其他疫苗。在安排季节性普免疫苗时，为避免蓝耳病疫苗病毒对其他疫苗的干扰，可按照猪瘟-伪狂犬病-口蹄疫-乙脑-圆环病毒-蓝耳病的顺序安排接种。

（3）避免疾病对疫苗的干扰　如果猪群或猪只处于发病阶段或亚健康状态，如猪群群体出现发热、腹泻等现象，需要先进行药物治疗，然后再免疫。特别强调的是在蓝耳病高毒血症期间或发病期间，尽可能避免接种其他疫苗，可以稍提前或推迟其他疫苗接种。

（4）避免药物干扰 接种活菌疫苗前后1周，禁止使用抗生素；接种活疫苗（病毒苗）前后1周，禁止使用抗病毒的药物，如金刚烷胺、干扰素、抗血清、抗病毒的中草药等；接种疫苗前后1周，尽量避免使用免疫抑制类药物，如氟苯尼考、磺胺类、氨基糖苷类、四环素、地塞米松等糖皮质激素。

（5）避免应激干扰 避免在去势、断奶、长途运输后、转群、换料、气候突变等应激状态下进行疫苗的接种，如不能在断奶时接种猪瘟疫苗。

9. 安全性原则

接种疫苗后，有的猪会出现减食、精神沉郁或体温升高在1.0℃以内现象，这些反应是正常的，多在1~3天消失。但是常遇到接种某些疫苗时会出现绝食、体温升高1.0℃以上、口吐白沫、倒地痉挛、过敏性休克，甚至死亡或母猪流产等严重副反应，更严重的是注射后出现猪群暴发疫病。这就需要采取降低免疫副反应的措施：① 初次使用某种疫苗时先小群试用；② 选择适宜的免疫阶段，尽量避开母猪重胎期和怀孕初期接种，避开猪群发烧、腹泻时接种；③ 选择毒株毒力小的疫苗；④ 选择佐剂优良、应激小的疫苗；⑤ 有细菌混合感染发病不稳定的猪群先加抗生素稳定后再接种；⑥ 接种应激大的疫苗，如口蹄疫灭活苗和蓝耳病疫苗时，接种前后3天在饲料或饮水添加电解多维抗应激；⑦ 尽可能避免紧急接种；⑧ 检查疫苗是否合格，不用如过期变质、包装破损的疫苗；⑨ 辅导员工熟练接种操作，如不能盲目过量注射。

10. 免疫监测原则

免疫是动态的，随着猪群健康的变化而变化，所以需要每季度或每批疫苗免疫后监测，定期调整免疫程序。免疫监测的目的：一是根据检测结果调整免疫程序，二是评估免疫效果。免疫监测的方法：① 观察临床表现；② 屠宰检测；③ 生产成绩评估；④ 实验室检测（重点是实验室检测）。首先是免疫后4周左右抽血检测抗体水平，如果抗体水平不符合要求，要检查免疫失败原因，同时尽快补接疫苗；其次，免疫后16周、20周、24周龄抽血检测，评估免疫持续保护时间，从而决定免疫时间、免疫次数和免疫剂量；特别强调的是猪场应重视育肥猪中大猪阶段的检测，评估育肥猪免疫成败重要指标是看免疫是否能保护猪群直至出栏。具体检测时间可采用双周检测。

根据制定免疫程序的十大原则，对照检查猪场免疫程序是否合理，科学制定免疫程序。诚然，免疫是一项系统工程，要使免疫发挥最佳作用还需要选择好优质的疫苗、确保疫苗运输与保管的冷链安全和培训好熟练的免疫操作人员等。同时，务必记得饲养管理、环境控制、生物安全管理等一系列防控措施是免疫的基础，只有综合管理才能较好地预防疫病，保护猪群健康，使效益最大化。

（二）养猪场常用参考免疫程序

近几年，一些地区猪病流行严重，常常造成猪只大量死亡，给养殖户造成很大损失，即使管理比较规范的规模猪场，同样也是难逃厄运，因此，及时注射疫苗，成为保护猪群的关键措施。根据猪病流行规律，规模猪场可根据猪群来源特点，分别采用不同的免疫程序。

1. 从市场购进的仔猪群：8针全覆盖

很多猪场都是外购仔猪。外购仔猪需要充分了解有无疫情威胁，在保证外购仔猪安全的情况下，还要及时注射疫苗。近几年，很多猪场蓝耳病不断，喘气病（霉形体肺炎）、口蹄疫复发，因此，应重点预防喘气病、蓝耳病、口蹄疫等疫病。

购进第1天，注射百病康（免疫球蛋白）；购进第2天，注射疫毒清（转移因子）；购进第7天，注射猪喘气病疫苗；购进第14天，注射猪蓝耳病疫苗；购进第21天，注射猪伪狂犬病疫苗；购进第30天，注射猪口蹄疫疫苗；购进第42天，注射猪瘟-猪丹毒-猪肺疫三联苗；购进第58天，注射猪口蹄疫疫苗。

2. 自繁自养的仔猪群：10针加补铁

自繁自养并不一定保证猪群绝对安全，免疫保护需要从仔猪出生那天就开始做起。以下10针免疫程序不一定适合所有猪场，可根据猪场周边的流行病学特点，灵活使用，适当变通。

1日龄，注射百病康（免疫球蛋白）；3日龄，补铁配合补硒（缺硒地区）；5~7日龄，注射猪气喘病疫苗；15日龄，注射仔猪大肠埃希氏菌三价灭活疫苗；20日龄，注射猪链球菌疫苗或猪伪狂犬病疫苗；25日龄，注射猪蓝耳病疫苗；30日龄，注射猪传染性胃肠炎-流行性腹泻二联疫苗；35日龄，注射猪瘟细胞苗+疫毒清（转移因子）；42日龄，注射猪口蹄疫疫苗；60日龄，注射猪瘟-猪丹毒-猪肺疫三联苗；70日龄，注射猪口蹄疫疫苗。

3. 自繁自养的初产母猪：配前产前各4针

在自繁仔猪免疫程序的基础上，对自繁自养的初产母猪可施行配前4针、产前4针的免疫程序。

配种前40天，注射蓝耳病疫苗；配种前30天，注射猪伪狂犬病疫苗；配种前20天，注射细小病毒病疫苗；配种前10天，注射猪瘟-猪丹毒-猪肺疫三联苗；产前40天，注射仔猪大肠杆菌三价灭活苗（K88-K99）；产前30天，注射猪传染性胃肠炎-流行性腹泻二联苗；产前20天，注射仔猪大肠杆菌三价灭活苗（K88-K99）。

4. 经产母猪：配前产前共7针

经产母猪同样需要免疫接种，防疫重点同样是蓝耳病、伪狂犬病、猪瘟、大肠杆菌病等疫病。

配种前40天，注射流行性乙型脑炎疫苗；配种前30天，注射猪蓝耳病疫苗；配种前20天，注射猪伪狂犬病疫苗；配种前10天，注射猪瘟-猪丹毒-猪肺疫三联苗；产前40天，注射仔猪大肠杆菌三价灭活苗（K88-K99）；产前30天，注射猪传染性胃肠炎-流行性腹泻二联苗；产前20天，注射仔猪大肠杆菌三价灭活苗（K88-K99）。

5. 种公猪：重点对付6种病

种公猪的免疫也很重要，一般每年应免疫2次猪瘟、蓝耳病、圆环病毒病2型、口蹄疫、伪狂犬病，乙型脑炎也需要引起重视，一般在每年的4—6月。

6. 注意事项

① 普通猪瘟细胞活疫苗预防量，小猪4头份，大猪10头份；高效猪瘟细胞活疫苗预防量，小猪1头份，大猪2头份。

② 极少数猪接种疫苗后20~60分钟，可能出现急性过敏反应，如焦躁不安、呼吸加快、肌肉震颤、可视黏膜充血、呕吐等。建议及时使用肾上腺素或地塞米松等药物进行治疗；体温升高者，可使用青霉素、复方氨基比林配合维生素进行治疗。

③ 在免疫前后2天内，禁止饲喂抗病毒药物；在免疫前后1天内，禁止饲喂磺胺类药物、利福平、氟苯尼考等药物；在免疫前后12小时内，禁止饲喂抗生素药物。

④ 接种疫苗前，一定要根据本场猪群健康状况，如本场猪群处于亚

健康或有发烧、呼吸道症状，慎重接种。在接种疫苗前3天，使用黄芪多糖、电解多维饮水或拌料，可以达到抵抗应激反应和提高机体免疫力的作用。

⑤ 仔猪断奶或阉割前后3天，尽量不接种疫苗，各阶段换料要逐渐过渡。

⑥ 实践证明，仔猪在断奶前2天，肌内注射水剂百病康（猪免疫球蛋白），可明显降低由于断奶应激而诱发的顽固性腹泻、水样腹泻、圆环病毒2型、蓝耳病、猪伪狂犬病、非典型猪瘟、猪流感、传染性胃肠炎等疾病的发生。

⑦ 冬天注射疫苗时，注意采用水浴的方法给疫苗预热，使其温度达到与动物体温接近。

三、猪的免疫接种操作

（一）猪免疫接种的方法

1. 肌内注射法

（1）选择合适的针头　严禁使用粗短针头（表7-1）。

表7-1　不同时期的猪所对应的针头大小　（毫米）

阶段	针头长度	阶段	针头长度
哺乳仔猪	9×10	育成、育肥猪，后备母猪、公猪	16×38
断奶仔猪	12×20 16×20（黏稠疫苗，如口蹄疫疫苗）	基础母猪、公猪	16×45

注：1. 实际操作时，应根据猪的体重进行选择。推荐使用5种型号：9×10、12×20、16×20、16×38和16×45。

2. 基础母猪体重偏小，在选用16×45感觉略长时，也可选用16×38。

3. 育成猪、育肥猪、后备母猪、公猪通常选择16×38，也可选用16×25。

油佐剂疫苗比较黏稠，选择的针头型号可大些，水佐剂疫苗选择的针头型号可小些，切忌用过粗的针头。小猪一针筒药液换一个针头；种猪一头猪换一个针头。

可选择针尖呈棱形头，菱形针头锐利，阻力少，针尖斜面针头圆钝，阻力大。

（2）用固定针头抽取药液　使用非连续注射器抽取疫苗时，在疫苗瓶上固定一枚针头抽取药液，绝不能用已给猪注射过的针头抽取，以防污染整瓶疫苗。注射器内的疫苗不能回注疫苗瓶，避免整瓶疫苗污染；注射前要排空注射器内的空气。

（3）必要时要保定猪只

（4）进针的部位、角度　一般选择颈部肌内注射（臂头肌）。进针的部位为双耳后贴覆盖的区域：成年猪在耳后5~8厘米，前肩3厘米双耳后贴覆盖的区域，这个区域脂肪层较薄，容易进针到肌肉内，药液容易吸收。垂直于体表皮肤进针直达肌肉。

进针部位和角度不当常将药液注入脂肪层，如斜角向下进针，容易注进脂肪层；注射点太高，药液被注入脂肪层；注射部位太低，药液会进入脂肪或腮腺；药液注入脂肪层，容易造成局部肿胀、疼痛甚至形成脓包，需避开脓包注射。如打了飞针或注射部位流血，一定要在猪只另一侧补一针疫苗。

（5）按规定剂量进行接种　剂量太少则免疫效果差，剂量太大则成本过高，同时可能会产生副反应，尤其毒株毒力大的疫苗；注射过程中要定期检查和校准注射器之刻度，以防调节螺旋滑动造成剂量不准确。注射过程中要观察连续注射器针筒内是否有气泡，发现针管内有气泡要及时排空，否则剂量不足。

一般两种疫苗不能混合注射使用，同时注射两种疫苗时，要分开在颈部两侧注射。

2. 皮下注射

猪布鲁氏菌病活疫苗要皮下注射。皮下注射方法：在耳根后方，先将皮肤提起，将再药液注射入皮下，即将药液注射到皮肤与肌肉之间的疏松组织中。

3. 交巢穴注射

病毒腹泻苗采用交巢穴（又称"后海穴"）注射较好，其部位在肛门上、尾根下的凹陷中，注射时将尾提起，针与直肠呈平行方向刺入，当针体进入一定深度后，便可推注药物。3日龄仔猪进针深度为0.5厘米、成年猪为4厘米。

4. 肺内注射接种

猪气喘病活疫苗采用肺内注射接种，将仔猪抱于胸前，在右侧肩胛骨后缘沿中轴线向后2~3肋间或倒数第4~5肋间，先消毒注射局部，取长度适宜的针头，垂直刺入胸腔，当感觉进针突然轻松时，说明针已入肺脏，即可进行注射。肺内注射必须一只小猪换一个针头。

5. 气雾喷鼻接种

常用于初生仔猪伪狂犬活疫苗接种，也用于支原体活疫苗接种。

喷鼻操作：1头份伪狂犬疫苗稀释成0.5毫升，使用连续注射器，每个鼻孔喷雾0.25毫升，使用专用的喷鼻器，用一定力量推压注射器活塞，让疫苗喷射出呈雾状，气雾接触到较大面积的鼻黏膜，充分感染嗅球。过去采用滴鼻方法，不仅疫苗接触到鼻黏膜面积有限，而且仔猪常将疫苗喷出鼻腔，造成免疫失败。使用干粉消毒剂给初生仔猪进行消毒和干燥的猪场，用疫苗喷鼻后不能让消毒干粉吸入鼻孔内，否则造成免疫失败。

（二）免疫接种的准备工作

1. 制定科学的免疫程序

免疫接种前必须制定科学的免疫程序，从猪场实际生产出发，考虑本场常见疫病种类、发病特点、既往病史、当地疫病流行情况、受威胁程度，结合猪群种类、用途、年龄、各种疫病的抗体消长规律及疫苗性质等因素，制定适合本场实际需要的免疫程序。

免疫程序包括：接种猪类别，疫苗名称，免疫时间，接种剂量，免疫途径（皮下、肌内、口服、滴鼻、胸腔、穴位等），每种疫苗年接种次数，疫苗接种顺序，间隔时间等。免疫程序一经制定应严格按要求执行，并随抗体检测结果、疫病发展变化不断进行调整。免疫程序切忌照搬照抄、一成不变和盲目频频改动。

2. 疫苗选择

（1）选用疫苗应有针对性　不能见病就用疫苗，既浪费人力、物力，又增加猪只免疫系统负担，造成免疫麻痹。一般来讲，免疫效果不佳或可通过药物保健进行防控的普通细菌性疾病，皆可不必用疫苗。免疫接种应将防控重点放在传播快、危害大、难控制的重大动物传染病上，如猪瘟、蓝耳病、伪狂犬病、口蹄疫、圆环病、支原体肺炎等。

（2）灭活苗、弱毒苗的选择　灭活苗与弱毒苗各有优缺点。如果本场尚未发生该病，只受周边疫情威胁，一般应选择安全性好、不会散毒的灭活疫苗；否则应选择免疫力强、保护持久的弱毒疫苗。弱毒疫苗有强毒、弱毒之分，原则上应先用弱毒，后用强毒。

（3）毒（菌）株的血清型选择　有些传染性疾病的病原有多个血清型，如口蹄疫（有7个不同血清型和60多个亚型），猪链球菌（1~9型为致病性血清型），副猪嗜血杆菌（有15个不同血清型）。各血清型之间的交叉免疫保护很低，如果使用疫苗毒（菌）株的血清型与引起疾病病原的血清型不同，则免疫效果不佳，可引起免疫失败。选择疫苗时，应选择当地流行的血清型，在无法确定流行病原血清型的情况时，应选用多价苗。

3. 疫苗的采购、运输和保存

疫苗应在当地动物防疫部门指定的具有"兽药经营许可证"的兽药店购买，所购疫苗必须具备农业农村部核发的生物制品批准文号或"进口兽药注册证书"的兽药产品批准文号。选择性能稳定、价格适中、易操作、有一定知名度的厂家生产，不要一味追求新的、贵的、包装精美的及进口的疫苗。疫苗在整个流通环节中要完善冷链系统建设，冻干苗应在-15℃条件下运输、保存，禁止反复冻融，灭活苗应在2~8℃条件下运输、保存，防止冻结。同时，避免光照和剧烈震动，减少人为因素造成的疫苗失效和效价降低。

4. 猪群健康状况检查

疫苗注入猪体后需经一系列的复杂反应，方能产生免疫应答。因此，接种前猪群的健康状态尤为重要，接种猪只必须健康、无疫病潜伏，对患病、体弱和营养不良猪只只能日后补免。猪群在断奶、去势、运输、捕捉、采血、换料或天气突变等应激诱因下，不利于抗体产生，不宜实施免疫注射。接种疫苗前10天，饲料中不能添加任何抗菌药或抗病毒药物，可添加营养保健剂、黄芪多糖和电解多维，以增强猪只体质，减少应激，提高猪群的免疫应答能力。

5. 小范围试用

中途更换厂家的疫苗及新增设的疫苗，应选择一定数量的猪只先小范围试用，观察3~5天，确定无严重不良反应后，方可进行大面积推广免疫接种。

（三）免疫接种操作

1. 疫苗准备

统计接种猪只数量，取出对应疫苗量。详细阅读疫苗使用说明书，仔细检查疫苗名称、包装、批号、生产日期、有效期。严禁使用破损、瓶塞松动、油乳剂破乳、失真空、变质疫苗。

2. 等温操作

为防止温差引起的疫苗效价降低和猪只不适，冷藏疫苗应在室温环境下放置一段时间，待恢复至常温后才能稀释（活疫苗）或直接注射（灭活疫苗）。当环境温度超过 20℃ 时，应将疫苗放入保温箱内，并放入冰块，保证疫苗操作期间的全程温度控制。

3. 疫苗稀释

活疫苗应现用现稀释，一定要用厂家提供的专用稀释液等量稀释，在配制后 1 小时内为最佳注射时间，最长不能超过 3 小时；灭活苗开封后限当日使用，未用完疫苗应废弃。

四、猪病的药物防控

药物使用要贯彻"养重于防、防重于治、养防结合、饲管优先"的生产理念，科学开展药物预防与保健及治疗。

1. 根据季节进行药物保健

一年四季中，随着温度、湿度等外界环境的变化，猪场一些疫病的发生和流行具有较明显的季节性。夏季随着外界温度升高、湿度加大，饲料易发霉变质，猪的抵抗力减弱，猪群的疫病发生概率就会增高，则极易引起猪瘟、猪链球菌病、猪乙型脑炎、猪附红细胞体病、猪弓形体病、母猪无乳综合征等病的发生。而在气候骤变的天气以及冬春寒冷季节，则极易引起猪肺疫、猪传染性胸膜肺炎、猪气喘病、猪流行性感冒、仔猪副伤寒、猪衣原体病、猪传染性胃肠炎等病的发生。因此，在夏季和冬春寒冷季节到来之前，养猪场对生猪疫病的防控重点应在运用疫苗预防的基础上，全群可采用脉冲式联合保健用药的方式，防控生猪疾病的发生。其中常用的保健药物有支原净、氟苯尼考、泰乐菌素、土霉素、金霉素、阿莫西林、头孢唑啉、红霉素、林可霉素、喹诺酮类药物等，各养猪场应根据本场的实际情况，有选择性地灵活、合理、使用保健药物。

2. 阶段性保健用药方案

在生猪生产上，根据生猪的生长发育特点，可以将生猪划分为哺乳仔猪、断乳仔猪、生长育肥猪以及种公猪和种母猪等多个阶段，而种母猪又可分为后备（空怀）母猪、妊娠母猪、泌乳母猪 3 个阶段。在生猪不同的生理阶段（或年龄阶段），一些猪病的发生也有其不同的特点。如仔猪红痢主要发生在仔猪出生后 3 日以内；仔猪黄痢常发生于仔猪出生后 1 周以内；仔猪白痢常见于仔猪出生后 10~30 日。球虫病，一般 7~21 日龄的仔猪易感染。蓝耳病，仔猪 1 月龄易感染；而由圆环病毒 2 型引起的仔猪断奶后多系统衰竭综合征和仔猪水肿病，则常见于断奶后 2~3 周的仔猪。因此，在养猪生产中，可以根据生猪的不同生理阶段（或年龄阶段）的特点，可有针对性地选择保健药物来预防生猪的一些疾病。

如仔猪出生后 2~3 天，每头仔猪肌内注射补铁剂 100~150 毫克（如牲血素），在缺硒地区还应同时注射 0.1% 亚硒酸钠与维生素 E 合剂，每头 1 毫升，10 日龄仔猪每头再加量注射 1 毫升。仔猪在 3 日、7 日、21 日龄分别注射 3 次速解灵（头孢噻呋 500 毫克/毫升，每次 0.2 毫升），仔猪断奶前 1 周至断奶后半个月，用支原净（50 毫克/千克）、金霉素（150 毫克/千克）拌料饲喂，同时用阿莫西林（500 毫克/升）饮水，可有效地预防仔猪断奶后多系统衰竭综合征和仔猪水肿病的发生。

3. 应激性保健用药方案

应激是指猪群在受到各种内、外环境因素同时刺激时（如仔猪断奶、免疫注射、去势、驱虫等），所出现的非特异性的全身性反应。猪群发生应激往往容易引起生猪的新陈代谢和生理机能的改变，导致猪群的生长发育迟缓，繁殖性能下降，产品产量及质量下降，饲料利用率降低，免疫力下降，发病率和死亡率升高等。在规模养猪场，猪群应激反应的大小常常与生猪的品种有着较为密切的关系，一般来说，外来品种生猪的应激反应强于培育品种，其中皮特兰、比利时长白、台系杜洛克高于其他品种，培育品种生猪的应激反应高于本地品种。而引起生猪应激反应的因素则较多，如天气过热或过冷、生猪饲养密度过大、猪舍潮湿、仔猪断奶、猪群混群或换圈、仔猪去势、猪群运输、防疫注射、疾病治疗、饲料及饲喂方式突变等，均有可能引起生猪发生应激反应。

因此，规模养猪场在生猪的饲养管理上，除了应尽可能减少引起生猪发生应激反应的因素外，也可以在饲料中适当添加一些抗应激类的保健药物，如维生素 E、维生素 C、维生素 B_2、电解质、镇静剂或中药制剂。如在饲料中适当添加刺五加、党参、延胡索，并结合维生素 C、维生素 E 的使用，可使猪群适应气温骤变的能力加强。适当降低饲料中的抗原物质，在饲料中添加微生态制剂、低聚糖、酶制剂、酸制剂、防腐剂、糖萜素、中草药添加剂以及抗菌促生长剂等，同时加大微量元素和维生素的添加量，均可有效地降低断奶仔猪应激疾病的发生。

4. 驱虫性保健用药方案

规模养猪场常见的生猪寄生虫病主要有猪蛔虫病、猪鞭虫病、猪结节线虫病、猪疥癣病和猪弓形体病等。生猪寄生虫的感染状况可以通过外表观察、粪便定期检查和屠宰时剖检进行监测，通过检查监测，可以发现一个养猪场甚至同一头生猪，混合感染多种寄生虫病的现象是相当普通的。因此，规模养猪场要有效地防治生猪寄生虫病的危害，对猪群的驱虫最好采取统一行动，其中预防性保健用药驱虫是防治规模养猪场寄生虫病的主要技术措施。养猪场在具体对猪群采取的预防性保健用药驱虫工作中，至少把握 4 点：一是养猪场驱虫必须要对全场所有猪群统一进行，以防止驱虫猪群和未驱虫猪群间的寄生虫疾病的交互感染；二是空怀母猪、怀孕母猪、哺乳母猪和种公猪在统一药物驱虫后，应间隔 3 个月再驱虫 1 次；三是仔猪应在保育阶段后期或生长阶段各驱虫 1 次；四是对引进的种猪应在并群前 10 天给予驱虫 1 次。

规模养猪场给予猪群预防性保健用药驱虫，选用药物应以安全、高效、广谱、低毒以及减少猪群应激为原则，如选用伊维菌素阿苯达唑复方驱虫剂，不仅能驱除生猪体内的线虫类和螨类、晚期幼虫和成虫以及原虫，而且用药的安全性能好，养猪场可以放心地用于包括怀孕母猪，甚至重胎临产母猪在内的各阶段猪的驱虫。

5. 紧急性保健用药方案

如某一地区一旦发生生猪传染病流行，必须迅速控制传染源，切断传播途径，根据生猪疫病的种类和实际情况迅速划定疫区，进行封锁，保护易感动物，如属于生猪的急性烈性传染病，必须采取果断措施，立即扑灭、销毁、深埋，并对病死生猪尸体作无害化处理。对一般的病猪及可疑猪应立即隔离观察和治疗；对尚未发病的猪及其受威胁的养猪场，应在加强观察、注意疫情动态的基础上，可以根据疫病的种类和性质采取相应的血清或疫苗进行紧急性预防注射，以提高猪群的免疫力，防止疫病的发生和传播。

如发生猪瘟流行时，对无症状或症状不明显的所有猪（除哺乳仔猪外），每头一律用猪瘟弱毒疫苗 6~8 头份的剂量进行紧急性预防注射，一周后猪群可得到有效的保护。对无疫苗可使用或使用疫苗免疫尚未产生免疫力的受威胁猪群，可以在饲料或饮水中进行紧急性预防保健投药。养猪场对紧急性预防保健药物的选择，应针对当时、当地疫病流行的类型，并结合当地实际的药物使用效果或通过药敏试验，选择高敏的紧急性预防保健药物。如发现养猪场发生生猪链球菌病流行时，可在全群的生猪饲料中按 200~400 克/吨加入磺胺-5-甲氧嘧啶，并配合等量的碳酸氢钠粉，连续应用 2~3 周进行紧急性预防保健用药，可有效地防范生猪链球菌病在养猪场的流行。

6. 猪场药物保健注意事项

要根据当地与本场猪病发生流行的规律、特点及季节性，有针对性地选择高效、安全性好、抗病毒与抗菌谱广的药物用于药物保健，才能收到良好的保健效果。并要定期更换用药，不要长期使用一个方案，以免细菌对药物产生耐药性，影响药物保健的效果。使用细胞因子产品和某些中药制剂不会产生耐药性和药物残留及毒副作用。

要按药物规定的有效剂量添加药物，严禁盲目随意加大用药剂量。用药剂量过大，造成药物浪费，增加成本支出，而且会引起毒副作用，引发猪只意外死亡；用药剂量不够，而诱发细菌对药物产生耐药性，降低药物的保健作用。

要科学地联合用药，注意药物配伍。药物配伍既有药物之间的协同作用，又有拮抗作用。用药之前，要根据药品的理化性质及配伍禁忌，科学合理地搭配，这样不仅能增强药物的预防效果，扩大抗菌谱，又可减少药物的毒副作用。如青霉素类药物不要与磺胺类和四环素类药物合用；酸性药物不要与碱性药物合用等。

要认真鉴别真假兽药。购买兽用药品时一定要认真查看批准文号、产品质量标准、生产许可证、生产日期、保存期及其药品包装物和说明书等。严禁购买无批准文号、无生产许可证、无产品质量标准的"三无"产品，以免贻误药物对疫病的预防。

要按国家规定的兽用药品休药期停止用药。目前国家对兽用药品都规定了休药期，如用于猪的青霉素休药期为 6~15 天；氨基糖苷类抗生素为 7~40 天；四环素类为 28 天；大环丙酯类为 7~14 天；林可胺类为 7 天；多肽类为 7 天；喹诺酮类为 14~28 天；抗寄生虫药物为 14~28 天。一般猪场可于猪只出栏上市前一个月停止实施药物保健，以免影响公共卫生的安全。

实施药物保健时要避开给猪进行弱毒活疫苗的免疫接种，最好二者间隔 4~5 天，否则影响弱毒活疫苗的免疫效果。使用灭活疫苗免疫时不会受其影响。

第五节 粪污处理与利用

据测算，每头成年猪每天排粪尿量约 6 千克，一个千头猪场每天排粪尿量就能达到 6 吨，年排粪尿量近 2 200 吨；若采用水冲粪工艺，则日产污水 30 吨，年排污就超万吨。聚集在猪舍内的粪尿，在微生物的作用下分解产生氨气、二氧化硫、硫化氢等有害气体，影响畜禽生长发育和生产性能，引发疾病甚至可导致猪死亡；露天堆放的猪粪尿，晴天臭气熏天、滋生蚊蝇，雨天粪水漫流、传播疾病，影响环境和人畜健康；未经无害化处理就施与农田的猪粪尿，发酵产热、产气，引起植物烧根、烧苗、植株死亡；更重要的是，猪粪尿中含有大量的病原体、寄生虫卵，污染地表水和地下水，威胁养猪业持续、健康发展，更威胁人类健康。

针对目前我国养猪业现状，猪粪污的处理与利用应以"资源化利用、总量化控制、减量化生产、无害化处理、生态化发展、低廉化治理"为总则，加强管控和治理，将猪粪污有效转化为种植业可利用资源，实现种养结合、互相促进的良性生态农业生产链。

一、猪粪尿的收集

主要有水冲粪、水泡粪、干清粪和生态发酵床收集 4 种工艺。下面仅介绍前 3 种。

（一）水冲粪

早在 20 世纪 80 年代，我国在养猪生产中从国外引进了这项工艺技术。其方法是：每天定期多次从粪沟一头的高压喷头放水，将进入缝隙地板下的猪粪尿冲入主沟，然后流进地下的贮粪池或用泵抽到地面上的贮粪池。该工艺设备简单，投资少，劳动强度小，猪舍内能保持干净清洁；但冲粪需要消耗大量的水，固液分离后废水处理难度大，固体肥料养分含量低、肥效差。该工艺目前已基本被淘汰。

(二) 水泡粪

该工艺是在水冲粪工艺的基础上，经改进后推广使用的一种粪尿收集方法，主要用于猪场。其方法是：先向猪舍的缝隙地板下粪沟中注入一定量的水，生产过程中产生的粪尿、废水全部排放到粪沟，经 1~2 个月发酵，粪沟里的粪尿、废水已经装满，这时可以打开出口的闸门，粪水通过主干沟流进地下的贮粪池或用泵抽到地面上的贮粪池。该工艺劳动强度小，用水少；但因粪水长时间在猪舍中滞留，厌氧发酵产生的臭气（含甲烷、硫化氢、氨气等）含量高，舍内空气污浊，影响猪群健康，同时废水中污染物浓度更高，处理难度更大。

(三) 干清粪

干清粪是借助机械或人工将猪粪尿、冲洗水单独或一起清理出舍，保持环境卫生，提高肥效，降低后续处理费用的一种工艺。其方法是：借助刮粪系统、履带式清粪机或直接人工将猪粪便清理出粪道，尿、冲洗水自下水道流出，分别进行收集。人工干清粪设备简单、投资小，粪尿可直接分离，后期处理简单；但劳动量大，生产效率低，不利于规模化养殖场推广应用。机械干清粪一次性投资大；经常更换刮粪板并做好维护的情况下，可连续使用多年；可以减轻劳动强度，适于规模化养殖场应用。

二、粪污的贮存

(一) 液体粪污的贮存

实行水冲粪工艺的养殖场，冲洗后产生的液体粪污，一般通过地下管道输送到地下贮粪池，或通过专用泵输送到地上贮粪池，并在贮粪池内暂存等待处理。

1. 贮粪池大小容积的计算和设计

一般情况下，贮粪池的大小容积要根据饲养猪的数量、粪便的生产量、贮存时间等情况进行计算和设计，一般考虑 6~8 个月的贮存量。污水量按照《畜禽养殖业污染物排放标准》（GB 18596）中集约化畜禽养殖业最高允许排水量标准计算或折算。集约化养猪场采用水冲粪工艺的最高允许排水量，冬季为 2.5 米³/(百头·天)，夏季为 1.8 米³/(百头·天)，春、秋季废水最高允许排放量按冬、夏两季的平均值计算；水污染物最高允许日均排放浓度参考表7-2。

表7-2 集约化养猪场水污染物最高允许日均排放浓度

控制项目	五日生化需氧量（毫克/升）	化学需氧量（毫克/升）	悬浮物（毫克/升）	氨氮（毫克/升）	总磷（以磷计）（毫克/升）	粪大肠菌群数（个/100毫升）	蛔虫卵（个/升）
标准值	150	400	200	80	8	1 000	2

2. 贮粪池的防渗处理

贮粪池要符合防渗、防漏、防雨、防晒、防蝇、防火、防爆、防臭气扩散等要求。因此贮粪池要用水泥预制，并用水泥预制板封顶，架设雨棚，做好遮阴防晒等工作。

（二）固体粪便贮存

实行干清粪工艺的养殖场，固体粪便贮存场地建设应符合《畜禽粪便贮存设施设计要求》（GB/T 27622—2011）。根据养殖数量、远期规划、产粪数量、存放时间等，在远离养殖场最少100米以外、常年主导风向的下风向或侧风向处，用砖混结构或混凝土结构建造带雨棚的"n"形槽式堆粪池，周围设置与排污沟分离的排雨水沟，防止雨水径流进入堆粪池内。

三、猪粪污固液分离

猪粪污在进行好氧堆肥和无氧发酵等应用之前，必须进行预处理，通过物理的或化学的方法，将粪污中的悬浮固体、杂草和长纤维等固形物移除。通过固液分离，固形物便于批量运输，进行堆肥化处理制成优质有机肥，也可以制成牛床垫料；降低污水化学耗氧量（COD），为高效厌氧发酵创造条件并减轻负荷，降低沼液中COD浓度，便于后续处理（好氧处理）后的达标排放。

（一）固液分离技术路线

实行固液分离，移除猪粪污中的固形物，方法有多种。借助固形物的重力沉降，可以进行自然沉淀分离；干旱地区自然蒸发，其他地区人工加热，也可实现固液分离；沉淀分离，使用某些化学试剂，将粪污中那些比较小、比较轻的悬浮固形物凝集，都可以实现移除粪污中悬浮固体和部分溶解固体的目的。

（二）固液分离的方法

目前应用最广、处理效果最好的是借助机械进行物理固液分离。

1. 筛分分离

筛分分离就是根据粪污中固形物颗粒大小进行筛条过筛的固液分离方法。筛条的间隙越小，固形物筛除率越高，但筛条越容易被堵塞。常用的筛分分离设备有斜筛式固液分离机和震动筛分离机。

斜筛式固液分离机的原理是，当猪粪污由上到下，经过固定的筛板（筛条排列而成）时，固形物借助自身的重力被自动筛出分离。在分离含水量、固形物大小不同的粪污时，可调节筛板的斜置角度、更换筛条间隙不同的筛板（图7-1）。

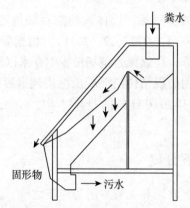

图7-1　斜板筛分离机用于畜禽粪污分离的工作原理示意

斜板筛分离机虽然使用简单、运行成本低，但筛条容易被固形物堵塞，而且筛条对固形物的去除率也比较低，特别是在贮粪池中贮存了一段时间的粪污更难过筛分离；分离出来的固形物仍含有很高的水分，给运输和后续处理带来不便。

震动筛分离机的基本原理和斜筛式固液分离机一样，只不过是为了提高粪污分离效率、防止筛孔堵塞，在水平放置的分离机上装有一个高速震动的筛板。

2. 压滤分离

有带式压滤技术和螺旋挤压技术。带式压滤技术操作方便、能耗小，但带式压滤机的费用高。粪污经过压滤后，固形物成了滤饼，含水量低，但滤带需要用高压水冲洗。其工作原理示意见图7-2。

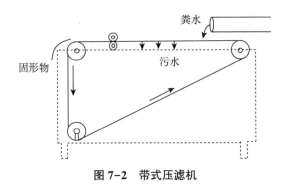

图7-2　带式压滤机

螺旋挤压技术是将重力过滤、挤压过滤以及高压压榨融为一体的一种新型分离装置。螺旋挤压机结构简单、操作灵活、运行费用低。因螺旋压滤机密闭运行，因而噪声低，臭气排放少。

3. 离心分离

借助高速旋转的沉淀式离心机将固液分离。虽分离效率高，分离出的固形物含水量低，但运行成本高，在我国现行畜禽粪污分离中难以大面积推广应用。

四、堆肥化处理

（一）自然发酵，直接肥田

对远离城镇的郊区，饲养规模小、畜禽粪便少的地区，可掺拌部分垫料、杂草，让粪便在贮粪池中自然腐熟、发酵；也可以堆在闲置的土地上，粪堆外用稀泥封严，进行厌氧发酵。经自然发酵的粪堆，堆内温度保持在40℃以下不再升温时，说明已基本腐熟。此法生产效率低，占用土地多，产生臭气多，只适合小规模养殖场采用。

（二）好氧堆肥，生产有机肥

对规模化蛋鸡场、肉鸡场、羊场等粪便以固形物为主的养殖场，经好氧堆肥并进行无害化处理后，直接还田利用。常用的堆肥方式有以下几种。

1. 静态堆沤

将粪便掺拌部分垫料等辅料，使孔隙率达到 30% 左右，先在粪堆底部安装带有空隙的管道，管道另一头与风机相连。管道安装好以后，直接堆粪，粪堆高 1~2 米。堆肥发酵过程中，风机开通，直接给粪堆供氧进行好氧发酵，不用翻抛，一般 4 周后发酵成功。此法运行成本低、发酵周期长、堆沤粪肥质量不稳定，在农村分散性、集约化养殖场可以应用。

2. 条垛式堆肥

将猪粪便、堆肥辅料、菌种按照适当的比例混合均匀，将混合物料在土质或水泥地面上堆制成长度不限、高度 1~1.5 米的长条形堆垛，2~3 天翻垛一次进行好氧发酵，温度超过 70℃ 时增加翻垛次数。该法投资小，但占地面积大，粪堆发酵和腐熟慢、周期 30 天以上，翻垛不及时会因厌氧发酵产生大量臭气。适用于中小规模养殖场粪便处理。

3. 槽式堆肥

在密闭式发酵车间内，将按比例混合好的猪堆料混合物放在长槽式发酵槽中，借助翻抛机的往复运动不断搅拌，实现粪堆的好氧发酵和快速腐熟。一般槽高 5~8 米，深 1.2~1.5 米，长 60~90 米，每天翻抛 1~2 次，发酵 15 天左右即可。槽式堆肥处理粪便量大、发酵周期短，但成本较高，适用于大型规模化养殖场粪便处理。

值得注意的是，无论是厌氧发酵堆肥还是好氧发酵处理，都要根据排放去向或利用方式执行相应的标准规范。对配套粪污处理所使用土地充足的养殖场户，经无害化处理后进行还田利用的要求及限量，应符合《畜禽粪便无害化处理技术规范》（GB/T 36195）、《畜禽粪便还田技术规范》（GB/T 25246）。

五、污水减排技术

（一）直接还田利用

采用水泡粪收集猪粪的养殖场，贮粪池内的污水、尿液通过物理沉淀和自然发酵，沉淀出的水供周边农田、果园浇地，池底沉淀出的粪污可作为有机肥直接使用肥田，也可以和固体粪便一起使用。操作方法简单，投资小，但对粪污处理不彻底，劳动强度大，需要较多的农田消纳。集约化小型猪场可使用。

(二) 厌氧发酵

采用筛分收集的污水、尿液直接进入厌氧池发酵。发酵后，沼气直接被利用，沼液还田，滴灌、渗灌或叶面施肥，沼渣可还田也可用于制造有机肥。这种污水减排方法实现了"养-沼-种"的循环利用，投资小，运行费用低，但需要有与饲养规模配套、容积足够大的贮粪池贮存沼液。适合常年气温较高地区的中小规模化猪场使用。

(三) 厌氧-好氧处理

污水、尿液先经厌氧发酵，处理后的污水、尿液再经好氧及自然处理系统处理，符合国家和地方排放标准后，即可达标排放或作为农田灌溉用水使用。其处理工艺见图7-3。该法处理效果好，可应用于各个地区的各种养殖场；但所用设备多、投资大，小规模养殖场难以承受。

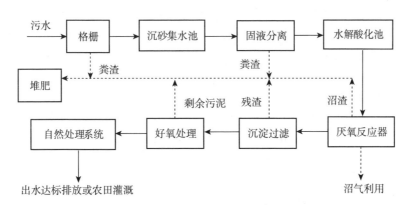

图7-3 厌氧-好氧深度处理流程

六、猪粪便沼气处理后沼渣和沼液的利用

沼气工程是以养殖场粪污为原料，以生产沼气和处理猪粪污为目的，实现猪养殖业生态良性循环的一项工程技术。这项技术的主体是通过厌氧发酵降低粪污中有机质，并获取干净能源沼气，并直接用于生活用能。在处理粪污、制备沼气的过程中，会同时生产出沼渣和沼液，要科学利用。

（一）沼渣的利用

猪粪污在发酵生产沼气后的剩余固形物就是沼渣。其中包括未完全分解的猪粪便、微生物菌体及辅料，含有丰富的腐殖酸、蛋白质、氮、钾等有机和无机营养成分，可改良土壤。

1. 用作肥料，改良土壤

沼渣中含有丰富的有机质和腐殖质，施入土壤后，有利于微生物活动，改善土壤团粒结构和理化性质，可松土、培土、改土。更重要的是，沼渣中没有硝酸盐，是公认的生产有机蔬菜、无公害绿色农产品的优质肥料。用沼渣做基肥，可改善土壤肥力，防止养分流失；可直接开沟挖穴，用作追肥；还可与碳酸氢铵、过磷酸钙堆沤，提高肥效。

2. 配制营养土

多种花卉、蔬菜、特种农作物在育苗时都要用到营养土，其营养要求条件高，自然土壤难以达到要求，而使用腐熟度好、质地细腻的沼渣与肥沃的大田土按 1∶3 比例掺拌配制而成的土壤，能很好地满足这些植物育苗对营养土的要求，而且还能预防枯萎病、立枯病和多种地下害虫等病虫害，起到壮苗作用。

3. 做人工基质栽培食用菌

猪粪便在正常生产沼气后剩下的沼渣，不仅含有丰富的植物生长所需要的营养，且质地松软、酸碱度适中，是栽培食用菌的优质基质。正常生产沼气后，挖取滞留在沼气池内 3 个月以上、没有粪臭味的沼渣（注意不要挖取池底的沼渣，以免带入寄生虫卵），每 500 千克沼渣中加入粉碎的稻草或麦秸 150 千克、棉籽壳 1.5 千克、石膏 6 千克、石灰 2.5 千克，掺拌均匀后，直接栽培蘑菇。

4. 牛场垫料

正常生产沼气后，沼渣晒干，直接当作牛床、运动场的铺设垫料，可增加牛的舒适度。

（二）沼液的利用

沼液是经过畜禽粪污经厌氧发酵后的残留的液体，含有大量的氮、磷、钾等无机营养成分和氨基酸、维生素、水解酶等有机物，属高浓度有机废水，需经一定处理后方可利用，如果直接排放会造成二次环境污染。

1. 沼液肥用

沼液是很好的液体肥料，大田作物、蔬菜、果树、牧草等的种植均可用沼液进行浇灌、滴灌、渗灌和叶面喷施。作为液态速效肥料，给农作物、果树等追施也具有不错的效果。

2. 沼液浸种

沼液中含有很多生物活性物质和某些植物激素，可刺激、活化植物种子内部营养，促进细胞分裂，并能消除种子自身携带的病原体和细菌。使用沼液浸种，发芽整齐、苗壮，长势旺，抗逆性强。

3. 叶面喷施

畜禽粪污在沼气池内经长时间的厌氧发酵，或产生大量铜、铁、锌、锰等微量元素以及多种生物活性物质，而这些微生物厌氧发酵的产物都能被植株快速吸收，为作物提供营养，并抑制或杀死某些有害病菌和虫卵，具有很好的植保效果。

第八章　常见猪病的防治

第一节　常见猪病毒病的防治

一、猪瘟

(一) 诊断要点

由猪瘟病毒引起，各种年龄猪均可发病，且病死率高。

1. 最急性型

突然发病，高热稽留（41~42℃），无明显症状，很快死亡。剖检时常缺乏明显病变，一般仅见浆膜、黏膜和内脏有少数出血点。

2. 急性型

体温升高，可达 40.5~42℃，稽留热，精神沉郁、嗜睡、怕冷；有脓性结膜炎（眼流脓性分泌物）；病初便秘，粪便干燥呈小球状，后腹泻；病猪耳后、腹部、四肢内侧等毛稀皮薄处，出现大小不等的红点或红斑，指压不褪色；公猪包皮积有尿液，挤压时有恶臭混浊液体流出。小猪有神经症状。剖检时可见皮肤或皮下有出血点，全身浆膜、黏膜，尤其是喉头黏膜、会厌软骨、膀胱黏膜、胆囊、心外膜、肺及肠等有大小不等、多少不一的出血点或出血斑；淋巴结肿大、出血，呈暗红色，切面呈大理石样花纹；肾不肿大，呈土黄色，有针尖大小的出血点，切面肾皮质、肾盂、肾乳头也有出血点；脾不肿大，边缘有凸出于表面的黑褐色的出血性梗死灶；扁桃体出血、坏死。

3. 慢性型

体温时高时低，食欲时好时坏，便秘与腹泻交替发生；病猪消瘦、贫血、全身衰弱，行走不稳或不能站立；有的病猪耳尖、尾端或四肢下部呈蓝紫色或坏死。剖检时在盲肠、结肠、回盲口处黏膜上形成扣状溃疡，或互相融合成较大的溃疡坏死灶。

4. 温和型

临床症状轻微、不典型，病情缓和，病程长，发病率和死亡率都低，死亡的多为仔猪，成年猪或架子猪一般能耐过，常见于免疫接种不及时的猪群，以断奶后的仔猪及小猪多发。剖检变化不典型。

5. 繁殖障碍型

妊娠母猪感染后不表现任何症状，但病毒可通过胎盘感染胎儿，引起流产、早产、木乃伊胎、死产、畸形，产出弱仔或外表健康的感染仔猪（多在生后 15~20 天发病、死亡）。出生后不久死亡的仔猪，皮肤和内脏器官（尤其是肾脏）有出血点。

（二）防治

1. 治疗

对病猪及可疑病猪，立即隔离饲养，贵重的种猪可用抗猪瘟血清治疗，30~50 毫升/头，1 次/天，皮下或耳静脉注射，连用1~3 次。对发病猪场及附近尚未发病的猪只，立即全部用猪瘟兔化弱毒疫苗进行紧急注射。

发病猪舍、运动场、饲养管理用具，用消毒药液进行消毒。粪、尿及垫草等污物，堆积发酵后作肥料利用。死猪深埋或销毁、化制。病猪急宰。

2. 预防

加强饲养管理；坚持自繁自养；做好经常性的卫生工作，定期消毒；选择和制定适合本场（地）的免疫程序。种公猪于每年春、秋季用猪瘟兔化弱毒疫苗各免疫接种 1 次。种母猪于配种前免疫接种 1 次，或春、秋两季各免疫接种 1 次。仔猪于 20 日龄、70 日龄各免疫接种 1 次；或仔猪出生后不吃初乳前立即用猪瘟兔化弱毒疫苗接种 1 次，免后 2 小时可哺乳（即常称的乳前免疫或超免）。后备母猪于留作种用时立即免疫接种 1 次。

二、非洲猪瘟

（一）诊断要点

① 本病潜伏期为 5~15 天。《OIE 陆生动物卫生法典》规定，非洲猪瘟的感染期为 40 天。

② 急性病例突然高热达 41~42℃，稽留约 4 天，用药不退热。一旦退热，短则 3~4 小时，长则 48 小时，快速死亡。食欲不振，脉搏加速，

呼吸加快，伴发咳嗽。眼、鼻有浆液性或黏脓性分泌物。

③ 皮肤充血、发绀，尤其在耳、鼻、腹壁、尾、外阴、肢端等无毛或少毛处，呈不规则的瘀斑、血肿和坏死斑。呕吐，腹泻（有时粪便带血）。发病后 6~13 天死亡，长的达 20 多天。家猪病死率通常可达 100%，幸存者将终身带毒。

④ 亚急性病例症状较轻，病程较长。发病后 15~45 天死亡，病死率 30%~70% 不等。怀孕母猪大面积流产。

⑤ 慢性病例呈不规则波浪热，呼吸困难，体重减轻。有时表现肺炎、心包炎。皮肤可见坏死、溃疡、斑块或小结；耳、关节、尾和鼻、唇可见坏死性溃疡脱落。关节呈无痛性软性肿胀。病程达 2~15 个月，病死率低。

（二）防治

1. 加强生物安全管理

鉴于非洲猪瘟病毒传播途径较多，因此要加强生物安全管理，切断一切可能发生的传播途径。进出养殖场的车辆、人员及物品要进行彻底全面的消毒。疫情发生期间坚持自繁自养，对养殖场采取封闭式管理和全面监控。

2. 加强疫源消灭

鉴于非洲猪瘟控制难度较大，一旦发现养殖场有疑似非洲猪瘟的猪要立即隔离，并对养猪场实施彻底疫源消灭工作。如及时清理猪排泄物、定期消毒灭菌、定时测量猪体温等，对体温异常的猪进行隔离观察。

3. 增强猪自身免疫力

在饲养方面，要增加营养物质，以提升猪免疫力。此外，还可以给猪补充增强免疫力的中药，如丹参、党参、黄芩、黄连、金银花、麦冬、苦参、白术、甘草、白芍等，增加抵抗力。

三、猪传染性胃肠炎

（一）诊断要点

① 由猪传染性胃肠炎病毒引起，只感染猪，以 10 日龄以内哺乳仔猪发病率和死亡率最高，随年龄增长死亡率逐渐下降，症状轻微的可自然康复。多流行于冬、春寒冷季节。新发病猪场几乎全群感染，呈流行性发

生；老疫区呈地方性流行，猪群中不断发生。

② 仔猪突然呕吐，继而发生频繁水样腹泻，粪便呈黄色、淡绿或白色，其中常有未消化的乳凝块，并迅速脱水，体重下降，精神沉郁，皮毛粗乱无光，吃奶减少或停止，于 2~5 天内病亡，病愈仔猪多生长发育不良。

③ 生长猪、育肥猪和种猪主要表现食欲减退或消瘦，水样腹泻，呈黄绿或灰褐色粪便并混有气泡，哺乳母猪泌乳减少或停止，3~7 天病情好转，极少死亡。

④ 剖检死亡仔猪可见胃内充满乳块或食物，胃底黏膜充血，甚至小点出血；小肠壁变薄、充满黄绿色或灰白色液体，含有气泡和凝乳块，肠系膜充血、淋巴管肿胀。

（二）防治

1. 治疗

立即隔离病猪，对猪舍、环境、用具等以碱性消毒液进行严格消毒；尚未发病猪只应立即隔离到安全地方饲养；对病猪采取对症治疗，口服补液盐、抗菌药物（磺胺咪、氟哌酸等），以减轻失水、酸中毒和防止细菌感染。

2. 预防

平时不从疫区或病猪场引进猪只，加强猪群饲养管理，搞好猪舍的清洁卫生和消毒，经常清除粪便。疫区可用猪传染性胃肠炎弱毒疫苗免疫接种。

四、猪口蹄疫

（一）诊断要点

① 由口蹄疫病毒引起，猪对口蹄疫病毒特别具有易感性，多发生于秋末、冬季和早春，尤其春季达到高峰，呈流行性或大流行性。

② 以蹄部发生水疱和糜烂为特征。病初体温升高达 40~41℃，精神不振、减食。继而在蹄冠、蹄叉、蹄踵发红，形成水疱和溃烂，有继发感染时，蹄壳可能脱落，病肢不能着地，病猪不愿行走，常卧地不起；有的在鼻盘、口腔、齿龈、舌、乳房也可见到水疱和烂斑。仔猪可因心肌炎和急性肠炎死亡，大猪多呈良性经过。

③ 死亡仔猪剖检可见胃、小肠、大肠黏膜有出血性炎症；心肌松软似煮熟样，切面有淡黄色斑或条纹，有"虎斑心"之称。

（二）防治

1. 处置

发现病猪，立即向上级有关部门报告疫情，按照"早、快、严、小"的原则，实行封锁，对污染的猪舍、环境及用具严格消毒，对病猪按国家有关规定处理。

蹄部病变，先用3%来苏尔洗净，而后涂擦龙胆紫、碘甘油；口腔病变，用清水、食醋或0.1%高锰酸钾液冲洗，溃烂面可涂鱼石脂软膏、1%~2%明矾或碘甘油；乳房病变，可用肥皂水或2%~3%硼酸水清洗，然后涂氧化锌鱼肝油或青霉素软膏等；小猪发生恶性口蹄疫时，静脉或腹腔注射5%葡萄糖盐水30~50毫升，加维生素C 50毫克，皮下注射安钠咖0.26克。

2. 预防

平时做好预防工作，严禁从疫区购买生猪，必须购买时应严格检疫；常发本病的地区可用与该地流行同型的口蹄疫灭活苗免疫接种。

五、猪流行性感冒

（一）诊断要点

① 由A型流感病毒引起，有明显季节性流行，多发生于气候骤变的晚秋、冬季和初春，呈暴发。发病率高，死亡率较低。

② 猪群几乎同时突然发病，体温升高达40.5~41.5℃，精神沉郁，饮食减少或停止；呼吸急促，呈腹式呼吸，阵发性咳嗽，打喷嚏；眼结膜潮红，眼、鼻有黏液性分泌物，鼻盘干燥；粪便干硬。肌肉和关节疼痛，常卧地不愿走动，捕捉时发出惨叫声。如无继发感染，一般多于4~6天后康复。如果继发感染，发生大叶性肺炎或肠炎，则病势加重，以至死亡。

③ 病变主要在呼吸器官，鼻、喉、气管和支气管黏膜充血，表面有大量泡沫状黏液，有时混有血液；胸腔常有积水；肺部病变轻重不一，轻者可见肺边缘有炎症区或肺水肿，重者肺的病变部呈紫红色如鲜牛肉状，肺膨胀不全，周围组织气肿，呈苍白色，界线分明。颈部、肺部和纵隔淋

巴结明显肿大、充血、水肿。脾肿大，胃肠黏膜有卡他性炎症。

（二）防治

1. 治疗

立即将病猪隔离于温暖、干净的猪舍内，喂以易消化的青绿多汁饲料，提供清洁饮水，并对污染场地和用具进行消毒；病猪可用抗生素或磺胺类药物防止继发感染，用30%安乃近3~5毫升或复方奎宁5~10毫升，或1%~2%氨基比林溶液5~10毫升，肌内注射，以解热镇痛。

2. 预防

平时注意猪舍清洁卫生，圈舍要干燥，当天气变化剧烈时应特别注意防寒保暖；尽量不在寒冷、多雨、气候多变季节长途运输猪群。

六、猪细小病毒病

（一）诊断要点

① 由猪细小病毒引起，主要发生于初产母猪，一般呈地方流行性或散发，但初次感染的猪群呈急性暴发。

② 同一时期内有多头母猪（特别是初产母猪）发生久配不孕、流产、产出死胎、畸形胎、木乃伊胎、弱仔猪及健康仔猪，而母猪本身没有明显临床症状。

③ 剖检母猪子宫内有轻微炎症，胎盘有部分钙化；感染胎儿可见充血、水肿、出血、体腔积液、脱水（木乃伊化）及坏死等病变。

（二）防治

发病后无有效治疗方法，对流产胎儿中的幸存者不能留作种用。对新引进的猪加强检疫，防止引进带毒猪；对初产母猪在配种前1个月用猪细小病毒疫苗进行免疫接种。

七、猪伪狂犬病

（一）诊断要点

① 由伪狂犬病毒引起，猪、牛、羊等动物都可感染，多发生于冬、春季节。

② 新生仔猪及4周龄以内仔猪常突然发病，精神委顿，不食、呕吐

或腹泻，兴奋不安，步态不稳，运动失调，全身肌肉痉挛，或倒地抽搐；有时呈不自主地前冲、后退或转圈运动；随病程进展，出现四肢麻痹，倒地侧卧，头向后仰，四肢划动，死亡率很高。

③ 4 月龄左右的猪多表现轻微发热，流鼻液，咳嗽，呼吸困难，有的出现腹泻，几天可恢复，也有部分出现神经症状而死亡。

④ 妊娠母猪主要发生流产、死胎或木乃伊胎。产出的弱胎多在 2~3 天死亡；流产率可达 50%。

⑤ 成年猪一般呈隐性感染，有时可见上呼吸道卡他性炎症，发热、咳嗽、鼻腔流出分泌物，精神委顿等。

⑥ 剖检可见鼻腔卡他性或化脓性炎症，咽喉部黏膜水肿，有纤维素性坏死性伪膜覆盖；肺水肿，淋巴结肿大，脑膜充血水肿，脑脊髓液增多；胃肠卡他或出血性炎症。流产胎儿的肝、脾、淋巴结及胎盘绒毛膜有凝固性坏死。

⑦ 采取脑、脾制成 1∶10 悬液，加抗生素处理、离心，取上清液 1 毫升皮下或肌内注射于家兔，2~3 天后注射部奇痒。

⑧ 应与猪日本乙型脑炎、猪细小病毒病、猪繁殖和呼吸综合征相鉴别。

（二）防治

1. 治疗

发病时应扑杀病猪，消毒猪舍及环境，粪便发酵处理；必要时给猪注射弱毒疫苗，乳猪注射 0.5 毫升（断奶后再注射 1 毫升），断奶猪注射 1 毫升，成年猪和妊娠母猪（产前 1 个月）注射 2 毫升。

2. 预防

对引进猪只严格检疫，防止引入本病；搞好环境卫生和消毒工作，消灭鼠类；在疫区或受威胁区，用猪伪狂犬疫苗免疫接种。

八、猪日本乙型脑炎

（一）诊断要点

① 由日本乙型脑炎病毒引起，主要通过蚊子叮咬传播，多发生于每年的 7—9 月。

② 猪常突然发病，体温升高达 40~41℃，稽留热，精神委顿，食欲

减少或废绝，粪干呈球状，表面附着灰色黏液；有的猪后肢呈轻度麻痹，步态不稳，关节肿大、跛行，有的病猪视力障碍，最后麻痹死亡。妊娠母猪多在妊娠后期突然发生流产，产出死胎、木乃伊胎和弱胎，弱胎产出后表现震颤、抽搐、癫痫等病状，同胎也见正常胎儿，发育良好；母猪流产后症状很快减轻，不影响下一次配种。公猪除有一般症状外，常发生一侧或两侧睾丸急性肿大，触之热痛，3~5 天后肿胀消退，多数睾丸变小变硬，失去配种繁殖能力。

③ 剖检可见流产胎儿脑水肿，皮下血样浸润，肌肉水煮样，腹水增多；木乃伊胎儿从拇指大小到正常大小；肝、脾、肾有坏死灶；全身淋巴结出血；肺淤血、水肿。子宫黏膜充血、出血和有黏液。胎盘水肿或见出血。公猪睾丸实质充血、出血和小点坏死；睾丸硬化者体积缩小，与阴囊粘连。

（二）防治

1. 治疗

尚无有效治疗方法，确诊后最好淘汰，但要做好死胎、胎盘及分泌物等的处理和猪舍、用具等的消毒。

2. 预防

加强饲养管理，提高抗病能力，搞好环境卫生，积极开展防蚊灭蚊工作；在流行地区猪场，在蚊虫开始活动前 1~2 个月（即 4—5 月）用乙型脑炎弱毒疫苗对 4 个月龄以上猪进行免疫接种。

第二节　常见猪细菌病的防治

一、猪丹毒

（一）诊断要点

① 由猪丹毒杆菌引起，多发生于夏、秋炎热季节，一般呈散发或地方流行性。

② 急性败血型猪丹毒以体温升高达 42~43℃，突然发病和死亡，皮肤（耳、颈、背等）上有红斑、指压褪色及呕吐、呼吸加快等症状为特征。

③ 亚急性（疹块型）猪丹毒以病猪皮肤上出现界线明显、稍隆起的菱形或圆形等形状的红色疹块为特征。

④ 慢性型猪丹毒常表现四肢慢性关节炎、皮肤坏死和慢性心内膜炎等。

⑤ 剖检可见淋巴结肿大，切面多汁；脾肿大，呈樱桃红色，切面结构不清，易刮脱；肾肿大，紫红色（"大红肾"）；胃底部及小肠（十二指肠及空肠前段）出血性卡他性炎；慢性病例，可见左心二尖瓣有菜花样赘生物，或有关节炎。

⑥ 采取脾、肾或心内膜、关节液等病料抹片、革兰氏染色镜检，可见纤细的单在或成堆排列的革兰氏阳性小杆菌。

（二）防治

1. 治疗

可用青霉素、链霉素、土霉素、泰乐菌素等，其中最敏感的药物为青霉素。青霉素每千克体重 2 万~3 万单位，肌内注射，2~3 次/天，直到体温和食欲恢复正常，不宜停药过早，以防复发或转为慢性；链霉素每千克体重 10~15 毫克、土霉素每千克体重 5~10 毫克，或泰乐菌素每千克体重 5~10 毫克，肌内注射，2 次/天，连用 3~5 天；10%~20%磺胺二甲嘧啶钠注射液 10~15 毫升，肌内注射，2 次/天，连用 3~5 天。

2. 预防

加强饲养管理，搞好防疫卫生工作；坚持自繁自养，引进猪时应隔离检疫；定期消毒、杀虫、灭鼠；常发区每年定期用猪丹毒菌苗进行免疫接种。

二、猪肺疫

（一）诊断要点

① 由特定血清型的多杀性巴氏杆菌引起，以春初、秋末及气候骤变季节发生最多，南方多发于潮湿闷热及多雨季节。由于部分猪只呼吸道带菌，所以长途运输、饲养管理不当、卫生极差及环境突变是发生本病的重要应激因素。我国北方大多为散发或继发性猪肺疫，南方则以流行性猪肺疫出现。

② 最急性型常无明显症状而突然死亡，其典型病例表现体温升高

41~42℃，食欲废绝，咽喉部发热红肿，呼吸困难，结膜发绀，腹侧、耳根和四肢内侧皮肤出现红斑，1~2天死亡。急性型表现体温升高40~41℃，食欲废绝、咳嗽、气喘、鼻流脓涕，皮肤出现红斑，先便秘后腹泻。慢性型表现持续性咳嗽，呼吸困难，食欲不振，体温时高时低，腹泻，消瘦。

③ 剖检时，最急性型可见咽喉部及周围组织有出血性胶样浸润，全身淋巴结肿大、出血，肺水肿；急性型可见肺脏呈不同程度肝变，外观呈大理石样花纹，支气管和气管内有多量泡沫状液体，胸腔和心包积液，含有大量纤维性渗出物，胸膜与肺、心包粘连；慢性型可见肺有多处坏死灶，肺与胸膜心包粘连。

④ 采取心血、渗出液和各实质脏器，涂片，美蓝染色，镜检可见两极浓染的卵圆形杆菌。

（二）防治

1. 治疗

病猪在隔离条件下，用抗生素、磺胺类药物和喹诺酮类药物治疗。氨苄青霉素每千克体重10~20毫克，或链霉素每千克体重10~15毫克，肌内注射，2次/天，直到体温下降，食欲恢复。10%~20%磺胺二甲嘧啶钠注射液10~30毫升，肌内或静脉注射，2次/天，连用3~5天。环丙沙星或恩诺沙星每千克体重2.5毫克，肌内注射，2次/天，连用3天。

2. 预防

每年春、秋两季定期进行预防注射。使用疫苗有：猪肺疫氢氧化铝甲醛菌苗，断奶后的大、小猪只一律皮下注射5毫升，注射后14天产生免疫力，免疫期为6个月；口服猪肺疫弱毒冻干菌苗，按瓶签说明的头份，用冷开水稀释后，混入饲料或水中喂猪，免疫期6个月。

三、仔猪副伤寒

（一）诊断要点

① 由猪霍乱和猪伤寒沙门氏菌引起，多发生于1~4月龄仔猪，常在寒冷、气候多变及阴雨连绵季节发生，呈地方流行或散发，流行缓慢。

② 急性型多见于断奶后不久仔猪，表现体温升高（41~42℃），食欲不振、精神沉郁、先便秘后下痢、皮肤（鼻端、耳和四肢末端）发紫、

气喘。慢性型体温正常或稍高，食欲不振，持续腹泻，粪便呈灰白、浅黄或暗绿色，恶臭，常混有血，逐渐消瘦。

③ 剖检急性型可见脾脏显著肿大，紫红色，散在小坏死灶；全身淋巴结肿大，呈弥漫性出血；肾、肝不同程度肿大，散见坏死点；盲肠、结肠严重出血。慢性型可见在肠黏膜上有糠麸样假膜；肠壁变厚，失去弹性；肝、淋巴结等有干酪样坏死。

（二）防治

1. 治疗

用药前最好通过药敏试验，选择最敏感的药物。常用药物有氟苯尼考、新霉素、磺胺类药物、喹诺酮类药物等。氟苯尼考每千克体重20~30毫克，口服，2次/天，或肌内注射每千克体重20毫克，1次/天，连用3~5天。新霉素每千克体重10~15毫克，口服，2次/天，连用2~3天。磺胺二甲基嘧啶每千克体重0.1克，口服，2次/天，连用7~10天。

2. 预防

在本病常发地区，对1月龄以上哺乳或断奶仔猪，用仔猪副伤寒冻干弱毒菌苗预防。肌内注射时用20%氢氧化铝生理盐水稀释，1毫升/头，免疫期9个月；口服时，按瓶签说明，服前用冷开水稀释成每头份5~10毫升，掺入料中喂服；或将每头份疫苗稀释于5~10毫升冷开水中灌服。

四、猪气喘病

（一）诊断要点

① 由猪肺炎支原体引起，以哺乳仔猪和幼猪最易感，其次是妊娠后期及哺乳母猪，成年猪多为隐性感染。新疫区可呈急性暴发，老疫区大多为慢性或隐性经过。气候骤变、饲料质量差等可促使隐性感染猪出现症状。

② 以咳嗽和气喘为特征，一般体温、精神和食欲正常，病程较长。随着不良因素的影响，症状明显或加剧。

③ 剖检可见两侧肺的心叶、尖叶、中间叶和膈叶的前下缘呈对称性的实变，肺门淋巴结肿大、增生，其他器官无明显变化。

（二）防治

1. 治疗

可用硫酸卡那霉素每千克体重 10~15 毫克，肌内注射，2 次/天，连注 3~5 天；或泰乐菌素每千克体重 5~10 毫克，肌内注射，2 次/天，连用 5 天；或恩诺沙星或环丙沙星每千克体重 2.5 毫克，肌内注射，2 次/天，连用 3~5 天。也可用泰妙菌素、土霉素、氟苯尼考等治疗。

2. 预防

坚持自繁自养，新引进的猪必须隔离观察 1~2 个月后方可混群饲养；加强饲养管理，做好经常性的防疫卫生和消毒工作，常发地区可选用猪气喘病疫苗预防接种。

五、猪大肠杆菌病

（一）仔猪黄痢

1. 诊断要点

① 多发生于 1 周龄以内的哺乳仔猪，以 1~3 日龄最为多见，7 日龄以上仔猪很少发生；同窝仔猪发病率高达 100%，死亡率也高达 90%。

② 临床表现拉黄色或黄白色浆状稀便、不吃奶、脱水、消瘦、昏迷死亡。

③ 剖检可见胃膨胀，胃内充满酸臭凝乳块，胃黏膜红肿；小肠壁薄、松弛、充气，肠内充满黄色、黄白色稀薄内容物，肠黏膜肿胀、充血或出血；肠系膜淋巴结充血、肿大，切面多汁；心、肝、肾有变性，有时有出血点。

2. 防治

（1）治疗 通过药敏试验选择最敏感的药物进行治疗。一旦发现病猪，立即对全窝给药，常用氟苯尼考、庆大霉素、新霉素、氟哌酸等。

（2）预防 做好圈舍及环境的卫生及消毒工作；产前对母猪乳房和后躯清洗、擦拭；仔猪出生后全窝口服抗生素、调痢生等。怀孕母猪产前可用大肠杆菌疫苗免疫。

（二）仔猪白痢

1. 诊断要点

① 多发生于 10~30 日龄的仔猪，以 10~20 日龄最多；一年四季均可

发生，但以严冬、炎热及阴雨连绵季节较多，气候骤变、饲养管理的卫生条件不良可使发病率上升。

② 临床表现体温升高，排白色或灰白色粥状稀粪，有腥臭味，死亡很少。

③ 剖检可见胃内有少量凝乳块，胃黏膜充血、出血、水肿，肠内空虚，有大量气体和少量稀薄的黄白或灰白色酸臭味稀粪；肠系膜淋巴结水肿。

2. 防治

可参考仔猪黄痢。此外，还可用白龙散、大蒜甘草液、金银花大蒜液、硅碳银、活性炭、调痢生、促菌生等，也可补充硫酸亚铁或硒。

（三）仔猪水肿病

1. 诊断要点

① 由溶血性大肠杆菌引起，多发生于断奶前后的仔猪，发病多是营养良好和体格健壮的仔猪，且与饲料和饲养方式改变等有关。

② 临床上突然发病，精神高度沉郁、食欲废绝、体温不高；眼睑、头部、下颌间发生水肿，严重者可引起全身水肿；行走无力，共济失调，转圈，抽搐，四肢作游泳状，触摸皮肤异常过敏，常发出嘶哑尖叫，最后衰竭死亡。

③ 剖检可见上下眼睑、颜面、下颌部、头顶部皮下呈灰白色胶样水肿；胃大弯、贲门部水肿，在胃的黏膜层、肌层之间呈胶冻样水肿，整个结肠系膜呈胶冻样水肿，切开流出多量液体；肠系膜淋巴结水肿，体腔有积液。

2. 防治

（1）治疗　尚无特效治疗方法，应采取综合措施。立即停喂精料，内服盐类泻剂（如人工盐），及时应用抗菌药物（如庆大霉素、恩诺沙星等），并对全窝或同群小猪进行药物预防。

（2）预防　加强断奶前后仔猪的饲养管理，提早补料；断奶不要太突然，不要突然改变饲料和饲养方法；猪舍应保持清洁干燥，幼猪应适当运动以增强抗病力。

六、仔猪梭菌性肠炎（仔猪红痢）

（一）诊断要点

① 由 C 型魏氏梭菌引起，主要发生于 3 日龄以内的新生仔猪。病猪

体温不高，精神沉郁，食欲废绝，排出浅红或红褐色稀粪，粪便很臭，常混有坏死组织碎片及多量小气泡。

② 剖检可见小肠特别是空肠呈紫红色，肠内容物呈红褐色并混杂小气泡，黏膜弥漫性出血，肠壁黏膜下层、肌层及肠系膜有灰色成串的小气泡，肠系膜淋巴结肿大或出血。胸腔、腹腔、心包积红、黄色液体。心外膜、肝、脾、肾可见出血点。

（二）防治

1. 治疗

本病的病程急，发病后用药物治疗效果不佳。必要时可用硫酸链霉素每千克体重 10~15 毫克，肌内注射，2 次/天；或新霉素每千克体重 10~15 毫克，口服，2 次/天，连用 3 天；或促菌生（DM423 活菌制剂）按每千克体重 1 亿~3 亿活菌，口服，1 次/天；或链霉素 1 克、胃蛋白酶 3 克，混合后给 5 头仔猪分服，1~2 次/天，连服 2~3 天。

2. 预防

对产房、猪舍、环境、母猪乳头进行经常性的消毒工作，可减少本病发生。怀孕母猪临产前注射 C 型魏氏梭菌疫苗，可控制本病发生。仔猪出生后注射抗猪红痢血清，每千克体重 3 毫升，可获得充分保护；必要时用抗生素对刚出生仔猪立即口服 2~3 次，也可预防。

七、猪痢疾

（一）诊断要点

① 由猪痢疾蛇形螺旋体引起，无明显季节性，流行缓慢，一旦发病，可常年持续不断发生。

② 最急性病例往往突然死亡。急性病例病初精神稍差，食欲减少，粪便变软，表面附有条状黏液；以后迅速下痢，粪便黄色柔软或水样，严重者 1~2 天内粪便充满血液和黏液及坏死组织碎片，同时体温稍高，达 40~40.5℃，腹痛，精神沉郁；最后因脱水、衰弱而死亡，病程约 1 周。亚急性和慢性病例症状较轻，下痢，粪便中黏液及坏死组织碎片较多，进行性消瘦，生长发育受阻，病死率低，病程长，达 1 个月。

③ 剖检急性病猪可见黏液性和出血性大肠炎，大肠黏膜肿胀、充血和出血，肠腔内充满黏液和血液；病程稍长的病例，主要为坏死性大肠

炎，黏膜上有点状、片状或弥漫性坏死，坏死常限于黏膜表面，肠内混有多量黏液和坏死组织碎片，大肠系膜淋巴结水肿，其他脏器常无明显变化。

④ 采取病猪新鲜粪便或大肠黏膜涂片，用姬姆萨、草酸铵结晶紫或复红染色液染色，镜检，高倍镜下可见以具有 3~4 个弯曲的较大螺旋体。

（二）防治

1. 治疗

药物治疗有较好的效果，但易复发，难于根治。痢菌净每千克体重 5~10 毫克，口服；或每千克体重 2.5~5 毫克，肌内注射，2 次/天，连用 3 天。或土霉素每千克体重 10~25 毫克，内服，2 次/天，5~7 天为 1 个疗程，连用 3~5 个疗程。或硫酸新霉素 1 000 千克饲料 300 克，连用 3~5 天。

2. 预防

坚持自繁自养，必须引进时，应从非疫区引入，引入后应隔离检疫 2 个月，猪场实行全进全出饲养制；加强饲养管理与消毒工作；猪场一旦发病最好全群淘汰，对猪场彻底清扫和消毒，空舍 2~4 个月，经严格检疫后，再引进新猪。

八、猪链球菌病

（一）诊断要点

① 由链球菌引起。败血型主要发生于哺乳仔猪，架子猪次之，成年猪更少；淋巴结化脓主要发生于架子猪，传播缓慢，发病率低。

② 急性败血型突然发病，体温升高到 41~43℃，不食；结膜潮红、流泪、流鼻液，便秘；有的病猪在耳尖、四肢下端、腹下呈紫红色或出血性红斑，后期呼吸困难。剖检可见鼻、气管、肺充血，肺炎；全身淋巴结肿大、出血；心包积液，心内膜出血；脾、肾肿大、出血；胃肠黏膜充血、出血；关节囊内有胶样液体或纤维素脓性物。

③ 脑膜脑炎型多见于哺乳和断奶仔猪，除全身症状外，很快出现神经症状，四肢共济失调、转圈、磨牙、仰卧、后肢麻痹、爬行、侧卧时四肢作游泳状；有的病猪出现关节炎。剖检可见脑膜充血、出血，脑脊髓液增多、混浊，脑脊髓白质和灰质有小点出血；心包、胸腔、腹腔有纤维素

性炎症变化，淋巴结肿大、出血。

④ 关节炎型见一肢或几肢关节肿胀、疼痛、跛行，重者不能站立；精神和食欲时好时坏。

⑤ 淋巴结脓肿型多见于颈下淋巴结，有时见于咽部和颈部淋巴结；淋巴结肿胀，有热痛，破溃后流脓，一般不引起死亡。

（二）防治

1. 治疗

早期使用大剂量抗生素或磺胺类药物治疗。青霉素每千克体重2万~5万单位，或庆大霉素每千克体重10~15毫克，肌内注射，2次/天，也可用土霉素、四环素或磺胺类药物等。对淋巴结化脓性病例，若脓肿成熟后，切开脓肿，排出脓汁，局部按外科方法处理，如用3%双氧水或0.1%高锰酸钾冲洗后，涂以碘酊。

2. 预防

消除外伤引起感染的因素，做好猪舍、环境、用具的消毒卫生工作；必要时，可用猪链球菌氢氧化铝菌苗免疫接种。

九、猪传染性胸膜肺炎

（一）诊断要点

① 由胸膜肺炎放线杆菌引起，冬、春季发病率较高；饲养环境突变、饲养密度过大、猪舍通风不良、气候骤变及长途运输等都可诱发本病。

② 最急性型病猪突然发病，体温升高至41.5℃以上，精神沉郁，食欲废绝，腹泻；后期呼吸高度困难，常呈犬坐姿势，张口伸舌，从口鼻流出血色带泡沫的分泌物，心跳加快，口、鼻、耳、四肢皮肤呈暗紫色，一般在48小时内死亡；个别猪见不到明显症状即死亡。

③ 急性型病猪体温40.5~41℃，不食，咳嗽、呼吸困难，心跳加快，受饲养管理条件和气候影响，病程长短不定。

④ 亚急性或慢性病例，体温不高，全身症状不明显，有间歇性咳嗽，生长迟缓。

⑤ 剖检可见气管和支气管内有大量血色液体和纤维素，黏膜水肿、出血和增厚；肺脏充血、肿大、出血、水肿和肝变，病程久者有大小不等的坏死灶和脓肿；胸腔积液，胸膜表面覆有纤维素，病程较久者，胸膜发

生粘连。

⑥ 从气管或鼻腔采取分泌物或采取肺炎病变部，涂片，染色，镜检可见革兰氏阴性球杆菌。

（二）防治

1. 治疗

早期治疗是提高疗效的关键。氟苯尼考注射液肌内注射或静脉注射，每次剂量为 10~30 毫克/千克体重，每日 2~4 次。

能正常采食者，可在饲料中添加四环素等抗生素或泰妙菌素，土霉素每千克饲料 0.6 克，连服 3~5 天；泰妙菌素 1 000 千克拌料 50~100 毫克，连用 5~10 天，可控制本病的发生。为防耐药菌株出现，应更换药品，或几种药物联合使用。

2. 预防

加强饲养管理，减少各种应激因素；严格隔离检疫引进猪，无病方可混群饲养；对断奶仔猪可试用灭活疫苗免疫接种；感染猪群，可用血清学方法检查，清除隐性感染和带菌猪。

十、副猪嗜血杆菌病

（一）诊断要点

① 副猪嗜血杆菌寄生在猪鼻腔等上呼吸道内，主要通过空气直接接触传播感染，该病的流行与呼吸道综合征发生流行有关。本病只感染猪，主要在断奶前后和保育阶段发病，常见于 2 周龄到 4 月龄的猪群，断奶后 10 天左右易发病，感染率在 10%~15%，严重时，病死率可达 50%。

发生蓝耳病等全身性疾病时免疫力下降，抵抗力下降，副猪嗜血杆菌趁虚而入；该病属条件性致病菌，饲养环境不良时及应激因素存在常易诱发；首次感染该病时的临床症状较明显，损失也很大；猪呼吸道疾病存在时（如支原体肺炎、猪繁殖与呼吸综合征、猪流感、伪狂犬病和猪呼吸道冠状病毒感染等混合感染），将互相加剧病情和临床表现。

② 急性病例中，常发生于膘情良好的猪，病猪发热，体温升至 40.5~42℃，精神沉郁，食欲下降或废绝，咳嗽，呼吸困难，腹式呼吸，体表皮肤发红或苍白，耳梢发紫，眼睑皮下水肿，部分病猪出现起立困难，行走缓慢或不愿站立，跛行，四肢关节肿大，共济失调，临死前侧卧

或四肢呈划水样；有时也会无明显症状而突然死亡，如遇天气骤变，死亡将增多。慢性病例多见于保育猪，主要是食欲不振、咳嗽、消瘦、背毛粗乱、四肢无力或跛行、生长不良。

③ 剖检见胸膜、心包膜和腹膜，还有肝、肺、脾、肠的外表有浆液性或化脓性纤维蛋白渗出物，胸腔积液，腹水增多；肺炎，肺部病变多见于左右两侧肺的前叶、中叶和后叶，病灶部位呈暗红色，质硬，有时肺脏与胸膜发生粘连、肿胀、出血与淤血，呈纤维素性胸膜肺炎症状。四肢关节肿大、发炎，有热感，偶尔可见脑膜炎和心肌炎；该病多表现为胸膜炎、腹膜炎、脑膜炎、心包炎、关节炎等多发性炎症候群，而且常以不同组合出现，较少单独存在。

（二）防治

1. 治疗

隔离病猪。对无饲养价值的僵猪进行无害化处理，猪舍清洗干净，严格消毒，加强通风，减低猪群密度，对刚断奶的小猪做好保温。全群投药治疗。本病对磺胺药敏感，泰乐菌素+磺胺二甲氧嘧啶连用 7 天，泰妙菌素、利高霉素，连用 7 天。对不吃料或食欲差的猪，用阿莫西林饮水，并用氟苯尼考注射。

2. 预防

改善饲养管理，加强环境消毒，减少各种应激，消除诱因，尤其要做好蓝耳病等病毒性疾病的预防免疫工作；同时在饲料中添加药物预防该病的发生，一般可在产前 1 周和产后 1 周的母猪料、乳猪料、保育猪料中添加预防性药物，如环丙沙星、泰妙菌素等。

使用疫苗是预防副猪嗜血杆菌病的一种有效的方法，初产猪产前 40 天一免，产前 20 天二免，以后每次产前 30 天免疫 1 次。

十一、猪传染性萎缩性鼻炎

（一）诊断要点

① 由支气管败血波氏杆菌Ⅰ相菌和产毒素的多杀性巴氏杆菌（主要为 D 型）引起，常见于 2~5 月龄的猪。

② 病初出现鼻炎症状，表现打喷嚏、鼾声、流鼻液，有时流鼻血，常摇头、拱地、摩擦鼻部；流泪，常在眼眶下的皮肤上形成半月形的泪斑；经 2~

3月后，出现面部变形，表现鼻歪斜、翘嘴、上下牙齿错开、两眼间距变窄。

③ 剖检可见鼻甲骨萎缩，卷曲变小而钝直，甚至消失，形成空洞，鼻中隔弯曲。

（二）防治

1. 治疗

彻底治好本病有一定的难度，应采取综合措施进行治疗。对母猪、断奶仔猪及架子猪可用磺胺二甲嘧啶1 000千克混合拌料100克、青霉素1 000千克混合拌料50克，或泰乐菌素1 000千克混合拌料100克、磺胺嘧啶1 000千克混合拌料100克，或土霉素1 000千克拌料100克，连喂4~5周。鼻腔可用复方碘溶液、1%~2%硼酸水、0.1%高锰酸钾、2%明矾、10%~20%大蒜浸液、链霉素溶液滴鼻或冲洗。仔猪出生后3、6、12天各注射卡那霉素或磺胺制剂，可减少本病的发生。

2. 预防

加强检疫，严防从外购进病猪或带菌猪；对病猪及可疑猪坚决淘汰，对贵重种猪实行剖腹取胎，隔离饲养，培养无此病的健康猪群；发病猪场可对种母猪和仔猪用灭活菌苗或二联灭活苗免疫接种。

第三节　常见猪寄生虫病的防治

一、猪蛔虫病

（一）诊断要点

① 大量幼虫移行至肺时引起蛔虫性肺炎，表现为咳嗽、呼吸增快、体温升高、食欲减退、卧地不起及嗜酸性白细胞增多。成虫寄生小肠时，仔猪发育不良、生长缓慢、被毛粗乱，常是形成僵猪的重要原因。大量寄生时可引起肠堵塞、肠破裂。有时蛔虫进入胆管，造成堵塞，引起黄疸症状。还有少数病例呈现荨麻疹、兴奋、痉挛、角弓反张等神经症状。

② 对2月龄以上仔猪可用直接涂片法或饱和盐水浮集法检查粪便中的猪蛔虫卵来确诊，但未受精卵比重较大，饱和盐水浮集法难检出。2月龄以内仔猪有肺炎病变时，用贝尔曼法分离肺组织中的幼虫做出判断。剖检时可在小肠发现虫体，或在肺脏发现蛔虫幼虫进行诊断。

（二）防治

1. 治疗

左咪唑，每千克体重 8 毫克，拌料或饮水；或 10% 左咪唑涂擦剂，每千克体重 0.1~0.12 毫升，耳根部皮肤涂擦；或丙硫苯咪唑每千克体重 5~10 毫克混入饲料或配成混悬液给药；或伊维菌素，每千克体重 300 微克，皮下注射。

2. 预防

① 在蛔虫病流行猪场，每年定期进行 2 次全面驱虫。仔猪在断奶后驱虫 2 次，最好每隔 20 天驱虫 1 次。

② 猪粪堆肥发酵处理，保持猪舍通风良好、阳光充足，做好环境消毒。怀孕母猪在怀孕中期进行 1 次驱虫。

③ 保持饲料和饮水清洁，减少断乳仔猪拱土和饮污水的机会。大、小猪分群饲养。引入猪应先隔离饲养，进行 1~2 次驱虫后再并群饲养。在饲料中加入驱虫性抗生素添加剂，如潮霉素 B、越霉素 A。

二、猪食道口线虫病

（一）诊断要点

① 寄生于大肠。大量感染时，肠壁增厚有大量结节，结节破溃后形成溃疡，造成顽固性结肠炎。患猪表现腹痛、不食、腹泻，日见消瘦和贫血。

② 用饱和盐水浮集法检查粪便有猪结节虫卵或发现自然排出的虫体即可确诊，必要时进行诊断性驱虫。

（二）防治

参阅猪蛔虫病。应用敌百虫、左咪唑、康苯咪唑（异丙苯咪唑）、噻嘧啶或伊维菌素驱虫，均有良好效果。

三、猪附红细胞体病

（一）诊断要点

① 由附红细胞体寄生于猪红细胞表面及血浆中引起，无明显季节性，多在温暖季节，尤其是吸血昆虫活动的夏、秋季节感染；多表现隐性感

染，有应激因素存在时，可使隐性感染猪发病，甚至大批发生，呈地方流行。

② 病猪突然发病，体温升高在 39.5～42℃，精神委顿，饮食减退废绝，卧地不起；随病情发展，病猪表现贫血、消瘦；后期病猪耳朵、颈下、胸前、腹下、四肢内侧等部位皮肤红紫，指压不褪色，有时整个猪皮肤呈红色，成为"红皮猪"；最终因治疗无效死亡或淘汰。感染附红细胞体后，新生仔猪可因过度贫血而死亡；断奶仔猪不能发挥最佳生长性能；育肥猪生长缓慢，出栏延迟；母猪常流产、死胎、不发情或发情后屡配不孕；公猪性欲减退，精子活力降低。

③ 剖检可见血液稀薄，呈淡红色，凝固不良或不凝；皮下脂肪黄染，全身肌肉色泽变淡；肝、脾肿大，有灰白色坏死点或坏死灶；淋巴结肿大，切面外翻、多汁；心包、胸腔、腹腔有积液；肾、肠道有出血点。

④ 采猪耳静脉血压片镜检可发现红细胞表面和血浆中有附红细胞体。

（二）防治

1. 治疗

可用土霉素每千克体重 50～100 毫克，分 2～3 次口服，或每千克体重 40 毫克，一次肌内注射，连用 4～6 天；或卡那霉素每千克体重 10～15 毫克，肌内注射，2 次/天，连用 3～5 天；或四环素每千克体重 7～15 毫克，口服，2 次/天，直到体温、食欲正常；或血虫净每千克体重 7～10 毫克、0.5% 黄色素每千克体重 4 毫克，静脉注射，连用 3 次即可。

2. 预防

加强饲养管理，减少应激因素；加强灭蚊、蝇的工作，高发季节要经常喷洒驱除吸血昆虫的药物等以杜绝感染；认真做好医疗器械的消毒工作，以免造成传播；母猪产前喂服四环素，仔猪定期喂服四环素。

四、猪弓形虫病

（一）诊断要点

① 由弓形虫引起。3～5 月龄的猪多呈急性发作，症状与猪瘟相似，体温升高至 40～42℃，呈稽留热，精神沉郁；食欲减退或废绝，便秘，有时下痢、呕吐；呼吸困难、咳嗽；体表淋巴结，尤其腹股沟淋巴结明显肿大；身体下部及耳部有淤血斑或大面积发绀；孕猪发生流产或死胎。

② 剖检可见肺稍膨胀，暗红色带有光泽，间质增宽，有针尖至粟粒大出血点和灰白色坏死灶，切面流出多量带泡沫液体；全身淋巴结肿大，灰白色，切面湿润，有粟粒大、灰白色或黄白色坏死灶和大小不一的出血点；肝、脾、肾也有坏死灶和出血点；盲肠和结肠有少数散在的黄豆大至榛实大浅溃疡，淋巴滤泡肿大或有坏死，心包、胸腹腔液增多。

③ 可采取胸、腹腔渗出液或肺、肝、淋巴结等作涂片检查虫体。

（二）防治

1. 治疗

猪场发生本病时应全面检查，对检出的患猪和隐性感染猪进行登记并隔离；对良种病猪采用有效药物进行治疗，对治疗耗费超过经济价值，隔离管理又有困难的病猪，可屠宰淘汰处理。对病猪舍、饲养场用1%煤酚皂或3%苛性钠或火焰等进行消毒。

磺胺类药对本病有较好疗效，可选用的配方有：磺胺嘧啶每千克体重70毫克、甲氧苄氨嘧啶每千克体重14毫克，口服，2次/天，连用3~4天；或磺胺甲基苯吡唑每千克体重30毫克、甲氧苄氨嘧啶每千克体重10毫克，口服，1次/天，连用3~4天；或12%复方磺胺甲基苯吡唑注射液每千克体重50~60毫克，肌内注射，1次/天，连用4次；或磺胺间甲氧嘧啶每千克体重60~100毫克，单独口服或配合甲氧苄氨嘧啶每千克体重14毫克口服，1次/天，连用4次，首次倍量。

2. 预防

猪场内应开展灭鼠活动，同时禁止养猫。勿用未经煮熟的屠宰废弃物作为猪的饲料。

五、猪囊尾蚴病

（一）诊断要点

① 寄生部位以舌肌、咬肌、肩腰部肌肉、股内侧肌及心肌较为常见。一般无明显症状。极严重感染的猪可能有营养不良、生长迟缓、贫血和水肿等症状，并常呈两肩显著外展，臀部不正常的肥胖宽阔的哑铃状或狮体状体形。检查舌、眼可发现囊虫。

② 死后在肌肉中发现囊虫便可确诊，主要检验部位为咬肌、深腰肌和膈肌，其他可检部位为心肌、肩胛外侧肌和股部内侧肌。

（二）防治

1. 治疗

用吡喹酮每千克体重 50 毫克，口服，1 次/天，连用 3 天或混以 5 倍液状石蜡作肌内注射，1 次/天，连用 2 天；或丙硫苯咪唑每千克体重 60~65 毫克，以橄榄油或豆油做成 6% 悬液肌内注射，或以每千克体重 20 毫克口服 1 次，隔 48 小时再服 1 次，共服 3 次，可治愈。

2. 预防

加强肉品卫生检验，对有囊虫寄生的猪肉应严格按国家规定处理。

六、猪绦虫病

（一）诊断要点

① 寄生于小肠。对幼猪危害较大，呈现毛焦、消瘦、生长发育迟缓，严重时可引起肠道梗阻。

② 生前诊断可根据粪检发现孕节或虫卵便可确诊。死后诊断可根据剖检在小肠内找到虫体而确诊。

（二）防治

1. 治疗

可用吡喹酮每千克体重 20~40 毫克，或硫双二氯酚每千克体重 80~100 毫克，口服。

2. 预防

猪粪应及时清除，并经堆肥发酵后再作肥料。

七、猪疥螨病

（一）诊断要点

① 幼猪多发。病初从眼周、颊部和耳根开始，以后蔓延到背部、体侧和股内侧。剧痒，病猪到处摩擦或以肢蹄搔擦患部，甚至将患部擦破出血，以致患部脱毛、结痂，皮肤肥厚，形成皱褶和龟裂。

② 对症状不够明显的可疑病例，可刮取患部与健部交界处的皮屑进行显微镜检查。在夏季，对带虫病猪作诊断时，应从耳壳内采取病料，则较易找到虫体。

（二）防治

1. 治疗

发现病猪应立即隔离治疗，同时用杀螨药物彻底消毒猪舍和用具。先用肥皂水或煤酚皂溶液彻底洗刷患部，清除硬痂和污物，再用药治疗。可选用2%敌百虫洗擦患部或用喷雾器喷淋猪体；500微升/升双甲脒（特敌克）水乳液药浴或喷雾，10天后再进行1次；50微升/升溴氰菊酯（倍特）间隔10天喷淋2次，每头猪每次用3升药液；250微升/升二嗪农（螨净）水乳溶液间隔7~10天喷淋2次；伊维菌素每千克体重300微克/千克，皮下注射；烟叶或烟梗1份，加水20份，浸泡24小时，再煮1小时后涂擦患部；废机油涂擦患部，1次/天。

2. 预防

进猪时应隔离观察，防止引进螨病病猪。

第四节　常见猪普通病的防治

一、异食癖

猪异食癖是一种由于饲养管理不当、环境不适、饲料营养供应不平衡、疾病及代谢机能紊乱等引起的一种应激综合征。在冬季、早春发病率较高，给养猪户造成不必要的经济损失。

（一）诊断要点

1. 发病原因

（1）饲养管理不当　包括饲养密度过大、饲槽空间狭小、限饲与饮水不足、同一圈舍猪只大小强弱悬殊、猪只新并群造成打斗、争夺位次等原因均可诱发异食癖。

（2）环境因素　冬秋季猪发病率比较高的原因可能是干燥和多尘环境导致了猪更多的烦躁和攻击行为。猪舍环境条件差，如舍内温度过高或过低，通风不良及有害气体的蓄积，猪舍光照过强，猪处于兴奋状态而烦躁不安，猪生活环境单调，惊吓、猪乱串群；天气的异常变化，猪圈潮湿引起皮肤发痒等因素，使猪产生不适感或休息不好均能引发啃咬等异食癖的发生。

（3）品种和个体差异　同一猪圈内如果饲养不同品种或同一品种间体重差异过大的猪，因品种及生活特点差异，相互矛盾，相互争雄而发生撕咬。个体之间差异大，在占有睡觉面积和抢食中，常出现以大欺小现象。

（4）疾病　猪患有虱子、疥癣等体外寄生虫时，可引起猪体皮肤刺激而烦躁不安，在舍内摩擦而导致耳后、肋部等处出现渗出物，对其他猪产生吸引作用而诱发咬尾；猪体内寄生虫病，特别是猪蛔虫，刺激患猪攻击其他猪。猪只体内荷尔蒙的刺激导致情绪不稳定也可发生咬尾现象。

（5）营养供应不平衡　当饲料营养水平低于饲养标准，满足不了猪生长发育的营养需要时可导致咬尾症的发生。另外，日粮中的各种微量营养成分不平衡，如日粮中钾、钠、镁、铁、钙、磷、维生素等的缺乏或者不平衡也会造成此症。

（6）猪本身的天性　猪爱玩好动，处于环境舒适、安居乐业的小猪，咬其他猪的尾巴玩，猪的模仿性是一只猪发生异食癖而引发大群发生异食癖的原因之一。同时因互咬导致的破皮与流血等外伤，又诱发了猪相互撕咬的兴趣。

2. 临床症状

常见的猪异食癖表现为咬尾、咬耳、咬肋、吸吮肚脐、食粪、饮尿、拱地、闹圈、跳栏、母猪食仔猪等现象。相互咬斗是异食癖中较为恶劣的一种，表现为猪对外部刺激敏感，举止不安，食欲减弱，目光凶狠。起初只有几头相互咬斗，逐渐有多头参与，主要是咬尾，少数也有咬耳，常见被咬尾脱毛出血，咬猪进而对血液产生异嗜，引起咬尾癖，危害也逐渐扩大。被咬猪常出现尾部皮肤和被毛脱落，影响体增重，严重时可继发感染，引起骨髓炎和脓肿，若不及时处理，可并发败血症等导致死亡。

（二）防治

1. 治疗

对患慢性胃肠疾病的猪，治疗主要以抑菌消炎、清除肠内有害物质为原则，并结合补液、强心措施。对于患寄生虫病的猪，应及时驱虫。对于被咬伤的猪外部消毒，并辅以抗生素治疗。

2. 预防

（1）合理布控猪舍　同一圈舍猪只个体差异不宜太大，应尽量接近。饲养密度不宜过大，猪的饲养密度一般应根据圈舍大小而定，原则是以不拥挤，不影响生长和能正常采食饮水为宜。冬季密，夏季稀，保证每头肥育猪饲养面积 0.8~1 米²、中猪 0.6~0.7 米²、仔猪 0.3~0.5 米²。

（2）单独饲养有恶癖的猪　咬尾症的发生常因个别好斗的猪引起，如在圈中发现有咬尾恶癖的猪，应及时挑出单独饲养。可在猪尾上涂焦油，还可用博克或 50°以上白酒喷雾猪体全身和鼻端部位，每天 3~5 次，一般两天可控制咬尾症。同时隔离被咬的猪，对被咬伤的猪应及时用高锰酸钾液清洗伤口，并涂上碘酒以防止伤口感染，严重的可用抗生素治疗。

（3）避免应激　调控好舍内温度与湿度，加强猪舍通风，防止贼风侵袭、粪便污染、空气浑浊、潮湿等因素造成的应激。定时定量饲喂，不喂发霉变质饲料，饮水要清洁，饲槽及水槽设施充足，注意卫生，避免抢食争斗及饮食不均。

（4）仔猪及时断尾　对仔猪断尾是控制咬尾症的一种有效措施。

（5）分散猪只注意力　在猪圈中投放玩具如链条、皮球、旧轮胎以及青绿饲料等，分散猪只关注的焦点，从而减少咬尾症的发生。

（6）使用平衡营养的配合饲料，满足猪的营养需要　选用优质饲料原料，适度增加食盐用量。对于吃胎衣和胎儿的母猪，除加强护理外，还可用河虾或小鱼 100~300 克煮汤饮服，每天 1 次，连服数日。还可在饲料中增加调味消食剂，添加大蒜、白糖、陈皮及一些调味剂来改善猪的异食癖。

二、亚硝酸盐中毒

亚硝酸盐中毒是由于菜类等青绿饲料的贮存、调制方法不当时，在适宜的温度和酸碱度的条件下，在微生物的作用下，大量的硝酸盐可还原成剧毒的亚硝酸盐，猪采食这类饲料后而引起中毒，本病常于猪吃饱后不久发生，故有"饱潲症"之称。

（一）诊断要点

1. 发病原因

因食用储存和加工不当、含有较多硝酸盐的白菜、菠菜、甜菜、野菜等青绿多汁饲料，而使猪群发生中毒。

亚硝酸盐毒性很大，主要是血液毒。当亚硝酸盐经过胃肠黏膜吸收进入血液后，能使血液中的氧化血红蛋白变为变性血红蛋白（高铁血红蛋白），使血液失去携氧的能力，而引起全身缺氧，导致呼吸中枢麻痹，严重者 30 分钟左右即可窒息而死。亚硝酸盐在体内可透过内屏障及胎盘组织，引起妊娠母猪发生早产、弱胎及死胎。

2. 临床症状

病猪突然发病，一般在采食后 10~30 分钟，最迟 2 小时出现症状，病猪突然不安，呼吸困难，继而精神萎靡，呆立不动，四肢无力，行走打晃，起卧不安，犬坐姿势，流涎、口吐白沫或呕吐，皮肤、耳尖、嘴唇及鼻盘等部开始苍白，以后呈青紫色，穿刺耳静脉或剪断尾尖流出酱油状血液，凝固不良。体温一般低于正常值（35~37℃），四肢和耳尖冰凉，脉搏细数，很快四肢麻痹，全身抽搐，嘶叫，伸舌，最后窒息而死。若病猪 2 小时内未死，则可逐渐恢复。

剖解后病理变化：因死亡快，内脏多无显著变化，主要特征是血液呈酱油状、紫黑色而凝固不良。胃底、幽门部和十二指肠黏膜充血、出血。病程稍长者，胃黏膜脱落或溃疡，气管及支气管有血样泡沫，肺有出血或气肿，心外膜常有点状出血。肝、肾呈蓝紫色，淋巴结轻度充血。

实验室检查：取胃肠内容物或残余饲料的液汁 1 滴，滴在滤纸上，加 10%联苯胺液 1~2 滴，再加 10%冰醋酸液 1~2 滴，如有亚硝酸盐存在，滤纸即变为红棕色，否则颜色不变。

也可将待检饲料放在试管内，加 10%高锰酸钾溶液 1~2 滴，搅匀后，再加 10%硫酸 1~2 滴，充分摇动，如有亚硝酸盐，则高锰酸钾变为无色，否则不褪色。

（二）防治

1. 治疗

发现亚硝酸盐中毒，应迅速抢救。目前，特效解毒药为美蓝和甲苯胺蓝。同时配合应用维生素 C 和高渗葡萄糖溶液，效果较好。

对严重病例，要尽快剪耳、断尾放血；静脉或肌内注射 1%美蓝溶液，用量为 1 毫升/千克体重，或注射甲苯胺蓝，用量为 5 毫克/千克体重。内服或注射大剂量维生素 C，用量为 10~20 毫克/千克体重，以及静脉注射 10%~25%葡萄糖液 300~500 毫升。

对症状较轻者，仅需安静休息，投服适量的糖水或牛奶等即可。

对症治疗：对呼吸困难、喘息不止的患畜，可注射山梗菜碱、尼可刹米等呼吸兴奋剂；对心脏衰弱者可注射安钠咖、强尔心等；对严重溶血者，放血后输液并口服或静脉滴注肾上腺皮质激素，同时内服碳酸氢钠等药物，使尿液碱化，以防血红蛋白在肾小管内凝集。

2. 预防

改善饲养管理，不喂存放不当的青绿多汁饲料，防止亚硝酸盐中毒。

三、霉饲料中毒

霉饲料中毒就是猪采食了发霉的饲料而引起的中毒性疾病，以神经症状为特征。

（一）诊断要点

1. 发病原因

自然环境中含有许多霉菌，常寄生于含淀粉的饲料上，如果温度（28℃左右）和湿度（80%~100%）适宜，就会大量生长繁殖，有些霉菌在生长繁殖过程中，能产生有毒物质。目前，已知的霉菌毒素有上百种，最常见的有黄曲霉毒素、镰刀菌毒素和赤霉菌毒素等。这些霉菌毒素都可引起猪中毒。仔猪及妊娠母猪尤为敏感。

发霉饲料中毒的病例，临床上常难以肯定为何种霉菌毒素中毒，往往是几种霉菌毒素协同作用的结果。

2. 临床症状

仔猪和妊娠母猪对发霉饲料较为敏感。中毒仔猪常呈急性发作，出现中枢神经症状，头弯向一侧，头顶墙壁，数天内死亡。大猪病程较长，一般体温正常，初期食欲减退，后期废食，腹痛，下痢或便秘，粪便中混黏液或血液，被毛粗乱，迅速消瘦，生长迟缓。白猪的嘴、耳、四肢内侧和腹部皮肤出现红斑，妊娠母猪常引起流产及死胎等。

剖检，主要病理变化为：肝实质变性，颜色变淡黄，显著肿大，质地变脆；淋巴结水肿。病程较长者，皮下组织黄染，胸腹膜、肾、胃肠道出血。急性病例最突出的变化是胆囊黏膜下层严重水肿。

（二）防治

1. 治疗

目前尚无特效药物。发病后应立即停喂发霉饲料，同时进行对症治疗。急性中毒，用0.1%高锰酸钾溶液、温生理盐水或2%碳酸氢钠液进行灌肠、洗胃后，内服盐类泻剂，如硫酸钠 0.03～0.05 千克，水 1 升，1 次内服。静脉注射 5%葡萄糖生理盐水 300～500 毫升，40%乌洛托品 20 毫升；同时皮下注射 20%安钠咖 5～10 毫升。

2. 预防

防止饲料发霉变质，严禁用发霉饲料喂猪。

四、食盐中毒

猪食盐中毒后，可引起消化道、脑组织水肿、变性，乃至坏死，并伴有脑膜和脑实质的嗜酸性粒细胞浸润。以突出的神经症状和一定的消化紊乱为其临床特征。

（一）诊断要点

1. 发病原因

采食了含食盐过高的饲料，都可引起猪的食盐中毒，特别是仔猪更为敏感，食盐中毒的实质是钠离子中毒。因此，给猪只投予过量的乳酸钠、碳酸钠、丙酸钠、硫酸钠等都可发生中毒。据报道：食盐中毒量为 1～2.2 毫克/千克体重，成年中等个体猪的致死量为 0.125～0.25 千克。这些数值的变动范围很大，主要受饲料中无机盐组成、饮水量等因素的左右。全价饲料，特别是日粮中钙、镁等无机盐充足时，可降低猪对食盐的敏感性；反之，敏感性显著增高。例如，仔猪的食盐致死量通常为 4.5 毫克/千克体重。钙、镁不足时，致死量缩小为 0.5～2 克/千克体重；钙、镁充足时，增大到 9～13 克。饮水充足与否，对食盐中毒的发生具有决定性作用。当猪食入含 10%～13%食盐的饲料而不限制饮水时，则不发生中毒；相反，即使饲料仅含 2.5%的食盐，但不给充足饮水，亦可引起中毒。因此说，食盐中毒的确切原因是食盐过量饲喂，而饮水供应不足所致。

2. 临床症状

患病初期，病猪呈现食欲减退或废绝、精神沉郁、黏膜潮红、便秘或下痢、口渴和皮肤瘙痒等症状。继之出现呕吐和明显的神经症状，病猪兴奋不安，频频点头，张口咬牙，口吐白沫，四肢痉挛，肌肉震颤，来回转圈或前冲、后退，听觉、视觉障碍，刺激无反应，不避障碍，头顶墙壁。严重的呈癫痫样痉挛，每间隔一定时间发作 1 次。发作时，依次地出现鼻盘抽缩或扭曲，头颈高抬或向一侧歪斜，脊柱上弯或侧弯，呈后弓反张或侧弓反张姿势，以致整个身躯后退而呈犬坐姿势，甚至仰翻倒地。每次发作持续 2~3 分钟，甚至连续发作，心跳加快（140~200 次/分钟），呼吸困难。最后四肢瘫痪，卧地不起，一般 1~6 小时死亡。

慢性中毒者，即慢性钠贮留期间，有便秘、口渴和皮肤瘙痒等前驱症状。一旦暴发，则表现上述的神经症状。

实验室检查：血清钠显著增高，达到 180~190 毫摩尔/升（正常为 135~145 毫摩尔/升），且血液中嗜酸性粒细胞显著减少。为进一步确诊，还可采取死亡猪的肝、脑等组织作氯化钠含量测定，如果肝和脑中的钠含量超过 150 毫摩尔/升，脑、肝、肌肉中的氯化物含量分别超过 180 毫摩尔/升、250 毫摩尔/升、70 毫摩尔/升，即可确认为食盐中毒。

（二）防治

1. 治疗

食盐中毒无特效治疗药物，主要是促进食盐排出及对症治疗。

发现中毒后应立即停喂含食盐的饲料及饮水，改喂稀糊状饲料。口渴时多次少量给予饮水，切忌突然大量给水或任意自由饮水，以免胃肠内水分吸收过速，使血钠水平迅速下降，加重脑水肿，而使病情突然恶化。

急性中毒，用 1% 硫酸铜 50~100 毫升内服催吐后，内服黏浆剂及油类泻剂 80 毫升，使胃肠内未吸收的食盐泻下和保护胃肠黏膜。也可在催吐后内服白糖 0.15~0.2 千克。

对症治疗，为恢复体内离子平衡，可静脉注射 10% 葡萄糖酸钙 50~100 毫升，为缓解脑水肿，降低脑内压，可静脉注射 25% 山梨醇液或 50% 高渗葡萄糖液 50~100 毫升。为缓解兴奋和痉挛发作，可静脉注射 25% 硫酸镁注射液 20~40 毫升。心脏衰弱时，可皮下注射安钠咖等。

2. 预防

严禁用含盐量过高的饲料喂猪，日粮含盐量不应超过 0.5%。同时，要供给足够的饮水。

五．阿维菌素中毒

阿维菌素是阿佛曼链球菌的天然发酵产物，是一种高效、广谱抗寄生虫药物，对动物体内线虫和螨虫有很强的驱杀作用。

（一）诊断要点

1. 发病原因

剂量计算错误和盲目增大剂量是造成阿维菌素中毒的主要原因。临床上一般以 0.3 毫克/千克体重的剂量给猪皮下注射。猪对阿维菌素耐受力很强，实践证明，每天 5 倍剂量的阿维菌素皮下注射，连续注射 5 天，并未出现典型的中毒症状，第 6~8 天按 8 倍量注射，第 7 天出现典型中毒症状，第 8 天死亡。

2. 临床症状

阿维菌素蓄积中毒的猪，初期表现步态不稳、舌肌麻痹，舌尖露出口腔外。而后瞳孔散大，眼睑水肿，全身肌肉松弛无力，前肢跪地。腹胀，头部出现不自主的颤抖，呼吸加快，心音减弱。中毒严重的昏迷不醒，全身反射减弱或消失，最后在昏迷中死亡。

剖检可见胃肠臌气，膀胱麻痹、积尿，肺脏出血，心包积液，心脏水肿，脾脏肿大。胃黏膜弥漫性出血，盲肠内积满大量黑色粪便，黏膜有点状出血。硬脑膜出血，软脑膜及脑回出血。

（二）防治

1. 治疗

阿维菌素中毒没有特效解毒药，以补液、强心、利尿和兴奋肠蠕动为治疗原则。可用 10% 葡萄糖注射液 500~1 000 毫升，地塞米松磷酸钠注射液 2.5~5 毫克，维生素 C 注射液 1~2 克，三磷酸腺苷（ATP）注射液 2~4 毫升，辅酶 A 100~300 单位，混合后静脉注射；强心可用安钠咖。

2. 预防

预防阿维菌素中毒，最关键的是应准确测定猪的体重并严格按使用剂量用药。

六、流产

猪流产是指母猪正常妊娠发生中断，表现为死胎、未足月活胎（早产）或排出干尸化胎儿等。流产是养猪业发生的常见病，对养猪业有很大的影响，常由传染性和非传染性（饲养和管理）因素引起，可发生于怀孕的任何阶段，但多见于怀孕早期。

（一）诊断要点

1. 发病原因

流产的病因很多，大致分为传染性流产和非传染性流产。

（1）传染性流产　一些病原微生物和寄生虫病可引起流产。如猪的伪狂犬病、细小病毒病、乙型脑炎、猪丹毒、猪蓝耳病、布鲁氏菌病、猪瘟、弓形虫病、钩端螺旋体病等均可引起猪流产。

（2）非传染性流产　非传染性流产的病因更加复杂，与营养、遗传、应激、内分泌失调、创伤、中毒、用药不当等因素有关。

2. 临床症状

隐性流产发生于妊娠早期，由于胚胎尚小，骨骼还未形成，胚胎被子宫吸收，而不排出体外，不表现出临诊症状。有时阴门流出多量的分泌物，过些时间再次发情。

有时在母猪妊娠期间，仅有少数几头胎猪发生死亡，但不影响其余胎猪的生长发育，死胎不立即排出体外，待正常分娩时，随同成熟的仔猪一起产出。死亡的胎猪由于水分逐渐被母体吸收，胎体紧缩，颜色变为棕褐色，称木乃伊胎。

如果胎儿大部或全部死亡时，母猪很快出现分娩症状，母猪兴奋不安，乳房肿大，阴门红肿，从阴门流出污褐色分泌物，母猪频频努责，排出死胎或弱仔。

流产过程中，如果子宫口开张，腐败细菌便可侵入，使子宫内未排出的死亡胎儿发生腐败分解。这时母猪全身症状加剧，从阴门不断流出污秽、恶臭分泌物和组织碎片，如不及时治疗，可因败血症而死。

根据临诊症状可以做出诊断。要判定是否为传染性流产则需进行实验室检查。

（二）防治

1. 治疗

治疗的原则是尽可能制止流产；不能制止时，促进死胎排出，保证母畜的健康；根据不同情况，采取不同措施。

① 妊娠母猪表现出流产的早期症状，胎儿仍然活着时，应尽量保住胎儿，防止流产。可肌内注射孕酮 10~30 毫克，隔日 1 次，连用 2 次或 3 次。

② 保胎失败，胎儿已经死亡或发生腐败时，应促使死胎尽早排出。肌内注射乙烯雌酚等雌激素，配合使用垂体后叶、催产素等促进死胎排出。当流产胎儿排出受阻时，应实施助产。

③ 对于流产后子宫排出污秽分泌物时，可用 0.1%高锰酸钾等消毒液冲洗子宫，然后注入抗生素，进行全身治疗。对于继发传染病而引起的流产，应防治原发病。

2. 预防

加强对怀孕母猪的饲养管理，避免对怀孕母猪的挤压、碰撞，饲喂营养丰富、容易消化的饲料，严禁喂冰冻、霉变及有毒饲料。做好预防接种，定期检疫和消毒。谨慎用药，以防流产。

七、胎衣不下

母猪胎衣不下，又称猪胎衣滞留，是指母猪分娩后，胎衣（胎膜）在 1 小时内不排出。胎衣不下多由于猪体虚弱，产后子宫收缩无力，以及怀孕期间子宫受到感染，胎盘发生炎症，导致结缔组织增生，胎盘黏连等因素有关。流产、早产、难产之后或子宫内膜炎、胎盘炎、管理不当、运动不足、母体瘦弱时，也可发生胎衣不下。

（一）诊断要点

猪胎衣不下有全部不下和部分不下两种，多为部分不下。全部胎衣不下时胎衣悬垂于阴门之外，呈红色、灰红色和灰褐色的绳索状，常被粪土污染；部分胎衣不下时残存的胎儿胎盘仍存留于子宫内，母猪常表现不安，不断努责，体温升高，食欲减退，泌乳减少，喜喝水，精神不振，卧地不起，阴门内流出暗红色带恶臭的液体，内含胎衣碎片，严重者，可引起败血症。

根据母猪分娩后胎衣的排出情况，不难做出诊断。

（二）防治

1. 治疗

治疗原则为加快胎膜排出，控制继发感染。

注射脑垂体后叶素或缩产素 20~40 单位。也可静脉注射 10%氯化钙 20 毫升，或 10%葡萄糖酸钙 50~100 毫升。

也可投服益母草流浸膏 4~8 毫升，每天 2 次。胎衣腐败时，可用

0.1%高锰酸钾溶液冲洗子宫，并投入土霉素片。为促进胎儿胎盘与母体胎盘分离，可向子宫内注入5%~10%盐水1~2升，注入后应注意使盐水尽可能完全排出。

以上处理无效时，可将手伸入子宫剥离并拉出胎衣。猪的胎衣剥离比较困难。用0.1%高锰酸钾溶液冲洗子宫，导出洗涤液后，投入适量抗生素（1克土霉素加100毫升蒸馏水溶解，注入子宫）。

中药治疗：当归尾10克、赤芍10克、川芎10克、蒲黄6克、益母草12克、五灵脂6克，水煎取汁，候温喂服。

猪胎衣不下一般预后不良，应引起重视，因泌乳不足，不仅影响仔猪的发育，而且可引起子宫内膜炎，使以后不易受孕。

2. 预防

加强饲养管理，适当运动，增喂钙及维生素丰富的饲料，能有效预防猪胎衣不下。

八、子宫内膜炎

母猪子宫炎是母猪分娩及产后，子宫有时受到感染而发生炎症。

（一）诊断要点

1. 发病原因

难产、胎衣不下、子宫脱出以及助产时手术不洁，操作粗野，造成子宫损伤，产后感染，以及人工授精时消毒不彻底，自然交配时公猪生殖器官或精液内有致病菌，炎性分泌物等可引起子宫内膜炎。母猪营养不良，过于瘦弱，抵抗力下降时，其生殖道内非致病菌也能引起发病。

2. 临床症状

临床上可分为急性与慢性子宫内膜炎。

（1）急性子宫内膜炎　全身症状明显，母猪体温升高，精神不振，食欲减退或废绝，时常努责，特别在母猪刚卧下时，阴道内流出白色黏液或带臭味污秽不洁红褐色黏液或脓性分泌物，分泌物粘于尾根部，腥臭难闻。有时母猪出现腹痛症状。急性子宫炎多发生于产后及流产后。

（2）慢性子宫内膜炎　多由急性子宫内膜炎治疗不及时转化而来。病猪全身症状不明显。病猪可能周期性地从阴道内排出少量混浊的黏液。母猪往往推迟发情，或发情不正常，即使能定期发情，也屡配不孕。

（二）防治

1. 治疗

① 在产后急性期，首先应清除积留在子宫内的炎性分泌物，用1%盐水或0.02%新洁尔灭溶液、0.1%高锰酸钾溶液充分冲洗子宫。冲洗后务必将残留的溶液全部排出，至导出的洗液全部透明为止。最后向子宫内注入20万~40万单位青霉素或1克金霉素。

② 全身疗法可用抗生素或磺胺类药物治疗。青霉素40万~80万单位，链霉素100万单位，肌内注射每日2次。用金霉素或土霉素盐酸盐时，母猪每千克体重40毫克，每日肌内注射2次，磺胺嘧啶钠每千克体重0.05~0.1克，每日肌内或静脉注射2次。

③ 对慢性子宫内膜炎的病猪，可用青霉素20万~40万单位，链霉素100万单位，深入高压消毒的20毫升植物油中，向子宫内注入。并皮下注射垂体后叶素20万~40万单位，促使子宫收缩，排出腔内炎性分泌物。

④ 金银花、黄连、知母、黄柏、车前、猪苓、泽泻、甘草各15克，水煎1次喂服。

2. 预防

预防本病应保持猪舍清洁、干燥，临产时地面上可铺清洁干草。发生难产时助产应小心谨慎，手臂、用具要消毒，取完胎儿、胎衣后，应用消毒溶液洗涤产道，并注入抗菌药物。人工授精要严格按规则操作和消毒。

九、乳房炎

母猪乳房炎是由病原微生物或者机械创伤、理化等因素引起的母猪乳房红、肿、热、硬，并伴有痛感，泌乳减少症状的疫病。多发生在母猪分娩后泌乳期。

（一）诊断要点

1. 发病原因

（1）病菌感染 是造成母猪乳房炎的主要因素之一。

病菌感染主要来源于两个方面即接触性病原菌以及环境性病原菌。接触性病原菌一般寄生于乳腺上，其中金黄色葡萄球菌、链球菌、大肠杆菌是常见的接触性病原菌，会通过乳头侵入乳房，从而造成乳房炎。

（2）内分泌系统紊乱 很多养殖户为了提高经济效益而对母猪使用

了大量的药物，这样就让母猪的内分泌系统出现紊乱、失调的情况并导致母猪的乳房出现肿胀，造成了母猪乳房炎的发作。

（3）饲养管理不科学 在母猪的养殖过程中，没有对猪舍的温度、湿度进行适当的控制会让母猪出现疲劳的情况，不良的通风条件，母猪产房消毒不够彻底会影响母猪正常的抵抗力使其不能对病原菌进行正常的免疫。

（4）继发性因素 包括很多方面，比如，当母猪出现发热性症状之后，可能会引发阴道炎等症状从而带来乳腺炎；另外，子宫内膜炎会让子宫产生不良分泌物从而影响母猪正常的血液循环，并进一步地蔓延，导致乳房炎的发作。

2. 临床症状

母猪在隐性感染或隐性带毒的情况下，很容易造成隐性乳房炎。隐性感染时母猪不表现可见的临床症状，精神、采食、体温均不见异常，但少乳或无乳。这种情况既可在分娩后立刻出现，也可在分娩 2～3 天后发生。此时仔猪外观虚弱、常围卧在母猪周围。病原体通过乳汁和哺乳接触传染给仔猪，引起仔猪生长受阻，还可以引起腹泻等一系列感染症状，造成很大的损失。由于隐性乳房炎在兽医临床诊断过程中具有一定的困难性，所以不易被早期发现，一般均需要对乳汁采样进行检测才能够确定。虽然隐性乳房炎不易被发现和诊断，但是带来的危害是巨大的，在临床上应该得到重视。

发生了临床型乳房炎的病猪，很容易确诊，其临床检查可见母猪一个或数个乳房甚至一侧或两侧乳房均出现红肿，用手指触诊时有热度且硬，按压时动物对疼痛表现为敏感。有的母猪发生乳房炎时，拒绝哺乳仔猪。早期乳房炎呈黏液性乳房炎，乳汁最初较稀薄，以后变为乳清样，仔细观察时可看到乳中含絮状物。炎症发展成脓性时，可排出淡黄色或黄色脓汁。捏挤乳头时有脓稠黄色、絮状凝固乳汁排出，即可确诊为患有乳房炎。如脓汁排不出时，可形成脓肿，拖延日久往往自行破溃而排出带臭味的脓汁。在脓性或坏疽性乳房炎，尤其是波及几个乳房时，母猪可能会出现全身症状，体温升高达 40.5～41℃，食欲减退，精神倦怠、伏卧拒绝仔猪吮乳。仔猪腹泻、消瘦等情况较多。

（二）防治

1. 治疗

临床型乳房炎可采用下列方法治疗。

（1）按摩与热、冷敷法　对发热、急性和有痛感的乳腺必须用冷敷疗法，而不可热敷，否则将加剧乳房肿胀。对于隐性乳房炎或病程较长的乳房炎，可使用50℃左右的热水用毛巾热敷，并给乳房进行按摩，促进血液循环，使过量的体液再回到淋巴系统。按摩时，先将肥皂液涂在乳房上，沿着乳房表面旋转手指或来回按摩，然后用手将乳房压入再弹起，这对防止乳房不适症有极大的好处。

（2）封闭疗法　对严重的急性乳房炎，可使用0.25%盐酸普鲁卡因溶液10~30毫升，加入青霉素400万单位，在乳房实质与腹壁之间作环形乳基封闭，一般处理1次，重症可重复1~2次。后期化脓病灶可以手术引流排脓。

（3）吸通法　让快断奶的仔猪帮忙吸通，在实际生产中有很好的效果。

（4）全身治疗法　可使用抗菌药+催产素+清热解毒中药注射剂（如鱼腥草、穿心莲等），肌内注射，每日1~2次，连续2~3天。

2. 预防

（1）重视消毒　改善产床与栏舍条件，产房做好空栏的消毒，使用含碘的消毒药消毒彻底，母猪上产床前有条件的可以对产栏进行火焰消毒，并空栏干燥7天以上。

（2）确保母猪饲料品质，防止霉菌毒素导致母猪无乳　分娩前给母猪适当减料，产仔当天饲喂不大于1千克或不喂，随后逐步增加饲喂量。损伤的奶头要及时做消毒处理，并贴上药膏防仔猪咬。防止磨伤带来的细菌感染。

（3）搞好管理　预防母猪便秘，并严格做好产房的清洁卫生，以避免肠道的常在菌入侵而发生乳房炎。做好防暑降温，保持舒适干燥的环境，以有效降低母猪围产期的应激。

（4）围产期添加药物　在饲料中添加大环内酯类药物如替米考星或泰万菌素，这些药物在奶水中浓度高，可以有效减少乳房炎的发生。此外，早期的研究证明其他抗菌药如复方磺胺药物、恩诺沙星等皆可有效降低母猪乳房炎的发生比例。

（5）产后注射药物预防　药物注射是多数猪场的常规操作。常见的方法有以下几种。① 母猪产后立即肌内注射15~20毫升长效土霉素1次，用于预防乳房炎。② 产后使用5%葡萄糖生理盐水300~500毫升+抗菌药+鱼腥草汁 30 毫升,静脉给药 1~2 次,在分娩当天和次日各输液 1 次。③ 有些猪场还在分娩后 24 小时内,给母猪注射 1 次氯前列烯醇,以预防产后子宫炎和无乳的发生。

十、仔猪低血糖病

仔猪低血糖症又称仔猪憔悴病,是仔猪出生后最初几天内因吮乳不足等多种原因导致体内血糖大幅度降低的一种非传染性营养代谢病。临床上以明显的神经症状为特征,呈现体温低、不吃奶、迟钝、虚弱、惊厥、昏迷等症状,最后死亡。

(一) 诊断要点

① 多发生于 7 日龄以内的仔猪。

② 母猪患病,如子宫炎、乳房炎、发热等引起产后泌乳不足或无乳,致使仔猪出生后吮乳不足;仔猪多、乳头少,体弱的仔猪争不到奶;因患严重的外翻腿(八字腿),不能站起来吃奶;患先天性震颤,嘴含不住奶头而吃不到奶;或患严重腹泻而无力吮乳等,是本病发生的直接原因。猪舍潮湿寒冷,仔猪受寒冷刺激血糖消耗过多,是本病的主要发病诱因。

③ 主要呈现神经和心脏的一系列症状。病初步态不稳,平衡失调,四肢绵软无力或头向后仰、发抖、四肢作游泳抽动等阵发性神经症状。严重者,体温下降,体表皮肤发凉且感觉迟钝,针刺时无痛感反应。心律不齐、心跳频繁,每分钟达 200 次。病后期,全身瘫软,昏迷,心跳变弱而慢。每分钟只达 80 次左右。若不及时治疗,可于发病后 24 小时内死亡。

④ 血糖显著降低,仔猪为每 100 毫升血液中含有血糖 20~40 毫克(仔猪正常血糖水平每 100 毫升血液中含有 140~170 毫克)。

(二) 防治

1. 治疗

仔猪可用 10%~25% 葡萄糖液,腹腔或静注,1 次/5~6 小时,连用 2~3 次。

促进糖原异生,仔猪可交替应用促肾上腺皮质激素(ACTH)和肾上腺皮质激素。ACTH 10~15 单位肌内注射;醋酸可的松 0.1~0.2 克,或醋酸氢化可的松 0.025~0.05 克,肌内注射。

2. 预防

维持笼舍温度和卫生。仔猪可于生后 4~12 小时内补给 5% 葡萄糖。防止饥饿，及时人工哺乳或投给乳酸菌乳，可以有效地预防。

十一、疝

疝是腹部的内脏从自然孔道或病理性破裂孔脱至皮下或其他腔、孔的一种常见病。根据发生的部位一般分为：脐疝、腹股沟阴囊疝、腹壁疝几种。

（一）脐疝

1. 诊断要点

多发生于幼龄猪，常因为脐带轮闭锁不全或完全没有闭锁，再加上腹腔内压增高，奔跳、捕捉、按压等诱因造成腹腔脏器进入囊内。一是先天性脐带轮发育不全，轮孔异常宽大，肠管容易通过。二是脐轮未闭合完全时，猪便秘努责，幼猪贪食，腹胀如鼓，腹压增高，肠管由脐部脱出。

根据病情可分为可复性脐疝和嵌闭性脐疝两种。可复性脐疝在脐部发现鸡蛋大或碗口大的柔软肿胀，在外表上呈局限性、半圆形肿胀，推压肿胀部或使猪腹部向上则肿胀消失。该处可摸到一个圆形的脐轮，但还纳后又复原。肿胀部没有热痛，听诊时可听到肠的蠕动音。病猪体温、食欲正常，过分饱食或奔走时下坠物就增大。患嵌闭性脐疝的动物表现不安，并有呕吐症状，肿胀部位硬固疼痛，温度增高。

2. 治疗

方法：如幼龄猪脱出肠管较少，还纳腹腔后，局部用绷带压迫，脐孔可能闭锁而治愈。脐孔较大或发生肠嵌闭时，须进行疝孔闭锁术。

手术前，病猪应停食 1 天，仰卧保定，手术部剪毛、洗净、消毒，用 1% 普鲁卡因 10~15 毫升浸润麻醉，纵向切开皮肤，切时谨防伤及腹膜或阴茎，妥善保存疝囊。将肠管送回腹腔，随之立即内翻疝囊，用缝线顺疝囊环作间断内翻缝合，将多余的囊壁及腹膜对称切除，冲洗干净后撒布青霉素粉，再结节缝合皮肤。如为嵌闭性脐疝而且肠管与腹膜粘连，则用外科刀尖开一小口，再伸入食指进行钝性剥离。剥离后再按上法内翻疝囊、清洗消毒、撒布青霉素粉、缝合皮肤。

（二）腹壁疝

1. 诊断要点

疝囊由腹壁的皮肤、皮下组织及腹膜形成，其内容物可为肠管、网膜、肝脏及子宫等，发生的部位不定。通常是由于外界的钝性暴力，如剧烈的冲撞、踢跌及分娩等原因引起。

腹壁上有球形或椭圆形的大小不等的肿胀，肿胀的周边与健康组织之间有明显界线。肿胀部柔软、无疼、无热，用力压迫时肿胀缩小。触诊可发现腹壁肌肉破裂的部位和形状，听诊时可听到蠕动音。

2. 治疗

采用手术疗法。

方法：术前应停食1天，使肠道内容物减少，以便于手术。后肢吊起或仰卧保定，手术部位剪毛并充分洗净，涂浓碘酊或75%酒精消毒，用1%普鲁卡因进行浸润麻醉。沿疝颈切开疝囊，应注意勿损伤疝内容物，将黏连的肠管剥离后还纳进腹腔。已经粘连的网膜如果不易剥离则可部分剪除，多余的腹膜可与表面的皮肤、皮下组织、浅筋膜等一并剪除。进一步整理疝颈四周腹膜，再用线做间断缝合。疝环两侧行切开腹直肌前鞘，然后将下筋膜片，包括腹直肌前后鞘以横行褥式缝合法缝合于上筋膜片下面，两片重叠3~4厘米，所有缝线全部缝好后再一一结扎。将上筋膜片边缘连续缝合在下片表面，缝时勿将缝针刺入过深，以免损伤内脏。如果腹膜不能从疝环筋膜层下剥离出来，也可把筋膜层连同腹膜层作上述重叠修补。最后撒青霉素粉并结节缝合皮肤。

（三）腹股沟阴囊疝

公猪的腹股沟阴囊疝有遗传性，若腹股沟管内口过大，就可发生疝，常在出生时发生（先天性腹股沟阴囊疝），也可在几个月后发生。后天性腹股沟阴囊疝主要是腹压增高所引起。

猪的腹股沟阴囊疝症状明显，一侧或两侧阴囊增大，捕捉以及凡能使腹压增大的因素均可加重症状，触诊时硬度不一，可摸到疝的内容物（多半为小肠），也可以摸到睾丸，如将两后肢提举，常可使增大的阴囊缩小而达到自然整复的目的。少数猪可变为嵌闭性疝，此时多数肠管已与囊壁发生广泛性粘连。

治疗采用手术疗法，此处不再赘述。

参考文献

李长强，2013. 生猪标准化规模养殖技术 [M].北京：中国农业科学技术出版社.

李连任，2015. 现代高效规模养猪实战技术问答 [M].北京：化学工业出版社.

闫益波，2015. 轻松学猪病防制 [M].北京：中国农业科学技术出版社.